수학적 창의성

수학적 창의성의 눈으로 본 수학교육

수학적 창의성

이경화 지음

경문사

머리말

설명이 필요 없을 만큼 저명하고 영향력이 있는 수학교육학자 프로이덴탈은 제1회 국제수학교육심리학회 기조강연에서 다음과 같이 말하였습니다.

> 교육학자와 심리학자는 동일한 언어를 매우 다른 의미로 쓰기 때문에 저는 무척 혼란스럽습니다. 유행어의 경우에는 특히 그렇습니다. (중략) '발견학습'이라는 단어도 마찬가지입니다. 발견이라는 것은 분명히 수학에서 나온 말이고, 발견학습은 수학교육 개혁에 관련되어 있는 것으로 논의해 왔습니다. 그런데 저는 발견학습이라는 용어를 싫어할뿐더러 관련된 여러 제안들도 좋아하지 않습니다.[1]

프로이덴탈의 솔직하고 까다로운 성격이 고스란히 드러나는 말입니다. 대개는 속으로 그렇게 생각하더라도 완곡하게 표현하는데, 프로이덴탈은 거리낌 없이 솔직한 감정을 드러내어 말하고 연구하였습니다. 저의 소심한 성격으로는 생각하기 어려운 일입니다. 그런데 프로이덴탈뿐만 아니라 국외 상당수의 수학교육학자들은 논문을 쓸 때 종종 개인적인 불만이나 의견, 감정을 드러냅니다. 이런 것을 볼 때마다 한편으로는 신기해하고 다른 한편으로는 반성하곤 했습니다. 학문적 글쓰기를 하면서 그렇게 주관적이고 감정적이어도 될까 생각하는 한편, 기존 연구를 넘어서려면 나만의 생각을 할 수 있어야 하는데 나는 왜 그렇게 하지 못할까

---

1 Freudenthal, H. (1978). Address to the first conference of IGPME (International Group for the Psychology of Mathematical Education), at Utrecht 29 August 1977. *Educational Studies in Mathematics, 9*(1), 1–5.

고민하게 되기 때문입니다.

올해는 제가 수학교육학 연구자의 길에 들어선지 25년이 되는 해입니다. 축하는 고사하고 그저 부끄러워 숨고만 싶은 심정입니다. 저는 수학교사가 되면서 수학수업을 이해하고 분석하는 일에 관심을 두게 되었고 그것이 수학교육학 연구에 입문하는 계기가 되었습니다. 그런데 그동안 쓴 글들을 다시 읽어보니 '나'는 없고 '그들'이나 '우리'가 막연한 서술어와 함께 떠도는 경우가 많았습니다. 내가 없는 그들과 우리가 얼마나 공허한지를 깨달으면서, 몇 안 되는 글들이지만 흔적조차 없애고 싶다고 생각하였습니다. 그러나 현실적으로 불가능한 일이기에 이제부터라도 내 생각을 담은 글을 써보기로 결심하였습니다. 이 책은 그 첫 번째 시도라고 할 수 있습니다. 처음이라는 것이 언제나 그렇듯이 열정만 넘칠 뿐 결과는 영 신통치 않습니다. 이제 책을 세상에 내어놓아야 하는데 보잘 것 없는 제 생각들이 자꾸 마음에 걸립니다. 너무 유치하고 얕은 것으로 보여서 다른 연구자의 말로 바꾸려는 유혹을 무수히 느꼈습니다. 하여 독자들에게 부탁하고 싶은 것을 제시함으로써 이 유혹에서 놓여나고자 합니다. 가장 먼저 하고 싶은 부탁은, 부디 이 책이 수학적 창의성의 의미와 교육에 대한 검증된 지식을 담고 있다고 생각하지 말아달라는 것입니다. 그보다는 가능한 여러 설명 또는 견해 중 하나를 제시하고 있다고 받아들여주십시오. 그리고 독자 여러분도 다른 누가 아닌 '여러분 자신'의 눈과 마음으로 이 책을 읽어 주십시오. 그러려면 수학적 창의성에 대한 독자 여러분의 관점과 마음을 수시로 확인하면서 이 책의 논의를 따라가거나 반박하는 것이 필요합니다.

사실 위의 인용문에서 눈여겨보아야 할 대목은 교육학자와 심리학자가 동일한 용어를 다른 의미로 사용한다는 지적입니다. 창의성처럼 널리 유행하는 단어는 교육학자와 심리학자만이 아니라 사회학자, 철학자, 수학자, 공학자, 교사, 정치가, 학생, 학부모 등 아주 많은 사람들이 다양한 맥락에서 사용하며, 아마도 그 수만큼이나 다양한 의미가 만들어지지 않을까 생각합니다. 그러니 창의성이라는 주제를 연구하는 일은 매우 어렵고 복잡합니다. 어렵고 복잡한 상황에서 내어놓는 주장이나 해석은 종종 무리가 있거나 자명한 것이기 십상입니다. 하여 독자들에게 또 부탁드립니다. 창의성의 의미가 단 하나로 정리될 수 없으니, 열린 마음으로 여러 맥락에 따라 다른 의미를 고려하면서 제기되는 주장이나 논거를 평가해 주십시오. 고정된 의미 또는 기준에 근거해서 볼 때는 무리하거나 자명해 보이는 주장도 특정 맥락에 고유한 의미와 기준에 비추어 판단해보면 그 나름의 합리성과 의의를 갖추고 있을 수 있습니다.

위의 인용문에서 프로이덴탈은 발견학습이라는 용어 자체를 싫어한다고 하였습니다. 제가 만난 수학교육학 연구자들이나 수학교사들 중에도 '수학적 창의성'이라는 용어 자체가 싫다고 하는 분이 가끔 있었습니다. 유행어는 유행되는 시간 내내 반감을 유발하는 면이 있습니다. 관련 당사자들의 위상이나 책임 또는 역할과 의무에 다소간 번거로운 변화가 요구되기 때문입니다. 그런데 아마도 이러한 이유보다는, 수학적 창의성이라는 말이 장식효과를 위한 장치 또는 정치적인 수사로 사용되는 일이 많기 때문에 싫어하는 사람이 더 많을 것입니다. 이 책을 쓰는 중에 저도 이 점을 계속 의식하려고 노력하였습니다. 그래서 장식효과를 위한 장치 또는 정치적인 수사가 아니라 수학교육에서 중요한 역할을 하는 개념이자 전략으로서의 측면이 있는지를 탐구하였고, 그런 측면이 있다면 그것이 제대로 드러나도록 하는 데에 초점을 두었습니다. 능력의 부족으로 만족스러운 결과를 제시하지는 못하였지만 그런 뜻을 가지고 노력하였음을 말씀드립니다. 한편, 유행어는 그것이 가지고 있는 인지도 때문에 쉽게 논의대상으로 부각시킬 수 있지만, 깊이 있게 논의하기는 오히려 어렵다는 점도 말씀드립니다. 이미 좋은 의미와 나쁜 의미, 실현가능성, 실패 사례, 개인에게 부여되는 부담의 내용과 형식 등 많은 논의가 이루어진 것으로 생각하여 깊이 있는 논의의 필요성을 인식하지 못하는 경우가 생길 수 있기 때문입니다. 그러므로 부탁드리건대, 수학적 창의성에 대한 선입견, 오해, 특히, 장식효과를 위한 장치나 정치적인 수사라는 생각을 잠시 접어두고 이 책을 읽어 주십시오. 그래야 제 목소리가 작게나마 메아리를 만들 수 있을 것으로 생각합니다.

수학적 창의성의 의미와 교육이라는 주제를 꽤 오랫동안 마음속에서 굴려보며 연구하였는데, 막상 책에 담아보니 아쉬움이 큽니다. 이번에 내어놓는 버전은 한

국연구재단의 지원을 얻게 되어 만든 것이기 때문에 마감에 쫓긴 결과라는 핑계가 있기는 합니다. 운이 좋아서 이번 버전을 수정하고 발전시킬 기회를 얻게 된다면 최선을 다하여 더 나은 버전을 내어 놓도록 노력하겠습니다. 수학교육에서 희망을 찾기 위하여 함께 뛰어주시는 경문사의 조경희 사장님, 저자 못지않은 정성과 열정을 쏟아주신 편집부에게도 깊은 감사의 마음을 전합니다.

2015년 7월

버들골에서

차례

01 연구의 배경

02 일반 창의성과 수학적 창의성

03 수학적 지식과 수학적 창의성

04 수학적 문제해결과 수학적 창의성

05 수학적 추론과 수학적 창의성

06 수학적 창의성에 대한 동양의 관점

07 수학적 창의성의 교육 사례

08 수학적 창의성의 평가

09 수학적 창의성 연구의 과제

10 수학적 창의성 교육의 과제

11 결론을 대신하여

01
연구의 배경

수학교육의 안팎에서 수학적 창의성에 대한 요구와 희망이 넘쳐나고 있다. 공식을 기계적으로 암기하고 계산방법을 반복하여 연습하는 식으로 수학을 배워서는 안 된다는 지적 후에도, 국제성취도 평가에서 우수한 성적을 거둔 학생들이 수학을 싫어하고 수학에 대한 자신감이 낮다는 비판 후에도, '에듀 푸어'라는 신조어로 사교육비 과다지출을 염려한 후에도, 수학적 창의성 교육이 필요하며 그것만 이루어지면 문제가 해결될 것이라고들 한다. 서로 다른 성격의 문제들로 보이는데 어떻게 수학적 창의성 교육으로 모두 해결가능하다고 하는지 의문을 품는 것은 당연하다.

서로 다른 성격의 문제에 대한 해결책으로 수학적 창의성 교육이 제시되는 이유는 아마도 '창의성'이라는 용어가 가진 마술적인 힘 때문일 것이다. 실로 창의성은 분야를 막론하고 가장 환영받고 있는 덕목 중 하나가 되었다. 기업이나 시장과 같은 경제적 장소이거나, 연극, 뮤지컬, 미술품 전시회 등 예술적 장소를 막론하고 그 안을 채우는 사람과 내용물은 창의적일 때 높은 가치를 인정받는다. 어떤 일의 성공을 설명할 때 창의성은 일등공신으로 거론된다. 어떤 일에 실패한 사람, 실패한 사태의 원인에 창의성 결여가 포함된다. 그런데 창의성이 이와 같이 마술적인 힘만을 가지고 있는 것이 아니다. 헬슨은 창의성이 무조건 좋고 매력적인 것이라고 생각하는 경향을 비판하였다.[1] 창의적인 사람과 일에는 다양한 특질이 관련되며, 그 모두가 밝고 긍정적인 것이 아니다. 창의적인

1 Helson(1996) 참고

사람 중에는 지나치게 비관적이고 극단적인 생각에 사로잡혀서 어둡게 살아가거나 거만하고 과도하게 경쟁적인 경우도 있다. 크로플리는 긍정적인 성격 특질과 부정적인 성격 특질이 결합되어 있다는 바로 그 점이 창의성의 본질이자 패러독스라고 말하였다.[2] 창의성을 활용하라는 제안이 어떤 난국을 타개하는 데에 유용한 것만은 아닌 이유가 여기에 있다.

그동안 수학적 창의성 연구는 주로 수학자와 영재를 대상으로 이루어져 왔다.[3] 수학자들을 대상으로 한 연구는 아다마르의 저서 《수학적 발명의 심리학(The psychology of invention in the mathematical field)》[4]을 출발점으로 한다. 그리고 영재들을 대상으로 한 수학적 창의성 연구는 크루테츠키의 저서, 《학생들의 수학적 능력의 심리학(The psychology of mathematical abilities in schoolchildren)》[5]을 출발점으로 한다. 이렇게 수학자와 영재들의 고유한 특성처럼 다루어져 왔던 수학적 창의성이 최근 시대적 요구에 따라 급격하게 일반 학생에게도 필요한 성격특질과 능력, 과정, 산출물 등의 특성으로 언급된다.[6] 이하에서 그렇게 된 맥락과 더불어 이 책에서 수학적 창의성을 연구하는 배경을 살펴본다.

가. 교육과정 속의 창의성

우리나라의 교육과정 문서에 창의성에 관련된 언급이 나타난 것은 1963년에 공표된 〈2차 수학과 교육과정〉[7]부터이다. 여기서는 "향토 사회와 우리나라가 당

---

2 Cropley(1997) 참고

3 송상헌(2006), 신현용 외(2000), 신희영 외(2007), 이종희·김기연(2007), Leikin et al. (2009) 등 참고

4 Hadamard(1945) 참고. 아다마르는 1908년에 푸앵카레(Poincaré)가 프랑스 심리학회에서 '수학적 창조(Mathematical creation)'라는 제목으로 했던 강연에 자극을 받아 경험적인 연구를 시작했고, 그 결과를 이 책으로 묶어 제시하였다고 밝혔다.

5 Krutetskii(1976) 참고

6 김도한 외(2010), 김부윤·이지성(2007), 김진호(2003), 남승인 외(2010), 박만구(2009), 백종숙·강완(2003), 황혜정 외(1997), 황우형 외(2006) 등 참고

7 국가교육과정정보센터(http://www.ncic.re.kr/) 참고. 이하 교육과정 관련 인용은 모두 여기서 제공하는 자료에서 발췌한 것임

면하고 있는 여러 문제의 해결을 돕는 창의적 실천을 위한 학습 활동에 노력한다."라고 서술하고 있다. 이 문장에서 '창의적 실천'은 학습자가 수학을 배우는 것에 관련된 것이라기보다는, 우리나라의 경제발전과 같은 외적인 것에 관련된다. 국외에서는 지능, 사고력, 창의력에 대한 심리학 연구가 교육학 연구에 활발하게 유입되던 시기였다. 그러나 그 연구들을 온전하게 이식할 형편이 되지 않았던 국내에서는 단지 실천에서의 창의성을 논의하고 있을 뿐이었다. 이와 관련된 다른 언급이나 추가 자료가 없는 것으로 보아 이 시기에 추구한 창의성 교육은 선언적인 수준에 머무르고 있다는 것을 짐작할 수 있다.

〈3차 수학과 교육과정〉에서는 다음과 같이 창의성의 의미와 교육목표로서의 특질을 더 구체화하여 제시하였다.

> 이미 이루어진 지식과 기술의 **단순한 전달**에 그치지 않고, 계속 **미지의 세계**를 탐구하고 문제를 해결할 수 있게 하기 위하여, **판단력과 창의력**을 함양하도록 한다.[8]

위 문장에서는 기존의 지식과 기술을 반복하는 것이 아니라 새로운 것을 만들어낼 수 있는 능력으로서의 창의성이 명확하게 언급되고 있음을 알 수 있다. 여기서 '미지의 세계'를 탐구하도록 한다는 것은 명백히 창의성 교육의 필요조건이다. 수학교육의 맥락에서 이 조건의 의미를 고려하면 왜 그런지 알 수 있다. 가령, 함수의 정의를 알고 있는 학생에게 그것을 적용하여 어떤 대응이 함수인지 아닌지 판단하는 문제를 해결하도록 한다면 창의성을 발휘할 기회를 제공하지 못한다. 함수의 정의를 곧바로 적용할 수 없는 '미지의 세계'에서 어떤 관계가 함수인지 아닌지 또는 함수라고 추측되는 두 변량을 학생 스스로 찾아내어 함수로 주어진 맥락을 모델링하고 탐구하는 등, 모종의 '미지'가 포함되어 있어야 창의적으로 사고하고 대처하게 된다. 학생에게 '미지'인 어떤 맥락이 창의성을 발휘할 필요를 자극한다. 그런데 언제나 그렇듯이, 교육과정 문서에 어떤

---

8 강조는 저자가 한 것임.

관점을 천명하는 것과 그것을 구체화하는 것은 별개의 일이다. 3차 교육과정기에 만들어진 수학 교과서가 이전에 비하여 미지의 세계에서 탐구하도록 하는 기회가 증가된 흔적은 발견되지 않는다. 오히려 구조와 엄밀성 등 이른바 '새 수학 운동'의 영향을 받은 터라 모험의 기회를 담고 있는 미지의 세계는 수학교육과 거의 관련을 맺지 못한 것으로 보인다. 3차 이후 계속되었던 교육과정 개정에서 창의력 함양에 관한 언급은 빠진 적이 없다. 더불어 수학교육과정이 이론적으로 그리고 체계적으로 질적 관리가 되면서 창의성 함양에 대한 논의는 점차 구체적으로 바뀌었다.

최근에는 미래의 성공적인 수행에 필요한 '역량(competency)'을 교육한다는 논의와 창의성 함양을 연결하는 시도가 이루어지고 있다. 심리학자 맥클리랜드에 의하여 1970년대 이후 정교하게 제안된 '역량' 개념은, 전통적인 의미에서의 지능보다 업무에서의 성과와 관련된 심리적 그리고 행동적 특성에 주목해야 한다는 주장과 함께 교육과 평가의 틀을 바꾸는 데 영향을 미쳤다.[9] 1997년부터 2003년까지 여러 나라의 학자들이 공동으로 수행한 OECD의 이른바 '주요 역량의 정의와 선정(Defining and Selecting Key Competencies, 약자로 DeSeCo)' 프로젝트에서는 맥클리랜드의 연구에서 한 발 더 나아가 미래 사회를 살아가는 데 필요한 핵심 역량을 도출하여 제시함으로써 많은 국가의 교육에 영향을 미치고 있다. 이 프로젝트에서는 역량을 세 범주, 곧, '자율적 행동 능력', '도구를 상호작용적으로 활용하는 능력', '사회적 이질집단에서 상호작용하는 능력'으로 나누어 제시하였다.[10]

〈2007 개정 교육과정 총론〉에서는 이와 같은 역량 강화에 대한 국제적인 연구들을 반영하여 장차 길러야 할 역량을 '창의력', '문제해결', '자기관리', '시민의식', '기초학습', '직업준비', '다문화'로 구분하여 각각 추구해야 할 세부 목표와 내용을 제시하였다. 여기서 창의력은 '창의적 능력', '새로운 가치 창조', '창의적 표현능력'으로 다시 나뉜다. 이전의 교육과정에서 창의성에 대한 언급은 있었으

9 McClelland(1973) 참고

10 Rychen & Salganik(2001), OECD(2003) 참고

나 다소간 막연한 의미로 다루어진 반면, 〈2007 개정 교육과정〉에서부터는 '역량 강화'라는 구체적인 교육 목표들과 밀접하게 연결되어 명확한 의미에서의 창의력 함양이 추구되었다. 더욱이 〈2009 개정 수학과 교육과정〉에서 교수-학습과 관련된 유의점에 명시적으로 창의력 함양에 관련된 사항이 포함되면서, 수학적 창의성 함양은 최근에 더더욱 중요한 목표로 부각되어 다루어지고 있다고 볼 수 있다. 수학자와 영재를 대상으로 한 연구만으로는 이렇게 창의성 함양을 추구하는 교육과정의 정신을 수학교육 실제에 반영하기 어렵다. 학교에서 만나는 아이들은 수학자와 영재들이 보여주는 수학적 창의성을 보여주지 않는 일이 많기 때문이다. 일반 학생들이 수학학습에서 겪는 문제를 수학적 창의성의 관점에서 해석하고 연구할 필요가 있다. 다음 절에서 다소간 극단적인 경우이지만 그 사례를 확인할 수 있다.

나. 두 소년이 수학을 학습할 수 없는 이유

이외수의 소설 《황금비늘》에는 비상한 기억력을 가진 소년이 등장한다. 이 소년은 백여 장의 낱말 카드를 이삼 초 간격으로 한 번씩만 보여주어도 순서 하나 틀리지 않고 다 기억할 수 있다. 그런데 이상하게도 한 자리 수의 덧셈과 뺄셈처럼 아주 쉬운 계산은 하지 못한다. 계산방법을 아무리 설명해주어도 그때뿐이고 돌아서면 다시 하지 못한다. 가령, 칠에서 삼을 빼면 왜 사가 되는지 좀처럼 이해하지 못한다. 이 소년은 그 이유를 다음과 같이 말한다.

> (7−3=4는) 어른들의 계산이었다. 내 수리법으로는 성립되지 않는 뺄셈이었다. 칠 하나만 있는데 삼을 어디서 빼느냐고 물으면 칠 속에 삼이 들어 있다는 것이었다. 그러나 나는 아무리 자세히 들여다보아도 칠 속에 들어 있다는 삼이 보이지 않았다. 뿐만 아니라 사는 어디에 숨어 있다가 돌연히 나타나서 뻔뻔스러운 모습으로 정답의 자리를 차지하게 되었는지도 의문이었다. 그러나 어른들은 사도 칠 속에 들어 있다는 설명이었다. 나는 칠이라는 숫자가 뱃속에 다른 숫자들을 품고 있다는 사실

을 도저히 납득할 수가 없었다.[11]

기억력이 좋은데도 불구하고 위의 소년은 '7－3＝4'라는 것을 모른다. 소년 나름대로는 어른들이 설명하는 수리법과 자신의 수리법이 다르기 때문에 문제가 생긴다는 것을 알고 있다. 어른들의 수리법을 이해할 수 없으므로 자신의 수리법대로 계산하고 있으며, 그것이 왜 잘못인지 마음 속으로 불평하고 있다. 현재 학교수학에서는 덧셈을 먼저 가르치고, 뺄셈은 덧셈의 역연산으로 설명한다. 그러니까 삼과 사의 합이 칠이므로 칠에서 삼을 빼면 사가 된다고 지도한다. 칠 속에 삼이 어떻게 들어있는지 모른다면 삼과 사를 어떻게 합할 수 있는지, 합한다고 해서 어떻게 칠이 되는지도 모를 것이다. 소년은 아마도 덧셈 역시 이해할 수 없었을 것이다.

소년이 비상한 기억력을 가지고 있음에도 불구하고 계산방법을 익히지 못하는 이유를 어떻게 설명할 수 있을까? 백여 장의 낱말 카드를 순식간에 외우는 정도의 기억력이라면 삼과 사의 합이 칠이라는 것, 칠에서 삼을 빼면 사라는 것을 그저 외우면 되지 않겠는가. 한 자리 수 사이의 합과 차는 아무리 많은 경우라고 해도 기껏해야 유한이므로 이론적으로는 기억력에 의해 학습할 수 있을 것처럼 보인다. 그러나 소설 속의 소년은 극도로 비상한 기억력과 극도로 부족한 계산력을 자신의 트레이드 마크로 계속 유지하고 있을 뿐 기억력으로 계산방법을 학습하지는 못하였다.

소년의 기억력이 다른 사람에 비해서는 좋지만, 모든 경우를 외울 만큼 완벽하지는 않은 것이 문제일까. 그렇지 않다. 보르헤스가 1944년에 발표한 《픽션들》의 한 작품에도 완벽한 기억력을 가진 소년이 등장한다.[12] 이 소년은 백여 장의 낱말 카드 정도가 아니라 라틴어로 쓰인 책을 통째로 암기하는 정도의 불가사의한 기억력을 가지고 있다. 그런데 이 소년도 수학을 배울 수 없다. 기억력은 수학을 배우는 데에 필요조건이지만 충분조건은 아니기 때문이다. 모든 것을

11 이외수(1997), p. 12 참고

12 Borges(1994) 참고

기억한다는 것은 매순간 접하는 사실과 정보를 낱낱으로 본다는 뜻이다. 낱낱으로 보기 때문에 보편적인 언어와 개념을 찾아내지 못한다. 보편적인 언어와 개념을 갖추지 못하면 수학적인 사유를 할 수 없다. 수학은 보편성을 본질로 하고 있기 때문이다. 예를 들어, 사과 '하나', 배 '하나', 나무 '하나'는 각기 모두 다르지만, 공통적으로 '하나'이다. 각기 다른 것에 주목하는 한 보편적 개념으로서의 '하나'를 찾아낼 수 없고, 이 '하나'를 모르면 수학을 할 수 없다.

영화 〈내 머릿속의 지우개〉의 주인공처럼 모든 것을 망각한다면 말할 것도 없이 수학을 배울 수 없다. 기억력은 얼마간 필요하지만 기억력만으로는 부족하다는 것이다. 기억력이 완벽해도 수학을 배우지 못하는데, 기억력이 완벽하지 않은 일반 학생들이 수학을 어떻게 배울 수 있는 것일까? 기억의 천재 두 소년이 못했던 것, 바로 보편적인 언어와 개념을 다룰 수 있기 때문이다. 일반 학생이 어떻게 이 일을 할 수 있는가? 이에 대해 철학자 칸트는, 인간이면 누구나 가지고 태어나는 감성(sensibility) 능력과 오성(understanding) 능력 덕분에 가능하며, 감성과 오성 능력으로 수학을 '구성'할 수 있기 때문이라고 하였다.[13]

칸트는 감성의 형식으로 공간과 시간이라는 2개의 범주를 그리고 오성의 형식으로 12개의 범주[14]를 제시하였다. 2개의 감성 형식에 의하여 직관을 형성하고, 12개의 오성 형식으로 그 직관을 개념화하여 수학을 '구성'할 수 있게 된다. 이렇게 칸트가 인간은 수학을 '구성'할 수 있음을 천명한 후, 수학적 창의성에 대한 담론들은 상당한 설득력을 확보한 것으로 보인다.

수학적 '창조'는 수학적 '구성'과 동의어이다. 수학적 창의성에 대한 초창기 연구들은 대체로 이 두 활동, 곧 '직관 형성' 그리고 '개념화'의 속성을 파악하려는 것이었다고 할 수 있다. 그러나 초창기 연구들은 이미 언급한 바와 같이, 수학자와 영재가 이 두 활동을 어떻게 수행하는가에 주목한 경향이 있다. 위에 소

13 유충현(2008) 참고

14 12개는 분량, 성질, 관계, 양상의 네 범주로 묶인다. 분량에는 단일성·다수성·전체성이, 성질에는 실재성·부정성·제한성이, 관계에는 실체-속성·원인-결과·상호작용이, 양상에는 가능-불가능·현존-부재·필연-우연이 포함된다.

개한 두 소년처럼 기억력이 비상하거나 그만큼의 기억력을 갖추지 못한 일반 학생들이 어떻게 직관을 형성하고 개념화를 이루어내어 수학을 창조하는지에 대한 연구는 상대적으로 빈약하게 이루어져 왔다.

다. 수학을 창조하지 않는 수학자

수학자 모두가 위대한 업적을 내는 것은 아니다. 위대한 업적을 내는 수학자들은 극소수이고, 대부분의 수학자들은 소박한 창조와 거듭되는 실패를 경험한다. 영화 《증명(Proof)》은 수학자들이 어떤 삶을 사는 존재인지에 대해 섬세하게 묘사한 것으로 정평이 나 있다. 그 중에서 인상적이었던 장면은 흥분한 주인공에 비해 너무나 쓸쓸한 어느 겨울밤의 풍경과 대화였다. 영화 속에서 더 이상 수학적 업적을 내지 못하는 주인공 노(老)수학자는 여전히 단 하루도 쉬지 않고 수학을 연구하며 위대한 성취를 꿈꾼다. 그러던 어느 겨울밤, 연구를 위해 따스한 실내를 벗어나 차가운 눈보라 속에서 수학을 연구한다. 타고난 놀라운 재능을 바탕으로 독자적인 연구를 진행하는, 아버지를 찾아 나섰던 수학자의 딸은 다음과 같이 아버지가 기록한 내용을 읽는다.[15]

> X는 임의의 양(quantity)이다.
>
> X가 추위라고 하자.
>
> 12월에는 춥다.
>
> 추운 달은 11월부터 2월까지이다.
>
> 일 년에는 추운 달과 더운 달이 각각 4개월씩 있다.
>
> 나머지 4개월은 춥지도 덥지도 않다.
>
> 2월에는 눈이 온다.
>
> 3월에도 호수는 언다.
>
> 9월에는 학생들이 등교하고 서점에 사람이 많다.

15 http://www.imdb.com/title/tt0377107/quotes 참고

X를 서점에 사람이 많은 달이라고 하자.

추운 달이 4개월이고 책의 수는 무한하다.

더위의 미래는 추위의 미래이다.

서점은 무한히 많지만 9월에만 서점에 사람들이 많다.

언뜻 보면 시 같기도 하고, 관찰기록 같기도 하다. 특이한 점은 이 글에 'X는 임의의 양', '추운 달이 4개월이고 책의 수는 무한하다' 등 전형적인 수학적 언어가 들어 있다는 것이다. 노수학자는 수학적 언어를 사용하고 있지만, 바라던 대로 위대한 수학적 발견을 하지는 못하였다. 스스로는 놀라운 발견을 했다고 흥분하고 있지만 말이다. 주인공의 흥분에 공감할 수 있는 한 가지가 있다면, 수학적 언어가 수학이 아닌 다양한 대상이나 상황을 기술하는 데에도 그럭저럭 쓰일 수 있다는 점을 들 수 있겠다. 수학적으로는 위대한 발견이라고 할 수 없지만 무엇을 말하려고 하는지, 무엇을 보고 느꼈는지는 어느 정도 표현할 수 있는 것으로 보인다.

주인공이 사용하고 있는 수학적 언어가 주인공의 경험과 감성을 표현하는 데에 얼마간의 기능은 하지만 그다지 적절하지는 않다. 추위라는 것을 임의의 양에 해당한다고 보고 기호로 표현하든지 하지 않든지 간에 상황의 기술에 큰 차이가 없다. 딸이 아닌 다음에야 어떤 수학자가 이 정도 수준의 발견을 축하하고 들어줄 것인가.

수학적 언어는 수학을 공부한 결과이다. 자연수, 분수, 나눗셈, 함수, 방정식, 그래프, 도형, 평균 등등의 단어들 그리고 그 단어들의 용법들과 용례들을 통하여 수학을 공부하게 된다. 수학공부를 외국어공부와 비슷하다고 하는 이유가 여기에 있다. 그래서 10년 이상 외국어를 공부해도 막상 외국인 앞에서는 그 외국어로 대화하기 어려운 것과 공부한 학교수학을 실제로 적용해야 하는 상황에서 전혀 떠올리지 못하는 것을 비슷한 현상으로 보는 사람들이 많다. 그러나 수학공부와 외국어공부는 다르다. 평생 외국어를 공부했거나 적어도 한때 외국어를 유창하게 구사할 수 있었던 사람은 노쇠해도 어느 정도의 외국어 구사 능력을 지닌다. 오히려 경험과 지혜가 쌓이면서 외국어 표현능력이 발전하는 면도 있다. 그런데 수학은 영화 속 장면처럼 노쇠하면서 대부분 잊거나 제대로 활용할 수 없는 언어가 된다. 이 영화 〈증명〉을 영국의 수학자 하디가 보았다면 깊이 공감했을 것이다. 하디도 자신의 저서 《어느 수학자의 변명》에서 나이 예순을 넘긴 여타의 수학자와 마찬가지로, 더 이상 자신에게 명료한 정신과 에너지, 일을 효과적으로 수행해낼 만한 인내심이 없다고 한탄했다.[16] 이 말에서 하디는 수학의 창조를 위해서는 유창한 수학적 언어만이 아니라 '명료한 정신, 에너지, 인내심'이 필요하다고 보고 있다. 하디처럼 위대한 업적을 냈던 수학자들이 아닌 경우에는 노화가 아니라 다른 이유에서 이러한 필요조건들을 제대로 갖추지 못했을 것이다. 위대한 성취를 이루었던 수학자들의 경우에도 대부분의 시간 동안에는 불확실성과 고군분투하는 삶을 살게 된다. 수학자들의 삶과 사유, 행동에 대한 관심이 증가하고는 있지만, 이에 대한 연구는 아직도 매우 부족한 실정이다. 이들이 어떤 존재로 살아가며 수학이 이들에게 어떤 의미인지 그리고 많은 실패와 좌절에 대처하면서 어떻게 소박한 창조를 지속하는지에 대해서는 연구가 필요하다. 위대한 업적을 낸 수학자라고 하더라도 그 업적 자체가 아니라 오랜 습관과 지향, 가치관에 대한 폭넓은 연구로부터 수학적 창의성의 매우 중요한 특질을 파악할 수 있을 것이다.

라. 높은 성취도와 수학적 창의성

수학에서 높은 성취도를 보였으나 수학적 창의성 면에서는 부정적인 평가를 받는 학생들이 있다. 그 사례를 손필드의 연구에서 확인할 수 있다.[17] 손필

16 Hardy(2008) 참고. 사실 많은 수학자들이 연령이 높아지면서 수학 연구에 대한 어려움을 호소했는데, 이와 관련하여 에르되시(Paul Erdös)와 오일러는 예외적이다. 두 수학자 모두 평생 동안 수학을 연구하였다. 에르되시는 1525편의 논문을 발표했고 511명의 수학자들과 공동으로 연구하였다. 오일러는 856편의 논문을 발표했는데 주로 단독연구였다는 점에서 에르되시와 차이가 있다. 두 수학자의 지치지 않는 연구 생산성은 이후 수학뿐만 아니라 다른 분야까지 널리 귀감이 되고 있다(Hoffman, 1998; Bringmann & Balk, 1983 참고).

17 Schoenfeld(1985) 참고

드는 다음 문제를 수학성적이 좋은 두 명의 학생에게 협력하여 풀도록 하였다.

> 반지름이 R인 원의 원주 위의 세 점을 꼭짓점으로 하는 삼각형들이 있다. 이들 중 넓이가 최대인 삼각형을 이루는 원주 위의 세 점을 어떻게 찾을 수 있는가? 답을 말하고 왜 그렇게 답했는지 설명하여라.

정삼각형이 최대 넓이를 가진다는 것은 직관적으로 명확하다. 그렇기 때문에 문제는 원주를 삼등분하는 세 점을 작도하는 방법을 찾음으로써 해결된다. 그런데 수학적으로 우수하다고 인정받았던 두 학생은 뜻밖의 반응을 보였다. 처음에는 평범하게 시작하였다. 둘 중 한 학생이 문제를 읽자마자 원에 내접하는 삼각형을 그리더니 넓이가 최대인 삼각형은 정삼각형일 것이라고 추측하였다. 다른 학생이 세 호의 길이가 모두 같게 되는 세 점을 찾으면 된다고 대답하였다. 여기까지는 매우 자연스럽고 기대하는 답으로 진행하는 모습이었다. 조건을 만족하는 세 점을 작도하는 일은 두 학생에게는 아무런 문제가 되지 않을 것이라고 예측했기 때문이다.

그런데 두 학생은 곧바로 내접하는 정삼각형의 넓이를 계산하는 것에 몰두하였다. 주어진 20분 내내 탐구하는 태도를 유지했고, 다양한 문제해결 전략을 활용하였다. 그러나 정삼각형의 넓이를 계산하지 못하였고, 결국 문제를 해결하지 못하였다. 손필드는 이 학생들이 왜 문제에서 요구하지도 않은 정삼각형의 넓이를 계산하려고 했는지 알 수 없었다. 문제를 해결하는 창의적인 방법을 얼마든지 찾아내기를 기대했는데, 엉뚱한 것에 주의를 집중하더니 이렇다 할 아무것도 찾아내지 못하였다. 손필드는 이 사례를 근거로 모니터링, 자기조절, 감시와 평가 등과 같은 메타-인지 능력이 중요하다고 주장하였다. 수학자 봄벨리가 수학을 연구하는 자신을 돌아보면서 말한 것을 보면 수학자들은 메타-인지 활동을 습관처럼 실천하고 있다.

그때 멈추어 스스로에게 묻습니다. 내가 실제로 찾은 것은 무엇인가? 다음 단계는 무엇인가? 가끔 이렇게 하다가 큰 진전을 이루기도 합니다.[18]

메타-인지 능력의 부족보다 손필드를 더 당황하게 했던 일화도 있다. 역시 수학적으로 우수한 학생들인데 기대와 달리 엉뚱한 방향으로 나아간 사례이다. 두 학생이 짝을 지어 문제를 해결하도록 했고, 긴장을 풀도록 하기 위하여 쉬운 문제를 주고 소리 내어 그 풀이과정을 이야기하면서 풀도록 하기도 하였다. 그리고 난 뒤 문제를 제시했는데, 두 학생은 문제가 제시되어 있는 유인물을 보면서 다른 종이에 주어진 도형을 똑같이 작도하기 시작하였다. 이 일에 많은 시간을 보내더니 새 종이에 옮겨 적은 문제를 풀기 시작하였다. 당연히 문제를 해결하지 못하였다.

손필드는 두 학생의 반응을 이해할 수 없었다. 문제를 새 종이에 옮겨 적을 필요가 없었는데 왜 그 일에 그렇게 많은 시간을 보냈는지 알 수 없었다. 주어진 도형을 옮겨 그리기 위한 탐구가 이루어졌지만 문제를 해결하는 데 필요한 단서를 찾지 못하였다. 참여 학생과의 면담을 통하여 밝혀낸 이유는 정서적인 것이었다. 학생이 당황하여 순간적으로 아무 생각이 떠오르지 않았기 때문에 스스로를 방어하는 반응의 하나라는 것이다. 열심히 해결하려고 노력했는데 문제를 해결하지 못하면 수학적인 능력이 부족한 것처럼 보이지만, 문제에 포함되어 있는 도형을 정확하게 다시 작도하면 적어도 작도에 관해서는 기초지식이 있다는 것을 보여줄 수 있다고 생각했다는 것이다.

앞에서 손필드가 제시한 두 가지 사례는 수학 성취도가 높다는 것이 수학적 창의성을 발현하는 데에 충분하지 않다는 것을 보여준다. 학생들이 탐구하고 있지만 문제해결을 위한 단서를 찾지 못하고 엉뚱한 일에 시간을 보낼 뿐이었다. 결국 문제를 해결하는 데에는 실패했지만, 한 가지 긍정적인 측면은 학생들이 여전히 적극적이고 능동적인 태도를 보여주었다는 것이다. 스스로 새로운 문제를 만들거나 새로운 목표를 세워 추구했고, 수학적인 논의에 관심을 가지

18 Liljedahl(2009), p. 55 재인용

고 탐구하였다. 비록 유익한 결과를 얻어내지는 못하였지만 관련된 수학적 지식을 회상하거나 연결하려고 하였다. 이러한 행동과 태도는 문제해결의 성공 여부와 무관하게 유지하도록 해야 할 덕목이다. 만약 시간이 충분하게 주어지고 적절한 메타-인지 능력을 보완해주면 얼마든지 수학적 창의성을 발휘할 수 있기 때문이다. 이러한 점에서 수학적 창의성 연구는 기존의 문제해결 관련 연구의 방법과 논의를 보완하는 면이 있다. 사전에 설정된 목표를 추구하지 않았다고 하여 그저 실패로만 규정하지 않고, 세부적인 양태와 논의 구조를 파악하여 대안적인 접근을 시도하도록 이끌 수 있다. 그렇다고 주어진 문제를 해결하지 않고 이른바, '딴 짓'하는 것을 모두 잠재적으로 창의적인 행동이라고 보아서는 안 될 것이다. 완전한 이탈과 창의적인 우회를 구분할 수 있어야 한다. 이는 결코 간단한 문제가 아니며 풍부한 연구에 의해서만 다루어져야 할 것이다.

마. 요약

지금까지 수학교육 연구공동체에서 수학적 창의성을 강조하여 다루게 된 배경 그리고 앞으로 연구가 필요한 논점에 대하여 간략하게 제시하였다. 수학적 창의성이라는 용어와 개념은 수학교육 연구의 산물이다. 그런데 수학교육 연구를 떠나 다양한 맥락에 놓이면서 다양한 해석이 가해지고 의미의 변형이 일어나고 있다. 다양한 주체가 다양한 맥락에서 이야기하는 용어와 개념으로 바뀌면서 과도하게 소비된 것에서 비롯된 부작용도 있는 것으로 보인다. 그 부작용의 하나는 거의 모든 수학교육의 문제를 수학적 창의성 교육으로 해결하려는 태도이다. 앞으로 차차 살펴보겠지만, 수학적 창의성 교육은 수학교육의 많은 문제를 해결하기에 적합하고 '무난한' 개혁 아이디어가 아니다. 오히려 매우 정교하고 세련된 감수성을 요구하는 미묘한 관점이다. 슬로건을 내걸고 피상적으로 추구해서는 안 되는 위험한 주장이기도 하다. 그러므로 의미의 변형을 충분히 고려하지 않고 조급하게 도입하기보다는 수학교육 연구에서 본래 이루어졌던 논의를 파악하고 그 의의와 적절한 용법을 확인할 필요가 있다. 앞으로 한편으로는 그동안 이루어진 논의를 분석하거나 종합하여 소개하고, 다른 한편으로는 현재 우리나라의 시점에서 고민해야 할 논점을 제시함으로써 수학적 창의성의 미묘한 측면을 건전하게 이해하고자 노력할 것이다.

그 출발점으로 수학교육에 외적인 조건을 부여하는 교육과정에서 창의성과 관련된 관점이 어떻게 다루어져왔는지에 대하여 살펴보았다. 수사적인 수준에 그치기는 했지만, 이미 2차 교육과정기부터 창의성에 주목하기 시작하였다는 것을 알 수 있었다. 2차 교육과정기는 우리나라가 교육뿐만 아니라 모든 분야가 경제발전이라는 최고목표에 종속되어 있던 시기였다. 이때 등장한 '창의성'의 개념도 그 목표로부터 자유롭지 않은 것으로 보인다. 국외에서는 지능, 사고력, 창의력에 대한 심리학 연구가 교육학 연구에 활발하게 유입되던 시기였다. 그러나 그 연구들을 온전하게 이식할 형편이 되지 않았던 국내에서는 단지 실천과 응용에서의 창의성을 논의해왔다. 이후 교육과정을 개정하면서 창의성은 단지 실천과 응용 단계가 아니라 수학내용을 학습하는 과정에서 요구하고 함양해야 하는 명시적인 목표로 바뀌었다. 아이러니한 것은, 명시적으로 추구되어 온 수학적 창의성 교육이 국내 수학교육의 문제를 진단하거나 개혁을 논의할 때에는 '새롭게 추구해야 하는 지향점'으로 제시되고 있다는 점이다. 그러므로 수학적 창의성 교육을 새로운 목표로서 부각시키는 데에 주목할 것이 아니라, 일찍부터 추구한 목표를 왜 제대로 안착시키지 못했는가에 대한 분석에 주목해야 한다. 수학적 창의성을 추구할 환경이 조성되지 않았다는 것이나 입시제도의 문제점, 과도한 교육열과 사교육 등의 외적인 요인들은 이 책에서 굳이 언급할 필요가 없을 것으로 생각한다. 그 요인들이 중요한 영향을 미친다는 것에는 이견이 없으며, 수학교육 연구를 통하여 새로운 진단이 이루어질 가능성도 희박하기 때문이다. 이 책에서는 외적 요인들이 개선되기를 희망하는 동안, 수학교육 연구 공동체의 내부에서 이루어진 다양한 시도와 진전을 종합하고자 한다.

먼저 일반 학생들을 대상으로 했던 기존의 다양한 수학교육 연구결과들을 수학적 창의성의 관점에서 재해석할 수 있다. 이것이 어떻게 가능한지를 설명하기 위하여 기억력이 좋은 두 소년이 수학을 배우지 못하는 이유와 수학적 창의성을 관련지어 논의했다. 기억에 의한 학습은 수학적 재능이 부족한 학생들에게 매우 유용하다고 생각해왔던 방법이었다. 그러나 기억력은 수학학습의 필요조건일 뿐, 충분조건이 될 수 없음을 확인하였다. 기억력으로 부족한 부분을 보충할 수 있는 것이 바로 수학적 창의성이다. 무엇을 기억하고 무엇을 수학적으로 창조하면서 수학을 배우게 되는지에 대해서는 보다 자세한 논의가 필요하다.

이어서 그동안 위대한 성취를 보여준 수학자들을 대상으로 수학적 창의성을 연구해 왔으며, 그들의 천재성에 지나치게 연구의 초점이 놓였다는 점을 지적하였다. 수학적 창의성의 본질은 수학적 성취가 우수할 때에만 드러나지 않는다. 오히려 성취에 실패하는 수학자들이 훨씬 더 많고 위대한 수학자들 역시 거듭하여 실패를 경험한다. 그렇게 실패하는 순간에 수학자가 어떤 방식으로 사유하고 행동하는지를 이해하는 것이 필요하다. 이러한 문제의식을 드러내기 위하여 영화의 한 장면을 소개하였다. 영화 속 주인공은 수학을 연구하기 위해서가 아니라 일상생활에서 마주치는 현상을 기술하기 위해서 수학적인 언어를 사용하였다. 보통의 학습자가 수학적 언어능력을 갖추는 데에는 오랜 시간이 걸리고, 많은 경우에 유창한 수준에 이르지는 못한다. 그러나 오랜 시간 수고하여 획득한 수학적 언어 그 자체는 수학적 창조를 보장하지 못한다. 수학적 창조를 위하여 수학적 언어능력이 필요하지만 역시 충분하지는 않은 것이다.

수학적 창의성 연구의 다른 축은 영재들의 문제해결 과정을 관찰하고 분석하는 것이었다. 이러한 연구들에서도 영재들의 성공적인 수행에 주목하는 경우가 대부분이었다. 그러나 수학적 성취가 높은 학생들 역시 실패하는 경우가 많으며, 그때에 보이는 사유와 행동을 분석하여 창의성 교육의 방향을 모색할 필요가 있다. 이와 관련하여 손필드가 관찰한 두 가지 사례를 찾아 제시하였다. 이로부터 수학적 성취가 우수하다는 것이 수학적 창의성 발현의 충분조건이 아니라는 것을 확인하였다. 이 두 가지 사례에서처럼 메타-인지 능력이 부족하거나 정서적인 이유 때문에 수학적 창의성을 발휘하지 못하는 영재아가 얼마든지 있을 수 있다. 그러한 상황을 유발하는 요인이나 대처 방안에 대한 연구들을 살펴보고 시사점을 도출하는 것도 필요하다.

요컨대, 이 책에서는 다음과 같은 세 가지 관점을 유지하면서 수학적 창의성의 의미와 교육에 대하여 살펴보고자 한다.

(1) 일반 창의성 그리고 수학학습 관련 연구를 수학적 창의성의 맥락에서 재해석한다.
(2) 수학자들의 성취 이면에 담긴 폭넓은 배경을 기초로 수학적 창의성의 의미와 교육에 대한 시사점을 도출한다.
(3) 학생들의 높은 수학적 성취 이면에 담긴 폭넓은 배경을 기초로 수학적 창의성의 의미와 교육에 대한 시사점을 도출한다.

02
일반 창의성과 수학적 창의성

일반 창의성 연구와 수학적 창의성 연구는 상호 영향을 미치면서 수행되어 왔다. 두 연구관점에서 전제로 하거나 연구결과로 얻은 창의성의 의미와 교육에 대한 시사점은 상당 부분 유사하지만 차이가 있는 부분도 있다. 이 장에서는 일반 창의성 연구와 수학적 창의성 연구가 만나는 지점을 중심으로 하여, 창의성의 의미와 교육에 대하여 알아본다.

가. 창의성의 사전적 의미

창의성을 나타내는 영어 단어 creativity는 '만들다 또는 창조하다'라는 뜻의 라틴어 어근인 'Creō'에서 유래된 것이다. 동양과 달리 일찍부터 유일신을 믿어 온 서양에서는 'create'의 주체로 자신들이 믿는 신을 생각하였다. 다시 말하여, 창조한다는 것은 인간이 아니라 신이 하는 일이었다. 실제로 'create'이라는 단어는 14세기 영국의 시인 초서가 신의 창조능력을 기술하기 위하여 처음으로 사용하였다.[19] 18세기에 이르러 계몽주의가 유럽을 휩쓸었을 때 비로소 인간도 창조하는 주체가 될 수 있었다. 이를테면, 화가가 자연에 존재하는 대상을 있는 그대로 묘사하는 것이 아니라 스스로의 느낌과 인식을 사용하여 새로운 대상을 창조한다는 생각을 하게 되었다. 이러한 생각은 화가가 그림을 그릴 때 단지 있는 것을 모방하는 것이라고 보았던 플라톤의 관점[20]과는 다르다. 또한 인

19 Runco & Albert(2010) 참고
20 Tate(1928) 참고

간은 새로운 것을 만들어내는 것이 아니라 있는 것을 발견하는 존재라고 보았던 고대 중국의 관점과도 다르다. 인간이 새로운 대상을 창조하는 주체가 된 것은, 동서양 모두에서 근대에야 가능했던 것이다.

우리말사전에서는 '창조'를 '전에 없던 것을 처음으로 만듦', '신(神)이 우주 만물을 처음으로 만듦', '새로운 성과나 업적, 가치 따위를 이룩함'이라고 설명한다.[21] 여기서 '처음'과 '새로움'이라는 것이 창조의 주요한 의미를 이루고 있음을 알 수 있다. '창의성(創意性)'이라는 단어에도 '새로운 것을 생각해내는 능력'이라는 의미가 담겨 있다. 이동원이 풀이한 바에 의하면, '창(創)'은 '곳집 창'(倉)과 '칼 도'(刀)의 합성어로, 곳간을 새로 짓는다는 뜻이 있다.[22] 또, '창(創)'은 '상처 입을 창'으로도 쓰이는데, 이동원은 이를 상처 입은 곳에 새살이 돋아나는 뜻을 새기고 있다. '창조'나 '창의성'이라는 단어를 사용하는 다양한 맥락을 생각해보면, 무엇인가 처음 보는 '새로운 것'이라는 의미가 담겨 있다고 보아야 할 것이다. 그동안 이루어진 창의성 관련 연구들에서도 '새롭다'라는 것을 창의성의 핵심적인 특질로 다루어 왔다. 그러나 여전히 창의성의 의미에 대한 단일한 정의를 찾을 수는 없는데, '새롭다'는 것 외에 창의성을 이루는 요소나 창의성의 측면이 매우 다양하기 때문이다. 결국 창의성의 의미는 창의적인 사람, 창의적인 과정, 창의적인 산출물, 창의적인 이론 등 본래 사용된 단어에 형용사 '창의적인'을 덧붙여 그 특질을 밝히는 방식으로 논의되어 왔다. 이하에서 이들에 대하여 차례로 살펴본다.

나. 창의적인 사람의 의미

어떤 사람이 다른 사람보다 특별히 창의적이거나 천재적이라는 것에 주목하고 어떤 이유에서 그렇게 되었는지를 밝힌 최초의 과학적인 연구는 골튼의 업적으로 알려져 있다. 진화론을 주창한 다윈의 사촌이기도 한 골튼은 창의적인

21 표준국어대사전(http://stdweb2.korean.go.kr/) 참고

22 이동원(2009) 참고

업적을 내게 하는 천재성이 유전된다는 민감한 주장을 그의 저서 《유전적 천재(Hereditary genius)》에서 제시하였다.[23] 그러나 골튼 이후 창의성과 천재성에 관한 연구들이 지속적으로 이루어진 결과, 유전은 가능한 여러 요인 중 하나일 뿐, 유일한 요인이 아니라는 것에 합의가 이루어지고 있다. 예를 들어, 가드너는 창의성과 천재성이 단지 유전되는 것이 아니라 여러 요인들의 복합적인 상호작용에 의하여 발현되는 것으로 보았다. 가드너는 아인슈타인, 간디, 스트라빈스키, 엘리엇, 그레이엄, 프로이트, 피카소를 창의적인 사람들의 표본으로 택하여 이들의 공통적인 특질을 찾아 제시하였다.[24] 왈라스와 그루버도 12명의 창의적인 사람들을 선정하여 유사한 방법으로 연구하였다.[25] 창의적인 사람들을 선정하고 그들의 삶과 업적을 통해 창의적인 사람들의 특질을 연구하는 것은 여전히 다양한 학자들이 지속적으로 시도하고 있다.[26]

이제 창의적인 사람인가 아닌가를 판단할 때 주요한 특질로 거론되는 것들에 관련된 논의를 차례로 살펴보자. 첫째, 지능지수와 창의성 사이의 관계에 대한 논의가 있다. 많은 연구자들이 살펴본 결과, 어느 정도의 지능지수는 필요하지만 지능지수가 높다고 해서 창의성이 높다고 할 수 없다는 결론에 도달하였다. 맥키넌은 창의적인 업적을 낸 수학자, 과학자, 건축가 등의 지능지수가 120에서부터 177까지 다양함을 확인하였다.[27] 창의적인 업적을 낸 사람들과 그렇지 않은 사람들의 지능지수와 학력 등은 유의미한 상관관계가 없다는 것도 확인하였다. 이로부터 지능지수가 120 이상이면 창의적인 업적을 내는 데에 충분하며 그 외에 다른 관련성을 찾을 수는 없다는 것을 알 수 있다. 지능지수 120이 일

---

23 Simonton(2003) 참고

24 Gardner(2011) 참고

25 Gardner(2011) 참고

26 그런데 이 연구의 방법은 근본적인 한계를 가지고 있다. 누가 창의적인지 판단하는 기준 없이 어떤 사람이 창의적이라고 가정한 후, 그 사람에게서 창의적인 사람의 특질을 도출하기 때문이다. 또, 극소수의 사람들이 가지고 있는 특질을 얼마나 일반화할 수 있는가의 문제도 발생한다. 그러므로 창의적인 사람의 특질에 대한 논의를 해석할 때에는 이러한 한계를 고려하면서 신중하게 접근할 필요가 있다.

27 MacKinnon(1961, 1962, 1967) 참고

종의 경계를 나타낸다는 뜻에서 이러한 입장을 '문턱 이론(Threshold theory)'이라고 부른다. 해이즈도 같은 입장을 고수하면서 다만 그것을 '자격요건 이론(Certification theory)'이라고 이름 붙였다.[28] 지능지수와 창의성이 관련되어 있는 것은 아니지만, 창의성을 발휘하는 데에 일종의 자격요건처럼 얼마간의 지능지수는 갖추어야 한다는 뜻이다.

둘째, 후천적인 노력과 창의성 사이의 관계에 대한 논의가 있다. 이와 관련해서는 로[29]와 챔버스[30]의 연구를 참고할 수 있다. 이들이 살펴본 바에 따르면 창의성을 발휘하는 사람들은 분야를 막론하고 다른 사람들보다 많은 시간을 투자하며, 많은 노력을 기울인다. 로는 뛰어난 업적을 낸 물리학자들과 생물학자들의 유일한 공통점이 자신의 일에 몰두하는 태도라고 하였다. 이 태도는 한 분야에서 전문가가 되려면 10년 동안의 집중적인 노력이 필요하다는 뜻의 '10년의 법칙(ten-year rule)'[31]이나 어떤 분야에서건 성공을 위해서는 10,000시간이 필요하다는 의미의 '10,000시간의 법칙(10,000-hour rule)'[32]으로도 표현된다.

셋째, 독자성과 창의성 사이의 관계에 대한 논의가 있다. 독자성은 독립성이라고도 표현할 수 있으며, 다른 사람들에 의존하지 않고 스스로 판단하거나 의사결정을 하는 성향을 뜻한다. 자신이 하는 일의 성격이나 의미에 대해서도 그렇고 그 일의 결과에 대해서도 스스로 만족하는 것에 치중한다. 우리 문화에서는 어떤 사람이 지나치게 독자성을 추구할 때 '독불장군(獨不將軍)'이라고 하면서 비꼬는 경향이 있다. 이러한 문화적 배경 때문에 창의적인 사람을 허용하기보다는 배척하는 분위기가 있고, 학교도 예외는 아니다. 문화를 바꾸려면 시간도 많이 걸리고 장애물도 많다. 그러나 문화적인 영향은 교육에서 무시할 수 없기 때문에, 창의성 교육이 안착되기 위해서는 문화를 바꾸는 노력도 동시에 진행되어야 할 것이다.

---

28 Hayes(1978) 참고

29 Roe(1951a; 1951b; 1961) 참고

30 Chambers(1964) 참고

31 Hayes(1989) 참고

32 Gladwell(2008) 참고

넷째, 유연성과 창의성 사이의 관계에 대한 논의[33]가 있다. 플럭커는 대부분의 사람들이 나이가 들고 경험이 많아지면서 관점이 고착되는 반면에, 창의적인 사람들은 여전히 유연성을 유지함으로써 놀라운 발견이나 혁신을 이루어낸다고 하였다.[34] 어린 아동이 일반적으로 성인보다 유연하지만, 어떤 일의 추진에 있어서는 경험과 지식이 부족하기 때문에 피상적으로 대처하게 되고 그래서 창의적인 성취를 하지 못한다. 성인은 경험과 지식이 많으므로 피상적인 대처를 피하려고 노력하는 대신, 고착된 사고에 빠지게 되어 창의적인 생각을 하지 못한다는 것이다. 결국 경험과 지식을 쌓으면서도 유연한 사고를 할 수 있어야 창의적인 업적을 이룰 수 있다.

다섯째 특질은 경제적인 용어로 표현되는데, 이른바, '투자 이론(Investment theory)'이 그것이다. 이 관점은 스턴버그와 루바트가 제시한 것으로, 창의적인 사람들은 그렇지 않은 사람들에 비해 '낮은 가격에 사서 높은 가격에 파는 식'의 사고와 행동을 한다는 것이다.[35] 낮은 가격에 산다는 것은 기존에 몰랐던 것 또는 그 가치를 높게 두지 않았던 것을 택한다는 의미이다. 높은 가격에 판다는 것은 장차 의미가 크거나 활용 잠재력이 큰 새로운 개념이나 대상으로 바꾼다는 뜻이다. 스턴버그와 루바트는 창의적인 사람들이 낮은 가격에 사서 높은 가격에 파는 것과 같은 행동을 하는 데에 지적인 능력, 지식, 독자성, 높은 성취동기 등 다양한 요인이 영향을 미친다고 보았다. 그 중에서도 창의적인 사람의 성격특질에 해당하는 것을 제시하면, 장애나 도전적인 상황을 기꺼이 받아들

---

33 유연성과 융통성은 모두 flexibility의 번역어이다. 유연성은 사물이나 사람의 신체가 딱딱하지 않고 부드러울 때 그 성질을 가리키는 용어이다. 융통성은 상황에 딱 들어맞는 것이 없을 때 다른 것을 적절하게 바꾸어 활용하는 능력을 가리키는 용어이다. 사전적인 의미만 놓고 보면, 유연성이 융통성보다 폭넓게 적용될 수 있다. 유연성은 비유적인 용어이기 때문에, 사물과 신체가 부드러워서 쉽게 구부러진다는 이미지만 차용하고, 맥락에 따라 다양한 의미로 해석할 수 있기 때문이다. 이와 달리, 융통성은 사전적인 의미가 매우 구체적인 능력을 뜻하기 때문에, 그 능력만을 뜻한다고 오해할 여지가 있다. 창의성의 요소로 flexibility를 언급할 때는, 융통성의 사전적인 의미에 담긴 능력만이 아니라 맥락에 따라 다양한 여러 능력을 뜻한다. 이런 이유로 이 책에서는 가급적 유연성으로 번역하여 서술하였다.

34 Plucker(1998; 1999) 참고

35 Sternberg & Lubart(1996) 참고

이거나 극복하려는 태도, 대다수의 생각에 반박하는 습관, 애매모호한 상태를 견디고 제어하는 감각, 자기효능감 등을 들 수 있다. 이러한 성격특질과 더불어 적절하고 유용한 사고능력을 갖춘다면 창의적인 사람이 될 수 있다.

여섯째 특질은 사회성이 부족하고 거만하며, 경쟁적이고 어두운 성격을 들 수 있다. 앞서 제시한 특질들은 창의적인 사람이 갖추고 있는 긍정적인 것이라면, 이번에 주목하는 특질은 부정적인 것이다. 헬슨이 지적한 바와 같이, 창의성 연구에서는 주로 좋고 긍정적인 것을 부각시키는 경향이 있다.[36] 그러나 창의적인 사람들도 다양한 특질을 보이며, 스스로에 대한 기대가 과잉이 되면서 강박이나 불안과 같은 정신적인 장애를 겪기도 한다. 맥키넌[37]과 페이스트[38]도 창의적인 사람들 중에 과도하게 사회성이 결여되어 있어서 고립된 채로 지내는 사례를 제시한 바 있다. 수학자 내쉬의 삶을 영화로 그린 《뷰티플 마인드》에서도 이러한 특질을 확인할 수 있다.

앞서 제시한 것들 외에도 창의적인 사람들의 특질은 아주 다양하다. 국내외에서 널리 활용되고 있는 창의성 검사문항을 개발한 토렌스가 제시한 창의적인 사람들의 48가지 특질을 제시하면 다음과 같다.[39]

> 자신의 일에 대한 강한 애착, 이타적인 성격, 몰입, 신비한 일에 대한 호기심, 어려운 과제에 도전하는 태도, 수줍어함, 생산적으로 비판하는 능력, 용감함, 깊이 그리고 꾸준히 생각함, 격식에 대한 거부감, 건전함에 대한 거부감, 탁월성의 추구, 투지, 차별화된 가치체계, 쉽게 만족하지 않는 태도, 주도하는 태도, 어떤 일의 문제점을 찾는 사람, 사람들과 다르다는 것을 개의치 않음, 일체화된 행동을 하기 싫어함, 고독을 즐김, 근면함, 내성적임, 특이한 경험을 좋아함, 사업수완이 없음, 실수함, 지루해하지 않음, 다른 사람에 대하여 적대적이지도 않고 부정적이지도 않음, 특이한 습관이 있음, 인내심이 많음, 다른 사람의 생각을 수용함, 때로는 퇴행함, 자신의 감정을 감춤, 단호한 태도,

36 Helson(1996) 참고

37 MacKinnon(1992) 참고

38 Feist(1993) 참고

39 Torrance(1962) 참고

자발적으로 임함, 일을 숙명으로 받아들임, 권력의 배척, 진실함, 세부적인 일에 관심이 없음, 추측을 즐김, 반대의견을 적극적으로 제시함, 집요함, 철저함, 소박함, 순진함, 여러 관점으로 일을 추진하는 것을 꺼림, 선견지명이 있음, 다재다능함, 모험심이 있음

토렌스는 이후 연구를 통해 위에서 제시한 특질들을 일부 수정하고 보완하였다. 가령, 시각뿐 아니라 여러 감각을 모두 활용하여 관찰한다거나 언어능력이 뛰어나다는 등의 특질이 추가되었다. 그런데 이러한 특질들을 가지고 있다고 해서 모두 창의성을 갖추고 있다고 할 수 없다는 것이 문제이다. 또, 창의적인 사람의 의미를 특정한 성격특질로 아우르기에는 관련된 성격특질이 너무 많고 복합적이기도 하다. 크로플리가 '창의성의 패러독스'로 설명한 것도 창의적인 사람이 이렇게 복합적인 특질을 가지고 있으며, 종종 긍정적인 면과 부정적인 면을 모두 갖추고 있다는 점이다. 칙센트미하이[40]도 창의적인 사람들이 다소간 상반되는 특질을 동시에 보이는 것에 주목하였다.[41]

(창의적인 사람은) 매우 활기차게 활동하지만 조용히 휴식하는 것도 좋아한다. 명석하지만 천진난만하기도 하다. 장난을 좋아하지만 진지하고, 책임감이 크면서도 때로는 매우 무책임하다. 상상과 공상, 모호성을 즐기지만 매우 현실적이기도 하다. 외향적이면서도 내향적이다. 겸손하면서도 자존심이 강하다. 남성성과 여성성을 모두 가지고 있다. 반항적이고 개혁적이지만 순응하고 전통을 고수하기도 한다. 자신의 일에 몰입하면서도 다른 한편으로 객관적이다. 개방적이지만 감수성이 예민하고, 즐겁게 살지만 고통스러워하고 괴로워하기도 한다.

이렇게 상반되거나 복합적인 성격특질을 보인다는 연구결과를 보면, 창의적인 사람도 사람이구나 하는 생각이 들 것이다. 대부분의 사람들도 사실 양면적인 성격을 가지고 있기 때문이다. 그러므로 어떤 사람이 위에 제시한 특질들의 일부를 가지고 있다고 해서 창의적이라고 판단할 수는 없다. 그렇다면 창의

40 Torrance(1962) 참고

41 Csikszentimihalyi(1996) 참고

적인 사람의 의미는 결국 무엇인가. 복합적인 특질만으로 판단할 것이 아니라, 창의적인 사유와 행동, 곧 창의적인 과정을 기꺼이 그리고 적절히 실천할 수 있는 사람이다. 다음 절에서 이에 대해 알아본다.

다. 창의적인 과정의 의미

앞에서 설명한 바와 같이, 골튼은 많은 업적을 낸 과학자와 예술가 집안을 연구하여 천재성이 유전된다고 설명하였다. 그러나 20세기 초에 이르러 푸앵카레, 헬름홀츠, 아인슈타인 등 수학자와 과학자들이 자신의 연구과정에서 일어난 독특한 사유와 관점의 전환 경험을 이야기하면서 유전이 아니라 '창의적인 과정'이 위대한 업적의 원동력이라는 것을 알게 되었다. 이들은 자발적으로 그리고 독립적으로 많은 노력을 기울여서 새로운 것을 발견하거나 발명하였으며, 바로 그 '과정'이 창의성을 이해함에 있어 핵심적이다.

창의적인 과정의 최초 모델은 왈라스가 제시하였으며 다음과 같이 5단계로 이루어져 있다.[42] 첫째, 준비 단계이다. 이때, 주어진 문제 상황을 검토하고 이해하게 된다. 둘째, 부화(incubation) 단계이다. 문제해결을 잠시 쉬면서, 무의식적으로 문제 상황을 파악하고 검토하는 단계이다. 셋째, 감지(intimation) 단계이다. 무엇이 문제해결에 도움이 될 만한지에 대한 느낌과 암시를 얻게 된다.[43] 넷째, 조명(illumination) 단계이다.[44] 문제를 해결하는 데에 필요한 생각이 떠

42 Wallas(1926) 참고

43 아다마르는 자신이 수학을 할 때 감지 단계를 경험한 적도 없고, 푸앵카레 역시 그렇게 말한 적이 없다면서, 이 단계를 제외한 4단계 모델을 제시하였다(Hadamard, 1945, p. 38).

44 지금까지 illumination을 조명 또는 발현으로 번역하는 경우가 많았다. 조명은 어두운 곳에 갑자기 빛이 비추면서 그 동안 몰랐던 것들을 파악하고 문제를 해결하게 되는 것을 비유적으로 표현한다. 이에 비해 발현은 속에 있거나 숨은 것이 밖으로 나타나는 것을 가리킬 때 사용하는 단어이다. 문제해결의 단서가 감추어져 있다가 겉으로 드러나서 문제를 해결하게 된다는 것을 표현한다. 두 단어가 유사하지만 미묘하게 다른 의미를 담고 있다. 그런데 폴리아나 와일스 등 수학자들은 문제해결의 아이디어를 찾았을 때 마치 어두운 방안에 전등이 켜진 것과 같다고 비유하였다. 이를 참고하여 이 책에서는 발현 대신 조명으로 번역하였다. 한편, 아다마르는 저서에서 '조명 현상(phenomenon of illumination)'이라는 표현도 종종 사용하였는데, 이는 문제해결이 갑작스럽게 이루어진다는 점을 부각시키기 위한 용어이다.

올라서 결국 문제를 해결한다. 다섯째, 검증(verification) 단계이다. 객관적으로 그리고 논리적으로 문제를 해결하고 그 타당성도 확인한다.

프랑스의 수학자 아다마르는 1945년에 저술한 《수학적 발명의 심리학》에서 왈라스의 5단계 모델 중 감지 단계를 제외한 4단계로 창의적인 과정의 모델을 제시하였다. 더 많은 학자들을 대상으로 조사한 자료가 추가되었기 때문에 아다마르의 모델은 창의적인 과정을 이해하고 설명하는 데에 많은 설득력을 확보하였다. 이 모델에서 가장 주목을 끄는 것은 부화 단계이다. 새 생명을 품고 있을 때 겉으로는 아무 일도 일어나지 않는 것처럼 보이지만 새 생명의 탄생에는 매우 중요한 단계가 부화이다. 마찬가지로, 인간이 무엇인가를 창조할 때에도 이와 유사한 단계가 필요하다고 보았다. 그러나 부화를 비유적으로 또는 개략적으로 설명했을 뿐, 실제로 그 단계에서 어떤 일이 어떻게 일어나는지를 과학적으로 밝힌 것은 아니었다. 가령, 문제해결을 하지 않는다고 해서 모두 부화를 하고 있는 것은 아니다. 문제해결과 관련되어 있으나 직접 해결에 관여하지는 않는 모종의 사유와 행동들을 해야 부화를 한다고 할 수 있다. 문제는 어떤 경우가 부화에 해당되고 또 해당되지 않는지를 파악할 방법이 없다는 점이다. 결국 애매모호한 설명만 되풀이될 뿐, 당시에 학계를 지배한 실증주의 또는 과학주의 입장에서는 전혀 이해할 수 없는 설명일 뿐이었다. 가령, 행동주의 심리학자인 스키너는 명확하지 않은 설명으로 가득 찬 창의성 연구와 창의성 개념을 받아들일 수 없다고 하였다. 그의 입장에서는 예측하지 못하는 행동이란 없으며, 보상과 처벌, 강화 등에 의하여 인간의 행동과 결과를 연합하는 조작적인 조건을 형성하는 것이 곧 새로운 지식을 생성하는 유일한 과정이기 때문이다.[45]

그러나 아다마르는 다소간 애매모호하고 신비로운 설명을 고수하였다. 아인슈타인이 언어가 아니라 이미지를 활용하여 연구했다는 고백을 한 가지 사례로 제시하면서 아다마르는, 이와 같은 '심상(mental imagery)'에 의한 사유가 무의

45 Epstein(1991) 참고. 아직도 무의식의 역할에 대해서는 학자들 사이에 논란이 분분하다. 가령, 사이먼은 무의식적인 사고에 의하여 통찰이 일어난다는 것에 반대의견을 제시하였다. 그는 문제 상황에 친숙해지고 선택적으로 망각할 수 있게 되면서 의식적으로 사고하여 통찰하게 된다고 설명하였다(Simon, 1977).

식 또는 전의식의 작용과 관련된다고 주장하였다. 오늘날 심상은 인간의 사고 과정을 파악하고 설명하는 데에 매우 핵심적인 개념으로 간주된다. 아다마르가 무의식 또는 전의식의 작용을 직관의 형성과 관련지어 설명한 관점도 오늘날 여전히 유효하다. 아다마르가 논리는 직관에 의하여 인식한 것을 확인하고 정당화하는 도구일 뿐 창의적인 과정에서 핵심적인 것은 직관에 의한 통찰이라고 보았는데, 기거렌처의 연구들[46]에서 아다마르의 관점을 지지하는 다양한 증거들을 확인할 수 있다. 시오와 옴로드는 논란의 중심에 있었던 부화단계가 문제해결에 미친 영향을 메타적으로 분석하였다. 이들은 2009년까지 이루어진 연구들을 살펴보았는데, 부화단계를 거치는 것이 문제해결에 긍정적인 영향을 미친다는 주장을 결론으로 제시하였다.[47] 토렌스와 새프터는 부화단계를 적극적으로 교육에 도입한, '부화 수업모형'을 제안하기도 하였다.[48] 여전히 메커니즘에 대해서는 모호하다는 지적이 제기되지만, 부화는 창의성을 이해하는 데도 교육에 반영하는 데도 필수적인 고려사항이라고 할 수 있다.

한편, 아다마르의 모델에서 검증단계는 개인적인 활동으로 이루어졌다. 그러나 점차 창의적인 과정의 완성은 개인의 창조가 아니라 관련 전문가들 그리고 더 나아가 사회문화적인 인정에 의해 이루어진다는 점이 부각되었다. 학문 분야가 분화되어 어떤 분야건 해당 전문가들이 집단을 이루었고, 그들이 인정해야 해당 분야에서 창의적인 업적이 될 수 있기 때문이다. 크로플리는 이런 측면을 고려하여 아다마르의 4단계 모델에 '의사소통단계', '사회문화적 인정단계'를 추가하였다. 또, 준비단계와 부화단계 사이에 '정보단계'를 추가하였다.[49] 새로운 연구를 하려 할 때, 기존에 어떤 연구들이 이루어졌는지 확인하는 것이 필수적이듯, 어떤 문제를 해결하려 할 때에도 관련된 정보를 찾는 것이 선행되어야 한다는 뜻이다.

---

46 Gigerenzer(2008) 등 참고

47 Sio & Ormerod (2009) 참고

48 Torrance & Safter(1990) 참고

49 Cropley(2001) 참고

아다마르의 모델에 대하여 다른 방향에서의 수정도 이루어졌다. 창의적인 과정은 문제해결의 일부로 다루어져 왔지만, 실제로 창의성은 문제를 제기하는 것에서 더욱 필요하다는 점이 부각되었기 때문이다. 좋은 문제 또는 중요한 문제를 찾거나 만들려면 주어진 문제를 해결할 때보다 더 많은 지식과 복잡한 사고과정을 감당해야 한다. 문제를 찾거나 만드는 능력은 문제를 창의적으로 해결하는 능력과 상관관계가 있다는 점도 밝혀졌다.[50] 오스본이 개발한 이른바, '창의적 문제해결(Creative Problem Solving, CPS)'이라는 모델에서 준비단계 이전에 오리엔테이션단계를 추가한 것도 문제 자체에 주목하도록 하기 위해서이다.[51] 오스본은 여러 차례의 수정과 보완을 통해 최종적으로 6단계 모델을 제시하였는데, 여기서 세 번째 단계가 바로 문제를 형식화하는 단계이다. 그 6단계 모델을 제시하면 다음과 같다. 첫째, 문제해결의 기회를 구성하는 단계이다. 이 단계에서 문제해결의 목표를 확인하고, 예상되는 결과와 문제의 한계 등을 파악하게 된다. 둘째, 자료탐색 단계이다. 문제와 관련된 다양한 자료들을 수집하고 확인하는 활동을 하게 된다. 셋째, 문제를 형식화하는 단계이다. 해결해야 할 문제들을 스스로 찾고 해결의 우선순위를 정해보는 등, 문제와 문제 상황을 대상화하는 단계이다. 넷째, 아이디어 구성 단계이다. 문제해결에 적합한 아이디어를 브레인스토밍에 의하여 찾아내고 정돈한다. 프로이트의 심리학에서 처음 등장한 브레인스토밍이라는 개념은 오스본에 의하여 그 중요성이 부각되고 활용도가 극대화되었고, 지금도 다양한 분야에서 매우 유용한 전략으로 간주된다. 다섯째, 해결방법을 발견하는 단계이다. 발산적 사고를 통하여 다양한 방법을 찾아 열거하고 비교하거나 분석한다. 여섯째, 공동체의 승인을 얻기 위한 마무리 단계이다. 관련 전문가들로부터 해결방법의 적합성과 정당성을 인정받을 수 있도록 해결과정을 표현하고 설명한다. 6단계 모델을 그림으로 다음과 같이 나타낼 수 있다.

---

50 Carson & Runco(1999) 참고

51 Osborn(1963) 참고

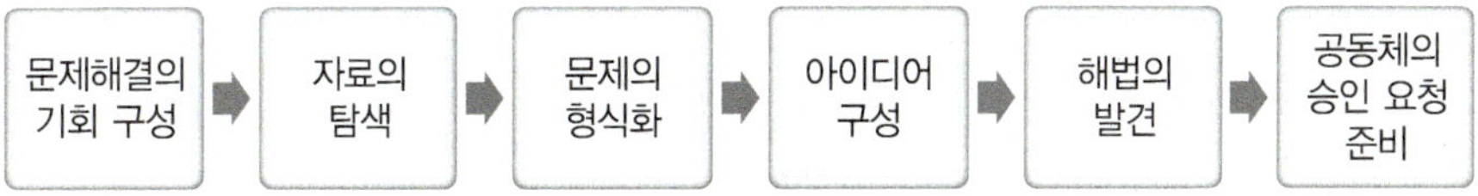

그림 2-1 ○ **오스본의 창의적 문제해결 과정 모델**

지금까지 왈라스와 아다마르의 초기 창의적 과정 모델이 어떤 식으로 수정되어 왔는지 살펴보았다. 그러나 위에 제시한 것들은 극히 일부일 뿐이다. 창의적 과정을 설명하기 위한 모델들은 매우 많으며, 각 모델들마다 부각시키는 초점이나 측면이 다소간 차이가 있다. 창의적인 사람과 마찬가지로 창의적인 과정에 대한 관점도 다양한 것이다. 창의적인 과정을 일의적으로 설명할 수 없게 하는 것에는 '우연'의 역할도 얼마간 있는 것으로 보인다. 과학적 발견의 숨겨진 일화에 종종 등장하듯이, 많은 발견이나 발명이 실수로, 뜻하지 않게, 기대하지 않은 상황에서 이루어졌다. 푸앵카레는 본래 창의적인 과학자의 마음에는 우연히 들어선 개념이나 요소들이 가득하다고 하였고, 마음과 아이디어가 서로 만나서 우연히 창의성을 발현하게 된다고 하였다.[52] 1781년 최초로 영어사전을 편찬한 새뮤얼 존슨이 "진정한 천재는 우연히 어떤 특정한 방향으로 나아갈 운명을 타고난 위대하고 종합적인 능력을 갖춘 사람"[53]이라고 한 것에도 우연의 역할이 반영되어 있다.

그러나 창의적인 과정에서 우연을 말할 때에는 문자 그대로의 우연의 의미로 해석해서는 안 된다. 창조가 일어날 때에는 많은 요인들 사이에 복잡한 상호작용이 일어나는데, 그 모든 상호작용을 인식하는 것은 불가능하다. 그렇기 때문에 인식된 제한적인 상호작용을 바탕으로 이해할 수 없는 현상을 모두 우연적인 것으로 치부하는 경향이 있는 것으로 볼 수 있다. 창의적인 과정의 세부적인 메커니즘을 명확하게 표현하지 못한다는 근본적인 이유 때문에 가지게 되는 생

52 Poincaré(1921) 참고

53 Simonton(2011), p. 152 재인용. 우리말에서 천재는 선천적으로 높은 정신적인 능력을 타고난 사람을 가리킨다. 태어나는 것을 인간이 선택할 수 없다는 점에서 여기에도 얼마간 우연성이 내포되어 있음을 알 수 있다.

각인 것이다. 보통 연구자들은 하나의 주제에 깊이 천착하기보다는 동시에 여러 주제를 연구하는 경우가 많다. 그 과정에서 하나의 주제에 대한 생각이 다른 주제를 다룰 때 영향을 미치기도 한다. 그러므로 자신이 창조한 것들을 되돌아보다가 자신도 모르게 다른 주제에 대하여 파악한 것을 연결하여 뜻밖의 창조에 성공하기도 한다. 데카르트, 갈릴레이, 뉴튼 등은 과학을 연구할 때 사용한 방법론과 아이디어를 수학에 적용하거나 또는 수학에서 사용한 것을 과학에 적용하는 데에 탁월하였다. 다윈은 진화론과 더불어 지질학이나 화석 등을, 아인슈타인도 상대성 이론 외에 광전효과, 역학, 분자의 크기 등을 넘나들며 분야 사이의 과감한 유추에 힘입어 놀라운 성취를 이루었다. 설로웨이가 2260명의 과학자들을 대상으로 연구했을 때에도 여러 분야에 기여한 과학자가 오히려 한 분야만 고집한 과학자보다 좋은 업적을 내는 경향이 있음을 확인하였다.[54] 그러므로 우연처럼 보이는 위대한 성취의 상당수는 유추나 연결, 여러 분야에 걸친 아이디어의 종합과 같은 추론과 고차적 사고의 산물인 경우가 많다.

창의적인 과정에 대한 많은 연구들에서 제시한 세부적인 절차는 다소간 차이가 있지만, 공통점도 확인할 수 있다. 첫째, 해답보다 문제가 중요하다는 점에 모두 동의한다는 것이다. 문제의 의미와 중요성을 인식하거나 감추어진 구조를 파악하여 문제로 형식화하는 것은 창의적인 과정이 일어나기 위한 전제조건에 해당한다. 둘째, 선행지식을 포함한 관련 정보와 특정 분야 고유의 논리를 적절히 활용해야만 창의적인 과정이 일어난다는 것에도 모든 연구자들이 동의하고 있다. 해당 분야와 아무런 상관이 없는 사람이 뛰어들어 갑작스런 기여를 하기에는 모든 분야가 고도로 전문화되었기 때문이다. 셋째, 무의식, 직관, 이미지 등 어느 정도의 신비성을 인정하고 있다는 점이다. 우연한 창조나 갑작스런 관점의 전환과 같은 극적인 일은 창의적 과정의 본성이며, 그렇기 때문에 겉으로는 아무런 변화가 없는 상황도 창조에는 필요한 것으로 보고 있다. 넷째, 다양한 분야의 연구 공동체가 이해하고 승인하는 절차에 대해서도 모두가 동의하

54 Sulloway(1996) 참고

고 있다. 이것은 아이러니한 측면이 있다. 공동체에서 승인하고 판정할 때에는 새로운 것이 아니라 이미 존재하는 것에 대하여 수립된 기준이나 관례를 적용하기 때문이다. 이와 같은 아이러니를 어떻게 극복하는가 하는 것은 다음 절의 주제, '창의적인 산출물'에 관련된 논의에서 다룰 것이다.

라. 창의적인 산출물의 의미

창의적인 산출물을 기성의 관점에서 비하하거나 거부한 사례는 매우 흔하게 찾을 수 있다. 창의적인 사람의 대표로 자주 거론되는 아인슈타인도 보어와 하이젠베르그의 양자이론을 거부함으로써 말년에 연구했던 통일장 이론의 구축에 실패하였다. 당대의 저명한 수학자인 크로네커가 칸토어의 집합론, 특히, 무한에 대한 다양한 해석을 거부했다는 것도 유명한 이야기이다. 플랑크는 이렇게 당대의 학자들, 특히 헬름홀츠와 같은 위대한 과학자로부터 무시당한 경험을 자신의 자서전에 상세하게 기록하였다. 이후 과학에서 창의적인 업적이 다른 과학자들에 의하여 거부되는 현상을 '플랑크의 원리'[55]라고 부르게 되었다. 과학자들이 다른 과학자의 창의적인 산출물의 가치를 알아보지 못하는 것은 기존의 이론과 관점에 비추어 판단하기 때문이다. 또, 새로운 이론과 관점은 아직 충분히 정교하게 다듬어지지 않아서 불안정하고 오류가 많기 때문이기도 하다. 이 두 가지 이유는 교사가 학생의 산출물이 창의적임에도 불구하고 그렇게 평가하지 않는 이유가 되기도 한다. 더욱이 학생들은 교사와 비교할 때 지식의 양과 질이 현저하게 낮기 때문에 자신의 생각을 표현하거나 조작하는 데에 미숙하여 창의적임에도 불구하고 인정받기 어려운 면이 있다.

그렇기 때문에 연구자들은 겉으로 드러나는 수준이나 완성도보다 그 잠재력을 파악하여 창의성을 판정하는 방법을 찾으려고 하였다. 여기서 잠재력은 기존의 것과 다르다는 것을 나타내는 새로움과 더불어, 적절한 기능과 역할을 하는가에 관련된 유용성을 평가하여 파악하게 된다. 이와 관련하여 베세머와 트

55 Hull, Tessner, & Diamond(1978) 참고

레핑거가 개발한 모델을 참고할 수 있다.[56]

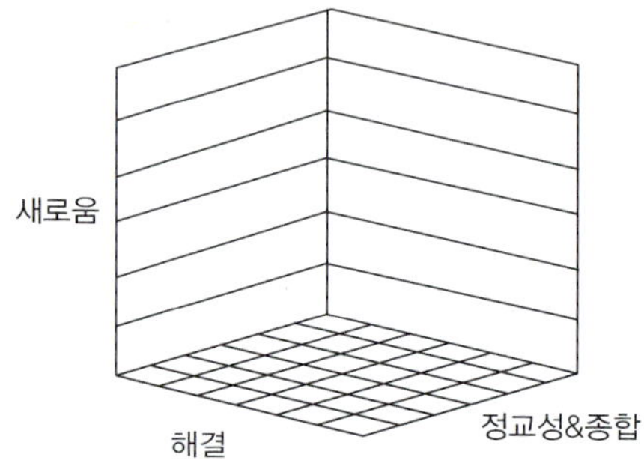

그림 2-2 ○ **베세머와 트레핑거의 창의적 산출물 분석틀**

베세머와 트레핑거는 창의적 산출물을 분석하는 세 가지 차원으로 '새로움', '해결', 그리고 '정교성과 종합'을 제시하고 있다. 첫 번째 차원인 '새로움'에서는 얼마나 참신한 시도를 하고 있는지, 얼마나 독창적으로 접근하고 있는지를 판단한다. 이 차원에 대한 설명에서 '맹아적인(germinal)'이라는 흥미로운 용어가 등장한다. 새로운 생각의 시초, 곧 씨앗이 되는 것이 있는지 여부를 판단하기 위한 기준을 뜻한다. 불완전하지만 장차 놀라운 발견이나 발명으로 이어질 만한 싹을 높게 평가하겠다는 것이다. 두 번째 차원인 '해결'에서는 각 분야의 고유한 논리를 따르는지, 얼마나 유용한지, 가치 있는지, 이해 가능한지 등을 판단한다. 판단의 하위 요소로는 적합성, 적절성, 논리성, 유용성, 가치가 있다. 첫 번째 차원과 비교할 때, 기존의 원리와 법칙 등에 익숙한 전문가적 판단이 더 적극적으로 활용된다는 것을 알 수 있다. 세 번째 차원인 '정교성과 종합'에서는 재료의 수준, 조작 솜씨, 그리고 우아한 정도를 파악한다. 하위 요소로는 주목을 끄는 정도, 복합성, 우아함, 표현력, 유기적 조직화, 완성도가 있다. 첫 번째 차원에서는 기존의 관점과의 거리두기에 얼마나 성공했는지를 알아보고, 두 번째 차원에서는 기존의 관점을 존중하여 그 가치를 확인하며, 세 번째 차원에서는 종합적인 판단을 내리는 구조라고 할 수 있다.

56 Besemer & Treffinger(1981) 참고

오퀸과 베세머는 앞서 제시한 모델의 세 차원을 이루는 하위 요소들의 평가 척도를 개발하였다.[57] 홍주연과 한인기는 오퀸과 베세머의 척도를 수학적 산출물 평가에 적합하게 수정하였다.[58] 먼저 첫 번째 차원인 '새로움'에 관련된 하위 요소들의 평가 척도는 다음과 같다.

표 2-1 ○ '새로움' 관련 평가 척도

새로움	독창성	남용된	1-2-3-4-5-6-7	신선한
		독창성이 없는	1-2-3-4-5-6-7	독창성이 있는
		너무 뻔한	1-2-3-4-5-6-7	참신한
		흔히 있는	1-2-3-4-5-6-7	보기 드문
	발전 가능성	되풀이하는	1-2-3-4-5-6-7	유행을 만드는
		보통의	1-2-3-4-5-6-7	혁신적인
		시대에 뒤떨어진	1-2-3-4-5-6-7	시대를 앞서는
		영향력 없는	1-2-3-4-5-6-7	영향력 있는
		진보적이 아닌	1-2-3-4-5-6-7	진보적인
	놀라움	케케묵은	1-2-3-4-5-6-7	아주 놀라운
		아주 흔한	1-2-3-4-5-6-7	믿기 어려운
		일반적인	1-2-3-4-5-6-7	뛰어난
		구식의	1-2-3-4-5-6-7	신식의

새롭다는 것을 매우 정교하게 구분하여 평가하도록 하고 있음을 알 수 있다. 그런데 오퀸과 베세머의 척도보다 수학에 더 적합하도록 축소하고 명료한 의미를 담으려고 노력했음에도 불구하고 여전히 유사한 용어들이 많아서 적용할 때 어려움이 따를 것으로 생각된다. 가령, '남용되고 있는지'와 '흔히 있는 것인지'는 매우 유사해서 구분하기 어려운 면도 있다.

두 번째 차원인 '해결'에 관련된 하위 요소들의 평가 척도는 다음과 같다.[59]

57 O'Quin & Besemer(1989) 참고.

58 홍주연·한인기(2014) 참고. 원래 55개의 형용사로 이루어진 평가 척도를 33개로 줄이고 일부 표현도 수정하였다.

59 원어는 resolution인데 홍주연과 한인기는 이를 '해결성'으로 그리고 이 책에서는 이를 '해결'로 번역하였다.

표 2-2 ○ '해결' 관련 평가 척도

해결성	유용성	비기능적인	1-2-3-4-5-6-7	기능적인
		사용할 수 없는	1-2-3-4-5-6-7	사용할 수 있는
		쓸모 없는	1-2-3-4-5-6-7	쓸모 있는
		실행 불가능한	1-2-3-4-5-6-7	실행 가능한
	가치로움	비효과적인	1-2-3-4-5-6-7	효과적인
		중요하지 않은	1-2-3-4-5-6-7	중요한
		필수적이 아닌	1-2-3-4-5-6-7	필수적인
		불필요한	1-2-3-4-5-6-7	필요한

해결에 관련된 평가 척도의 경우에도 의미의 모호성이나 유사성을 해소하는 연구가 필요하다. 세 번째 차원인 '정교성과 종합성' 관련 하위 요소들은 다음과 같으며, 같은 맥락에서 후속 연구가 필요하다.

표 2-3 ○ '정교성과 종합성' 관련 평가 척도

정교성 및 종합성	유기적 조직성	무질서한	1-2-3-4-5-6-7	질서정연한
		정돈되지 않은	1-2-3-4-5-6-7	정돈된
		조직화되지 않은	1-2-3-4-5-6-7	조직화된
		완성되지 않은	1-2-3-4-5-6-7	완성된
	복합성	간단한	1-2-3-4-5-6-7	뒤얽힌
		단순한	1-2-3-4-5-6-7	복잡한
		소박한	1-2-3-4-5-6-7	화려한
		복합적이지 않은	1-2-3-4-5-6-7	복합적인
	완성도	서투른	1-2-3-4-5-6-7	숙련된
		대충 만든	1-2-3-4-5-6-7	공들여 만들어진
		대충 대충한	1-2-3-4-5-6-7	꼼꼼한
		허술한	1-2-3-4-5-6-7	빈틈없는

국내 연구에서 가장 높은 빈도로 활용된 산출물 분석틀은 토랜스가 제시한 판단 기준이다. 다음에 소개하는 김미숙 외의 연구에서 제시한 표에 그 기준이

제시되어 있다.[60] 앞서 살펴본 베세머와 트레핑거의 모델에서 부각되지 않은 '유창성'과 '유연성'이 중요한 기준으로 포함되어 있다. 유창성은 동일한 상황에 대하여 얼마나 많은 해결책을 제시하는지를 그리고 유연성은 얼마나 다양한 유형의 해결책을 내놓는지를 파악하는 기준이다. 이 두 기준은 창의성을 발산적 사고로 규정한 길포드 이래 창의성 판정 기준으로 널리 채택되어 왔다. 길포드가 제시했던 수렴적 사고는 베세머와 트레핑거의 모델이나 토랜스의 모델에 유용성과 전문성 등의 용어로 반영되어 있다.

표 2-4 ○ 창의적 문제해결 활동의 산출물 평정 척도

평가 항목	내용	평정 척도	배점(%)
해결책의 유창성	제시한 해결책의 개수	__개	16
해결책의 유연성	제시한 해결책의 종류	__개	16
해결책의 독창성	제시한 해결책이 남과 다른 정도	( )/전체 해결책 수	22
해결책의 유용성	제시한 해결책으로 실제적으로 문제가 해결될 가능성	5점 척도	16
해결책의 전문성	제시한 해결책이 얼마나 관련분야 지식과 전문성을 보유하고 있나?	__개	14
해결책의 매력도	제시한 해결책이 얼마나 매력적인지	5점 척도	16

토랜스가 제시한 창의적 산출물 평가척도는 널리 쓰이면서도 지속적으로 비판의 대상이 되어 왔다. 물론 길포드가 제시한 발산적 사고를 포함한 지력구조 모델 역시 다양한 분야에 폭넓게 영향을 끼쳤지만 동시에 비판도 받아 왔다. 분야를 막론하고 보편적으로 활용할 수 있는 평가 척도를 만드는 것은 매우 어려운 일이다. 이에 대해서는 아직도 많은 연구가 이루어지고 있으며 앞으로도 상황은 마찬가지일 것이다. 수학교육 내부에서도 일반 창의성 평가틀을 참고하되 수학적 창의성 평가에 비중을 둔 독자적인 평가틀 개발을 시도하고 있다.

60 김미숙 외(2013), p. 106 참고

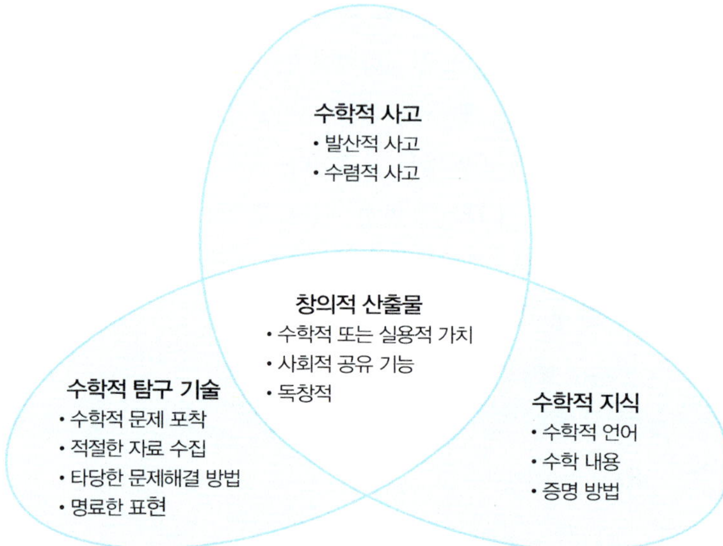

그림 2-3 ○ 수학에서의 창의적 산출물 생산 모델

위의 그림은 그 한 예로 김선희가 제시한 것이다.[61] 수학적 창의성 평가의 주요 기준을 수학사에 근거하여 제안했는데, 앞서 제시한 두 분석틀에 비하여 수학 고유의 능력 요소들이 중심이 되고 있음을 알 수 있다. 앞에서 창의적인 과정의 일부로 제시한 것들이 '수학적 탐구 기술' 영역과 '수학적 지식' 영역에 포함되어 있다. 이들이 발산적 사고와 수렴적 사고의 하위 영역이 아니라 독립적으로 다루어짐으로써 수학 고유의 특성을 강조하여 평가할 수 있게 된 점은 매우 적절하다. 그러나 수학적 탐구와 수학적 지식에 관련을 맺지 않고 발산적 사고와 수렴적 사고를 평가하는 것이 가능한지 또는 필요한지 의문도 생긴다.

본래 길포드는 지력 또는 지능의 구조를 연구하는 데에 관심이 있었다. 연구의 결과로 제시한 것은 지력 또는 지능이 내용, 산출, 조작의 세 차원으로 구분된다는 것이었다. 이들 세 차원은 각각 5개, 6개, 6개의 하위 요소로 이루어졌고, 이들이 상호작용하여 만들어내는 150가지의 조합[62]으로 지력 또는 지능을

61 김선희(2005), p. 81 참고

62 나중에는 180개 조합으로 확장됨.

이해할 수 있다는 것이 핵심적인 주장이었다. 발산적 사고와 수렴적 사고는 그 중에서 조작의 차원에 포함된 하위 요소이다. 오늘날의 관점과는 달리 길포드는 주로 발산적 사고가 창의성과 관련되는 것으로 설명하였다. 해당 분야의 이론과 관점을 적용하여 정교성과 논리 등을 판단하는 것은 다분히 수렴적 사고를 판단하는 것이다. 그러므로 앞서 제시한 기준은 수렴적 사고까지를 포함하여 산출물의 창의성을 평가하는 기준이라고 할 수 있다.

가드너의 '다중지능' 이론[63]과 스턴버그의 '삼두지능' 이론[64] 등은 길포드의 이론에서 출발한 지능 연구가 도달한 새로운 관점들이다. 창의성 연구도 '창의적인 산출물'에 의하여 거듭 새롭게 바뀌고 있는 것이다. 그러므로 창의성의 의미가 달라지고 창의적인 산출물에 대한 관점도 달라지는 것에 대하여 의아하게 생각할 필요가 없다. 한 가지 두드러지는 점은 창의적인 사람과 창의적인 과정 못지않게 창의적인 산출물에 대한 평가도 복합적이고 다차원적이라는 것이다. 이러한 경향은 창의성 연구에서만 나타나는 것이라고 할 수는 없을 것이다. 인간이 무언가를 연구할수록 과거에는 몰랐던 새로운 측면들이 암암리에 영향을 미치고 있다는 점을 알게 되기 때문이다. 창의성 연구의 결론도, 그것이 사람에 대한 것이든, 과정과 산출물에 대한 것이든, '통합적 관점'이 되어가고 있다. 다음 절에서 이에 대하여 살펴본다.

마. 통합적 관점

창의적인 사람에 대한 논의에서 창의성을 발휘한 사람들의 인지적인 특질과 정의적인 특질을 확인하였다. 창의적인 과정에 대한 논의에서는 무의식의 작용을 포함한 창의적 문제해결의 메커니즘을 알아보았다. 특히, 최근에는 해당 분야의 관련 전문가들과 의사소통하고 사회·문화적인 승인을 얻는 데까지가 창의적인 과정에 포함된다는 것을 확인하였다. 창의적인 산출물에 대해서는, 유

63 Gardner(1993) 참고
64 Sternberg(1997) 참고

창성과 유연성 등 발산적 사고의 요소를 확인하거나 산출물의 새로움, 문제해결에 대한 적절성과 논리, 우아하고 매력적인 정도 등의 척도를 기준으로 평가할 수 있다는 것을 확인하였다. 창의성을 통합적으로 보는 입장이란 이렇게 창의적인 사람, 창의적인 과정, 창의적인 산출물에 대한 논의를 통해 확인한 각양각색의 요인을 크게 인지, 정의, 환경적인 범주로 구분할 때, 각 범주들에 속하는 여러 요인들이 통합되면서 창의성이 발현된다고 설명하는 것을 통칭한다. 다시 말하여, 지능이 높다거나, 도전심이 강하다고, 좋은 가정환경에 놓여 있다고 저절로 되는 것이 아니라, 이들 여러 요인들이 상호작용하여 적절한 기회가 만들어지면 창의성을 발휘하게 된다는 것이다. 아마바일의 요소모델, 스턴버그와 루바트의 투자이론, 어반의 요소모델, 칙센트미하이의 체계모델이 모두 통합적인 관점에 해당한다. 최근 들어 이루어지고 있는 창의성 연구들은 이들 통합적 관점을 적용한 경우가 대부분이다.

박성익과 유경훈의 연구를 한 예로 살펴보자.[65] 이 연구에서는 서울의 한 초등학교 4학년 학생들을 대상으로, 창의적 사고력, 창의적 인성, 창의적 산출물 검사를 실시하였고, 다중지능, 학업성취, 성취목표동기, 가정환경과 교실환경 등을 변인으로 하여 이들이 창의성에 미치는 영향을 측정하였다. 연구결과는 앞서 제시한 외국의 연구자들이 주장한 바와 같이, 모든 변인들이 직·간접적으로 영향을 미친다는 것이었다. 이 중 창의적 사고력, 창의적 인성, 창의적 산출물 간의 상관은 낮게 나왔고, 다중지능, 학업성취, 성취목표동기, 가정환경, 교실환경은 창의적 사고력, 창의적 인성, 창의적 산출물과 정적 상관을 보였다. 결국 인지, 정의, 환경적 변인들은 창의적 사고력과 창의적 인성을 매개로 하여 간접적으로 창의적 산출물에 영향을 미친다는 것을 확인하였다.

지금까지 일반 창의성 연구의 주요 내용을 살펴보았다. 이는 수학적 창의성의 의미를 파악하는 데에 기본적인 배경을 제공한다. 다음 장부터는 수학적 지식의 특성, 수학적 문제해결의 특성, 수학적 추론의 특성 등 수학-특수의 측면에 주목하면서 수학적 창의성의 의미에 대하여 살펴본다.

---

65 박성익·유경훈(2010) 참고

03

수학적 지식과 수학적 창의성

앞 장에서 창의성 연구가 통합적 관점으로 귀결되고 있다는 것을 확인하였다. 이에 따라 창의성을 단일한 요인이 아니라, '창의적 기법', '창의적 동기', '창의적 능력', '창의적 태도', '창의성을 지원하는 환경' 등 여러 요인들을 통합하여 설명하게 되었다. 마찬가지로 최근의 수학적 창의성 연구들에서도 여러 요인들을 통합적으로 고려하면서, 특히, 그 사이의 상호작용에 주목하고 있다. 수학적 지식은 앞의 여러 요인에 직·간접적으로 영향을 미치는데, 예술이나 인문사회 분야와는 차별되는 점이 있다.[66] 가령, 베세머의 연구와 비교해보면 그 차이를 짐작할 수 있다. 베세머는 의자디자인의 창의성을 분석하는 틀을 제안하였다. 이 틀은 전문적인 지식을 갖추고 있으면서 의자를 디자인한 경우와 전문적인 지식이 없지만 의자를 디자인한 경우에 모두 적용 가능하다. 그러나 수학의 경우에는 관련지식이 없는 상태에서 창의적인 산출물을 내기가 어렵다. 적어도 기호와 용어의 의미와 용법을 알고 있어야 한다.[67] 이는 수학적 지식이 가지고 있는 특성 때문이다. 수학적 지식의 특성을 파악한다면 일반 창의성과는 구분되는 수학적 창의성의 의미를 파악할 수 있다. 이하에서 이에 대하여 살펴본다.

66 Besemer(1998) 참고

67 홍주연과 한인기(2014)는 베세머가 수행한 연구들을 수학교육 맥락에 적합하도록 수정하고 보완하였다. 그러나 연구 대상이 수학영재학생들과 대학생들이었기 때문에, 수학적인 지식을 상당 부분 갖추고 있는 경우에 해당한다.

가. 무지의 효과성

"뮌헨과 도르트문트 중 인구가 많은 곳은 어디일까?"라는 질문을 생각해보자. 독일에 대하여 잘 알고 있는 사람이 아니라면 두 도시 중 하나를 무작위로 선택하여 답하게 될 것이다. 기거렌처는 이와 유사한 질문들 100개를 독일의 도시들에 대하여 많이 알고 있는 잘츠부르크대학교 학생들에게 제시하였다.[68] 이 학생들은 미국의 도시들에 대해서는 잘 모르는데, 유사한 형식으로 미국의 도시들에 대한 질문들 100개를 제시하고 독일에 대한 것과 정답률을 비교하였다고 한다. 결과는 놀랍게도 미국에 대한 질문에 대하여 더 높은 정답률을 보였다. 기거렌처는 이 현상을 '무지가 더 효과적인 경우'로 명명하여 설명하였다.

어떤 대상에 대하여 모를 때, 인간은 직감적으로 선택하게 되어 있다. 기거렌처는 이렇게 직감적인 선택이 오히려 더 나은 결과를 가져올 때의 인간의 사고에 주목하였다. 그가 설명하는 메커니즘은 의외로 간단하다. 학생들이 독일의 도시에 대해서는 알고 있다는 생각에서 별다른 고민 없이 질문들에 답을 한다. 그러나 미국의 도시에 대해서는 모르기 때문에 지식이 모자라는 상황을 심각하게 받아들이고, 지혜를 최대한 동원하게 된다. 이때 창의적인 직관이 힘을 발휘하게 된다. 기거렌처는 연구자들 역시 마찬가지 메커니즘에 따라 창의적인 산출물을 낼 수 있다고 설명한다. 그렇기 때문에 연구자는 이전에 몰랐던 것을 연구할 수 있으며, 몽유병자처럼 방황하면서도 '창의적인 직관'에 의존하여 목적지에 도달하게 된다고 표현하였다.[69]

수학에서도 무지의 효과성이 성립할까? 유명한 미국 영화 〈다이 하드(Die Hard) 3〉에 등장하는 다음 문제를 이용하여 소규모 조사연구를 시도하였다.

> $3l$와 $5l$ 들이 물통이 있다. 이 두 물통을 이용하여 정확히 $4l$의 물을 담아라.

담아야 하는 물의 양과 주어진 물통에 담을 수 있는 물의 양이 일치하지 않

68 Gigerenzer(1993) 참고

69 Gigerenzer(2008), p. 154 참고

는다. 주어진 두 물통을 잘 이용해야 문제를 해결할 수 있다. 이 문제를 교육열이 높은 편에 속하는 서울의 한 지역에 위치한 초등학교 6학년, 중학교 2학년, 고등학교 1학년 한 학급 학생들에게 풀도록 하고 그 결과를 확인하였다.[70] 수학을 좀 더 많이 공부한 고등학생들이 이 문제를 잘 해결할 것인가 아니면 상대적으로 수학을 모르는 초등학생들이 잘 해결할 것인가. 무지의 효과성이 성립하려면 초등학생, 중학생, 고등학생의 순서로 정답률이 높아야 한다.

아래 표에서 확인할 수 있듯이 정답률에는 큰 차이가 없었다. 초등학생들의 정답률(28%)이 약간이라도 더 높기는 하였다. 그러나 중학생들의 정답률(26%)이 고등학생들의 정답률(27%)보다 약간 낮았다. 흥미로운 것은 문제를 이해했는가라는 질문에 중학생이 절반 정도, 고등학생은 70%나 그렇다고 답하였다는 점이다. 초등학생들은 44% 정도가 문제를 이해했다고 했으며, 그 중 상당수가 정답을 제시한 것으로 보인다. 답안지에 뭐라도 적으면서 해결을 시도한 경우는 초등학생들이 압도적으로 많았다. 고등학생들의 3분의 1 정도만 해결을 시도한 반면, 초등학생은 89%나 문제해결을 시도하였다. 배운 내용과 관련이 있는가라는 질문에는 학년이 높아지면서 긍정적으로 답한 경우가 증가하였다. 좋은 문제인가라는 질문에는 생각보다 긍정적인 답이 많았는데, 중학생들이 가장 긍정적으로 답하였다. 고등학생들 중 긍정적으로 답한 학생들의 비율은 가장 낮았다.

표 3-1 ○ **영화 속 문제에 대한 학생들의 응답**

	초등학교 6학년	중학교 2학년	고등학교 1학년
정답률	28%	26%	27%
문제 이해	44%	56%	70%
풀이 시도	89%	55%	33%
배운 수학과의 관련성	17%	28%	35%
좋은 문제 여부	60%	67%	57%

70 교육열이 높은 편에 속하지 않는 지역의 고등학생들 상당수는 수학을 포기한다는 현직교사들의 말을 듣고 이렇게 교육열이 높은 지역의 학교들을 선택하였다. 실제로 조사에 참여한 고등학생들 중 상당수가 여전히 수학을 공부하고 있으며, 그들 중 상당수가 사교육을 받고 있었다.

표본의 크기가 작아서 일반화할 수는 없지만 위의 결과는 대체로 현재 우리나라에서 이루어지고 있는 수학학습을 종적으로 파악하는 데 도움이 된다. 앞서 살펴본 무지의 효과성이라는 개념에 비추어 수학학습을 설명하는 기회를 제공하기도 한다. 비록 초등학생들의 정답률이 근소한 차이로 가장 높기는 했지만 정답률 자체는 학교급이 올라갈수록 유의미하게 낮아지지는 않았다. 그러므로 무지한 것이 수학 문제를 해결하는 데에 더 효과적이라는 결론을 내릴 수는 없다. 그런데 해결을 시도한 흔적을 살펴보면 주목할 만한 점을 확인할 수 있다. 초등학생들의 89%가 해결을 시도한 것과 달리, 중학생들의 55%, 고등학생들의 33%만이 해결을 시도하였다. 이 결과로부터 무지는 문제에 대한 호기심과 해결에 대한 의욕을 증가시켰다는 추측이 가능하다. 이를 뒷받침하는 자료는 배운 수학과 관련되었다고 응답한 비율이다. 초등학생들의 17%만이 배운 수학과 관련되었다고 생각한 반면, 중학생들의 28%와 고등학생들의 35%가 배운 수학과 관련된 것으로 생각하였다. 특히, 고등학생들의 경우 해결을 시도한 학생들의 비율과 정답률이 거의 비슷하였다.

조사결과를 종합해보면, 무지의 효과성이 나타나지는 않았다. 그러나 수학학습에 대한 태도의 측면에서는 어느 정도 관련성이 있다고 할 수 있다. 가령, 수학에 대하여 무지할수록 수학학습에 대한 긍정적인 태도를 유지하는 것으로 추측할 수 있다. 이것은 수학학습의 초창기, 곧 초등학교 저학년 시절에 대부분의 학생들이 수학 그리고 수학학습에 대하여 긍정적인 태도를 보이다가, 수학학습을 지속할수록 수학에 대한 호기심과 의욕이 낮아지고 수학학습을 포기하는 현상과 관련된다. 그러므로 무지의 효과성은 수학학습 자체는 아니지만, 수학과 수학의 학습에 대한 태도의 변화에 대해서는 어느 정도 관련성이 있는 것으로 볼 수 있다.

나. '지식의 획득'이라는 은유

수학학습을 진행할수록 수학에 대하여 부정적인 태도를 형성한다는 점은 어제 오늘의 일도 아니고 우리나라만의 문제도 아니다. 조금 과장한다면 거의 모든 수학교육 연구자들이 주목해왔던 문제라고 할 수 있다. 수학을 배울수록 더 추상적이고 더 형식화된 개념과 표현을 다루어야 하는데, 대부분의 학생들에게 이 일은 실패와 좌절로 끝나기 때문이다. 이것은 수학교육만의 문제라고 할 수도 없다. 학습자의 편에서는 어떤 지식이건 깊이 들어갈수록 어렵고, 지속적으로 학습하는 일은 도전적이다. 그런데도 유독 수학과 수학학습에 대한 부정적인 태도가 심각하게 부각되어 왔다. 이는 TIMSS, PISA[71]와 같은 국제수학성취도 평가에서 우리나라 학생들이 보인 경향을 언론과 학계에서 지속적으로 지적하였기 때문으로 보인다. 그 원인에 대해서는 이런저런 추측이 제시되고 있으나, 아직 검증된 바는 없다. 이하에서 우리나라 학생들의 수학 성취도와 흥미가 반전되는 현상의 원인을 추측해보고자 한다.

우리말에서 '학습'의 사전적인 의미는 배워서 익힌다는 것이다. 여기서 배운다는 것은 다음 다섯 가지로 설명된다.

(1) 새로운 지식이나 교양을 얻는 것
(2) 새로운 기술을 익히는 것
(3) 남의 행동이나 태도를 본받아 따르는 것
(4) 경험하여 알게 되는 것
(5) 습관이나 습성이 몸에 붙는 것

또, 익힌다는 것은 자주 경험하여 서투르지 않게 되는 것을 뜻한다. 이 설명을 수학학습에 적용해보면, 수학학습이란 새로운 수학적 지식을 얻고, 새로운 수학적 기술을 익히고, 모방하고, 경험하여 알고, 수학적인 습관이나 습성을 몸에 붙이는 등의 행동으로 이루어져 있음을 알 수 있다. 우리나라 학생들의 수학 성취도가 높다는 것은 이러한 행동을 상대적으로 우월하게 한다는 것을 뜻한다.

논의의 편의상 학습의 의미를 '배우는 것'과 '익히는 것'의 두 부분으로 나누

---

71 각각 'Trends in International Mathematics and Science Study'와 'Programme for International Student Assessment'의 약자임

어 생각해보자. 위에 제시한 배운다는 말의 뜻 중에서 익히는 것에 관련된 내용을 배제하면, '새로운 수학적 지식을 얻는 것'이 남는다. 다시 말하여, 수학 학습의 의미 중 하나는 '수학적 지식의 획득'이다. 사실 학습을 지식의 획득으로 설명한 것은 아리스토텔레스의 저서 《오르가논(Organon)》까지 거슬러 올라간다. 학습을 지식의 획득으로 설명하는 것은 우리나라뿐만 아니라 수천 년 동안 이어져 내려온 전통이었던 것이다. 스파드는 이와 같이 학습을 지식의 획득으로 보는 전통적인 관점이 학습이론에서도 유지되고 있으며, 문제의 소지가 있다고 보았다.

> 콜린스 영어사전에서도 학습을 '지식을 얻는 행동(the act of gaining knowledge)'으로 정의하고 있다. 피아제와 비고츠키 시대를 거치면서 학습의 과정에서 지식이 성장하는 것을 개념 발달이라는 용어로 분석해 왔다. 여기서 개념들은 축적할 수 있고 정련시킬 수 있으며, 더 풍부한 인지구조로 통합할 수 있는, 지식의 기본 단위이다. 학습자가 의미를 구성하는 주체라고 설명할 때에도 관점은 대동소이하다. 이 관점은 오늘날 너무나 자연스럽고 자명하다. '지식 획득'과 '개념 발달'이라는 용어는 인간의 마음이 마치 어떤 물질로 채워질 수 있는 용기이고 학습자는 이 물질들을 소유하는 존재라는 생각을 불러일으킨다.[72]

스파드는 학습을 지식의 획득으로 보는 순간, 암암리에 지식은 '지적 재산'으로 개인이 소유하는 대상이 된다고 설명하였다. 여기서 다소간 부정적인 의미가 생겨난다는 것이다. 개인이 물질을 소유하듯이 지식을 소유하는 것으로 이해하게 됨에 따라 마치 자본을 지키듯이 지식을 지키기 위한 행동을 할 수 있다. 더 많은 지식을 얻기 위해 경쟁하고 협업은 피하기도 한다. 지식을 획득하기에 좋은 환경적인 요인들이 존재하고, 그런 요인을 충족시킬 수 있는 사람들이 주로 지식을 획득하게 된다. 결국 사회경제적인 지위가 높은 가정의 자녀들이 학습에 성공하고, 교육은 사회경제적인 지위의 세습을 촉진하는 역할을 하

72 Sfard(1998), p. 5 참고

게 된다. 스파드의 이러한 설명으로부터, 우리나라 학생들의 수학 성취도와 수학에 대한 태도의 반전 현상이 일어나는 원인에 대한 시사점을 얻을 수 있다.

우리나라 학생들이 수학을 학습하는 방식과 태도는 스파드가 설명한 '수학적 지식의 획득'이라는 은유에 매우 잘 들어맞는 것으로 보인다. 사회경제적인 지위가 높은 가정의 자녀들이 그렇지 않은 가정의 자녀들에 비하여, 사교육의 기회가 많고 그로 인해 수학학습에 훨씬 더 성공적이라는 결과도 보고된 바 있다.[73] 가정의 경제적인 상황을 고려하지 않고 사교육에 무리한 투자를 하는 것은 사회적인 문제로까지 대두되었다.[74] 사교육을 받지 않고는 수학영재가 될 수 없다는 생각도 일반적이다.[75] 가장 심각한 것은, 학생들이 학교 밖에서 수학을 학습하는 일정과 깊이를 감당하지 못하여 불필요하게 수학학습에 대한 실패 경험을 쌓게 된다는 것이다. 대부분의 선행학습이 짧은 시간에 많은 내용을 다루는 것으로 이루어지기 때문에, 상당수의 학생들은 수학학습에 실패할 수밖에 없다. 이런 실패 경험이 학생들의 수학에 대한 자신감과 흥미를 잃게 만드는 원인 중의 하나가 된다. 이런 구조 속에서 드물게 수학학습에 성공하여 수학영재로 성장한 학생조차도 수학학습에 대한 부담감을 함께 키우게 된다. 다음 이야기에서 그 부담감이 구체적으로 무엇인지를 짐작할 수 있다.

> 저는 수학을 원래 좋아했어요. 어릴 때 계산 연습하는 것은 지겨웠는데, 학원에서 문제 풀 때 그게 도움이 돼요. 어려운 내용을 공부할 때는 힘든데요. 문제 풀 때, 특히, 안 풀리던 문제가 풀릴 때, 가장 기분 좋아요. 수학은 답이 딱 있어서 참 좋아요. (중략) ㅇㅇ을 다섯 번 풀었는데,[76] 아직도 어려워요. 앞으로 계속 열심히 공부해서 ㅇㅇ영재고등학교에 가고 싶어요. 그 다음에는 뭐할지, 아, 컴퓨터 공학자가 되고 싶어요. 부모님은 의사가 되라고 하지만요. (중략) 어쨌든 뭐가 되더라도 수학을 일단 잘해야 하는 것은 맞잖아요.

73 Park, Byun, & Kim(2011) 참고
74 정지은(2012) 참고
75 한기순 & 박유진(2013) 참고
76 영재교육을 받는 학생들이 필수적으로 공부하는 문제집 이름인데, 여기서는 여러 이유로 밝히지 않았다.

위의 이야기는 영재교육에 참여하는 학생들에게 늘 하는 질문, 왜 수학을 좋아하는지, 왜 수학을 공부하는지, 자신의 꿈과 수학은 어떤 관계인지 등에 대한 학생의 응답 중 일부이다. 수학을 원래 좋아했다는 말은 일단 긍정적이다. 그러나 이 말을 대다수의 일반 학생들에게서는 듣기 어렵다. 계산 연습이 지겨웠다는 말도 자연스럽다. 문제를 풀 때 계산 연습이 필요한 이유를 알게 되었다고 하니 역시 똑똑한 학생이라고 생각할 수 있다. 그런데 답이 있어서 수학이 좋다는 말부터는 수학영재에게서 기대한 바와 점점 멀어지기 시작한다. 수학영재라면 답보다는 문제가 중요하다는 것을 어떻게든 표현할 수 있을 것으로 기대하기 때문이다.[77] 그리고는 정해진 문제 세트를 반복해서 풀고 있으며 꿈이 무엇이든 수학을 해야 한다는 것을 말하는 지점에서는 안타까운 마음이 든다. 이 학생의 말 속에서 수학학습에 대한 즐거움이나 내적인 흥미를 발견하기 어렵기 때문이다. 이 학생은 수학을 잘 하지만 여전히 수학학습에 대해서는 부담감을 가지고 있는 것으로 보인다. 이것은 스파드가 지적했듯이, 수학학습을 수학적 지식의 획득으로 보면서 동료들과 과도하게 경쟁하고 무리하게 수학을 공부한 결과이다. 이 학생이 수학학습의 이유를, 수학에 대한 흥미와 관심이라는 내적인 동기가 아니라 의사나 컴퓨터 공학자가 되기 위하여 필요하다는 식의 외적인 동기에서 찾고 있다는 점도 매우 안타깝다.

수학영재교육에 참여하지만 수학자를 꿈꾸기 때문이 아니라 다른 이유로 그 기회를 그저 하나의 수단으로만 여기고 있다는 것은 이제 수학영재교육에 관여하는 한 흔하게 관찰할 수 있는 일 중 하나이다. 인재를 발굴하여 양성하겠다는 국가적인 필요에 기초하여 수학영재교육의 기회를 늘리고 있는 것을 생각하면, 막상 참여하고 있는 학생들이 위와 같은 이야기를 할 때 매우 안타깝다. 수학학습에 성공한 학생들마저 수학학습에 대한 내적인 동기를 잃어버리는 상황에서, 그렇지 못한 대다수의 학생들이 수학학습에 대한 내적인 동기를 유지하리라고 기대하기는 매우 어렵기도 하다. 이렇게 학생들이 수학학습에 대한 내

77 2장의 일반 창의성 관련 논의와 4장의 수학적 문제해결 관련 논의에서 공통적으로 답보다 질문이 중요하다는 주장을 확인할 수 있다.

적인 동기를 잃기 때문에, 수학 그리고 수학학습에 대하여 부정적으로 바라보게 되는 것으로 추측할 수 있다. 이 추측을 검증하기 위한 연구가 이루어질 필요가 있다. 가령, 우리나라 학생들이 수학학습을 수학적 지식의 획득으로 보는지, 그렇게 보는 것이 수학학습에 대한 내적 동기를 잃게 하는지, 수학학습에 대한 내적 동기를 잃은 것이 수학과 수학학습에 대한 부정적인 태도를 형성하는 데에 영향을 미치는지 등을 확인해야 한다.

한편, 수학학습에 대한 내적인 동기의 의미를 드러내는 사례를 간단히 소개하는 것으로 이 절을 마치고자 한다. 수학자 페르마가 제시한 후 350년 동안 해결되지 않은 문제를 해결함으로써 큰 업적을 쌓은 것으로 인정받고 있는 영국의 수학자 앤드류 와일스의 일화가 그것이다. 그는 어린 시절 집 근처 도서관에서 이 문제를 다룬 책을 읽고 어떻게 그렇게 간단해 보이는 문제를 그 많은 수학자들이 오래도록 풀지 못했는지 궁금해하였다. 그리고 언젠가 그 문제를 해결하겠다는 꿈을 가지게 되었다. 막상 수학자가 되어 꿈꾸던 대로 그 문제를 연구했을 때, 그의 지도교수 코아트는 '큰 문제'보다 '작은 문제'를 해결하라고 조언하였다.[78] 여기서 큰 문제는 오랫동안 해결되지 않았거나, 관련 범위가 넓거나, 더 일반적인 것이어서 해결가능성이 낮은 문제를 가리킨다. 또, 여러 이유로 주목을 받는 문제이기 때문에 많은 수학자들이 도전하고 있어서, 누군가 먼저 문제를 해결한다면 입장이 난처해질 가능성도 있다.[79] 당연히 큰 문제를 해결하다가 해결 못하는 것보다는 작은 문제를 해결하면서 연구실적을 쌓고 점차 큰 문제에 도전하는 식으로 대처하는 것이 처세로서는 유리하다. 큰 문제를 해결하지 못했을 때 감수해야 하는 위험, 가령 연구소나 대학에서 쫓겨날 수 있기 때문에 지도교수도 이 점을 염려하여 그렇게 조언했을 것이다.

와일스는 지도교수의 염려에도 불구하고, 7년 동안이나 칩거하면서 몰입하

78 Aczel(1996), Singh(1997) 참고

79 아다마르는 과학자들도, 주요한 문제, 곧 큰 문제를 연구할 때는 불안해한다는 것을 확인하였다. 만약 다른 과학자가 자신이 연구하고 있는 문제를 연구한다면 차라리 그 문제를 포기하고 다른 문제로 관심을 옮겼다는 어느 과학자의 경험을 보고하였다. 당시에 아주 성취가 높았던 물리학자도 이 점에 있어서는 마찬가지였다고 한다(Hadamard, 1945, p. 132).

여 원래 해결하고자 했던 큰 문제를 해결하였다. 영국의 한 방송국에서 제작한 다큐멘터리에서 와일스는, 연구과정에 대해 설명하면서 그리고 어린 시절 꿈꾸던 것을 할 수 있는 사람이 얼마나 있겠는가 하고 말하면서 눈물을 보였다.[80] 와일스의 일화에 나타난, 수학에 대한 호기심과 관심, 모종의 야심이 바로 수학학습에 대한 내적인 동기이다. 우리나라의 학생들도 이와 같이 수학학습에 대한 내적인 동기를 가지도록 해야 한다. 이를 위해서는 수학학습을 수학적 지식의 획득으로만 보지 말아야 할 것이다.[81]

그림 3-1 ◦ **라마누잔**

다. 수학자 라마누잔의 사례

비록 많은 사례가 보고되지는 않았지만 반드시 수학적 지식을 잘 갖추어야 수학적 창의성을 발휘하는 것은 아니라는 것을 입증하는 수학자들이 있다. 그 중 대표적인 사람으로 인도의 라마누잔이 있다.[82] 그는 1887년 인도에서 출생하여 거의 독학으로 수학을 공부했으나, 놀랄 만큼 많은 수학적 지식을 창조하였다. 어떻게 수학적 지식을 체계적으로 갖추지 않고도 당대 활동한 수학자들 누구와 견주어도 밀리지 않는 창조성과 생산성을 발휘할 수 있었을까? 이하에서 그 이유에 대하여 살펴본다.

첫 번째 이유는 스스로 수학을 공부하는 능력을 갖추고 있다는 점이다. 라마누잔은 10세 되던 해에 스스로 수학을 공부하기 시작했으며, 로니(S. L. Loney)가 저술한 삼각법 관련 책을 12세에 다 공부했다고 한다. 17세 이전에 이미 '나

80 관련 내용은 http://simonsingh.net/books/fermats-last-theorem/fermats-last-theorem-the-tv-documentary/ 참고

81 스파드는 '획득' 대신 '참여'로 관점을 바꿀 것을 제안하였다. 참여의 의미를 설명하려면 심층적인 논의를 필요로 하는데, 이 책의 초점과 거리가 있기 때문에 여기서는 생략한다. 스파드에 의하면, 참여는 획득과 달리, 학습자가 내적인 동기에 의하여 주체적으로 학습하는 의미를 드러내는 데 적절하다(Sfard, 2008).

82 이하 라마누잔의 생애 관련 내용은 Berndt & Rankin(1995) 참고

름대로의 논리'에 따라 수학적인 정리를 발견하고 오일러 수, 베르누이 수 등을 찾아내기도 하였다. 수학적 지식을 체계적으로 학습할 기회가 없었지만, '나름의 직관과 통찰'에 의존하면서 스스로 수학을 배운 것이다. 그는 국가로부터 장학금을 받으면서 대학에 입학했으나 수학 외의 과목에서 낙제하는 바람에 성공적인 학창시절을 보내지는 못하였다. 그리고는 수학에 대한 재능을 제대로 발휘할 기회도 없이 생계를 위해 회계 사무실의 직원으로 일하였다.

두 번째 이유로는 적극적으로 수학을 연구할 기회를 갈망했다는 점이다. 회계 사무실에서 일하는 동안에도 수학에 대한 연구를 멈추지 않은 라마누잔은, 1912년부터 영국의 케임브리지 대학 수학과에 자신이 연구한 내용을 편지로 보냈다. 결국 1914년에 당대 최고의 수학자인 하디의 초청을 받아 케임브리지 대학에서 공동연구를 하게 되었다. 그러나 안타깝게도 오래 지나지 않은 1920년, 32세의 나이에 건강을 잃어 세상을 일찍 떠났다.

세 번째 이유로는 놀라운 수 감각을 가지고 있다는 점이다. 라마누잔의 가장 널리 알려진 일화는 수 1729에 대한 것이다.[83] 하디는 라마누잔이 입원한 병원에 가느라 타고 갔던 택시의 번호가 1729인데 이 수는 이렇다 할 특징이 없다고 하였다. 이에 병상에 누워 있던 라마누잔은 1729가 아래와 같이 '서로 다른 세제곱수 2개의 합으로, 그것도 두 가지 방법으로 나타낼 수 있는 가장 작은 수' 이므로 매우 특별하다고 말하였다.[84]

$$1729 = 10^3 + 9^3 = 1^3 + 12^3$$

이 수는 하디-라마누잔 수 또는 택시 수(taxicab number)의 하나이다. 택시 수는 17세기에 처음으로 논의되었으나 하디와 라마누잔의 일화 덕분에 유명해졌고, 명칭도 이 일화를 기념하기 위하여 이렇게 붙여졌다.[85] 나중에 확인하니

---

83 Hardy(1937) 참고

84 $91 = 6^3 + (-5)^3 = 3^3 + 4^3$이므로 91도 두 가지 방식으로, 2개의 세제곱수의 합으로 나타낼 수 있다. 여기에는 음수가 포함되어 있으므로 라마누잔이 1729가 이 조건을 만족하는 최소의 수라고 한 것은 양수 범위에서 그렇다는 것이다.

85 n번째 택시 수는 두 양수의 세제곱의 합으로, n가지 방식으로 나타낼 수 있는 최소의 수로 정의된다. $2 = 1^3 + 1^3$이므로, 첫 번째 택시 수는 2이다. 1729는 위에서 살펴본 바와 같이 두 번째

라마누잔은 이미 자신의 노트에 이와 같은 수들에 대하여 발견한 것들을 적어 놓았다고 한다. 수학자들은 남다른 수 감각을 가지고 있으며, 더욱이 택시의 번호를 기억하여 분석할 만큼 수에 대한 관심도 많은 것을 알 수 있다.

하디는 라마누잔의 편지에서 그가 수학적 직관과 통찰력을 가지고 있음을 알아챘고, 함께 연구할 기회를 마련하였다. 그러고 나서는 라마누잔을 발견한 것이 자신의 가장 큰 업적 중 하나라고 기록하였다. 수학적 지식은 그 위계성 때문에 체계적으로 학습해야만 어느 정도의 실력을 갖출 수 있고, 업적도 낼 수 있다고 생각하기 쉽다. 그러나 라마누잔은 수학을 공부하기 어려운 환경에서 관심과 열정을 유지함으로써 결국 다양한 수학적 창조를 즐겼다. 짧은 생애를 살았기에 연구 업적도 별로 많지 않을 것이라고 생각하기 쉽지만, 연구기간을 고려하면 놀랄 정도로 많은, 의미 있는 성과를 내어 관련 분야의 발전을 이끌었다. 라마누잔의 예는 수학적 창의성이 반드시 수학적 지식으로부터 나오는 것은 아니며, 그보다는 지속적인 생각, 관심, 열정, 직관, 통찰 등에 의해 무르익고 발현된다는 점을 입증한다.[86]

라마누잔은 수학자로 성장할 환경에서 나고 자라지 못하였다. 수학을 잘하는 덕분에 회계사무실에서 일하게 되었지만, 수학을 연구하는 것과는 거리가 먼 삶이었다. 이렇게 다른 일을 하면서 수학에 대한 관심과 애정을 유지하는 사람들을 아마추어 수학자라고 부른다. 이들은 제대로 수학적 지식을 학습하지 못하고, 종종 직관과 감각에 의존하여 수학을 한다. 그러나 부족한 수학적 지식에도 불구하고 당대의 수학자들 못지않은 놀라운 업적을 냈다. 변호사였던 페르마(Pierre de Fermat), 고셋(Thorold Gosset), 교사였던 부울(George Boole), 그라스만(Hermann Grassmann), 아녜시(Maria Gaetana Agnesi), 의사였던 카르다노(Gerolamo Cardano), 코만디노(Federico Commandino), 아

택시 수이다. 이하 택시 수에 관련된 내용은 http://euler.free.fr/taxicab.htm 참고

86 라마누잔의 후예들로 이루어진 인도의 수학자 집단은 여전히 세계 수학계에서 활발한 연구를 이어가고 있다. 인도에서는 2011년부터 라마누잔의 생일인 12월 22일을 수학자의 날로 정해 라마누잔의 업적을 기리고 있다.

버스노트(John Arbuthnot), 행정가 또는 정치인이었던 베이즈(Rev. Thomas Bayes), 가필드(James Garfield), 예술가였던 드메인(Martin Demaine), 에셔(M. C. Escher) 등은 모두 아마추어 수학자들이다. 이들이 수학적 지식을 체계적으로 학습하지 않았음에도 독자적인 연구를 통해 수학적 창의성을 발휘한 것은 수학적인 생각을 즐기고 수학적인 사고습관을 가지고 있었기 때문이다. 학교에서 배운 경직된 방법이나 시험을 대비하기 위한 지식이 아니라 나름의 관점과 전략을 개발했기에 가능했던 것이다.

우리나라에서는 앞서 제시한 정도의 아마추어 수학자들을 찾기가 매우 어렵다. 조선시대에는 세종대왕과 일부 유학자들이 마음을 수양하기 위하여 산학을 공부하였다고 하지만,[87] 수학적 창조를 즐기고 전승하는 데에 참여한 경우는 시대를 막론하고 극히 드물다. 근거가 마땅치는 않으나 우리나라 사람들은 계산능력이 뛰어난 것으로 알려져 있다. 영화나 소설에서 유대인과 한국인을 묘사할 때 공통적으로 장사와 계산에 능한 것으로 표현하는 경우가 많다. 그런데 수학에서 아마추어 정신을 발휘하는 사람은 거의 없다. 유명한 정치인이나 소설가, 예술가의 수학학습에 대한 회고는, 수학시간에 문제를 못 풀어서 혼나거나 맞은 경험이 대부분이다. 그래서 더 이상 수학을 하지 않아도 되는 것이 행복하다고까지 말하는 사람들이 많다.

수학에 대한 아마추어 정신의 결핍이 단지 개인의 삶을 수학과 멀리 두는 것에 그치지 않고, 수학교육에 대한 근거 없는 비판과 냉소적인 태도에까지 연결되는 경우가 많다. 최근에는 수학에 대한 부정적인 태도를 긍정적으로 바꾸고, 수학에 대한 관심과 호기심을 유지하는 문화를 만들기 위한 노력이 이루어지고 있다. 그 일환으로 수학의 역사, 문화, 수학자

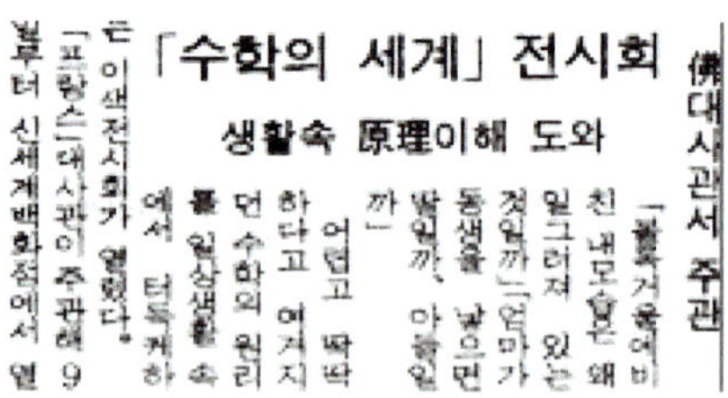
佛대사관서 주관
「수학의 세계」 전시회
생활속 原理이해 도와
친 내모습은 왜 일그러져 있는 것일까」「얼마가 동생을 낳으면 날일까, 아들일까」 어렵고 딱딱하다고 여겨지던 수학의 원리를 일상생활속에서 터득케하는 이색전시회가 열렸다. 「프랑스」대사관이 주관해 9일부터 신세계백화점에서 열

그림 3-2 ◦ 프랑스 대사관 주최 수학체험전 관련 기사

87 최은아(2013) 참고

들의 삶, 미해결 문제 등에 대한 대중강연도 이루어지고, 수학에 대한 흥미를 높이기 위한 체험전도 열리고 있다. 위의 신문기사는 우리나라에서 열린 최초의 〈수학체험전〉 관련 내용을 담고 있다.[88] 1988년의 일이며 프랑스 대사관에서 주최한 것이었다. "볼록거울에 비친 내 모습은 왜 일그러져 있는 것일까?", "엄마가 동생을 낳으면 딸일까, 아들일까?"라는 질문이 재미있다. 일상생활 속에서 수학을 터득하게 한다는 취지가 담겨 있다. 이로부터 11년 후인 1999년 수학사랑(우리나라의 수학교사 단체)에서 자체 제작한 교구들로 〈수학체험전〉을 열었다. 놀라운 속도로 선진국을 따라잡은 것이 수학교육에서도 예외는 아니라는 점을 보여주는 한 사례이다. 지금은 우리나라에서도 다양한 교구로 그리고 일상적인 맥락에서 흥미롭게 수학적인 원리를 깨닫도록 지도한다는 말이 상식이 되었다.

수학에서 아마추어 정신은 〈수학체험전〉 류의 기회만으로 뿌리내리기 어렵다. 교구를 통해 수학의 원리를 깨닫는 기회가 현재보다 더 많아져야 하는 것은 당연하다. 그러나 눈길을 사로잡는 신기한 현상을 보거나 조작하는 일회적인 기회보다 더 필요한 것은, 수학에 대한 폭넓은 관심과 문화이다. 특히, 수학적인 생각 또는 사고습관을 즐기고 널리 나누는 문화가 절실하다. 수학을 전문적으로 연구하는 사람들이 아니더라도 수학에서의 변화 또는 새로운 발견 그리고 수학자들의 삶에 대한 이야기를 나눌 수 있는 장이 많아야 한다. 이와 관련하여 최근 긍정적인 조짐이 보인다. 이를테면, 어느 검색 포털사이트에서, $0.\dot{9}=1$에 대해 많은 일반인들이 서로 논쟁을 벌이면서 다양한 의견을 주고받은 것이 그 사례이다. 학생들도 이런 주제에 대해서 논란을 벌일 수 있을지 궁금하여 서울 강북에 위치한 한 중학교 2학년 수학교실에서 이에 대해 토론하도록 해보았다. 학생들은 아주 짧은 시간에 논점을 이해하고 흥미로운 의견들을 제시하였다. 그 중 일부를 제시하면 다음과 같다.

88 네이버 뉴스라이브러리(http://newslibrary.naver.com) 참고

(1) 끝나지 않고 계속되는 수와 어쨌든 끝난 수가 어떻게 같다는 것인가? 수학자들은 정말 이상한 사람들이다.
(2) 두 수 사이에 다른 수가 존재하지 않는다는 것을 어떻게든 증명할 수 있을 것이다. 수학자들이 증명했기 때문에 그렇게 표시한 것으로 생각한다.
(3) 그래야 한다. 그렇게 되지 않으면 곤란한 일이 생기기 때문이다.
(4) 무한의 세계를 지배하는 규칙이 있는데, 다만 우리가 알 수 없을 뿐이다. 언젠가 규칙을 알게 될 것이다.
(5) 수학에서 무엇이 같고 같지 않다는 것은 약속이다.

위의 반응들은 언뜻 듣기에도 흥미로웠는데, 하나하나 그 의미와 배경을 곰곰이 따져보면 더욱 흥미롭다. 이 주제에 대한 세부적인 논의는 이 책의 주제와 거리가 있어서 생략하고, 여기서는 학생들이 시험에 나오지 않는 수학에 대해서도 진지하고 열성적으로 토론할 수 있다는 것만 강조하고자 한다. 알고 있는 지식을 총동원해서 정당성 여부에 대한 자신의 입장을 표명하고, 그 수학적인 의미와 필요성도 고민하며, 신념과 개인적인 느낌 등을 공유하는 모습은 매우 인상적이었다. 자연스럽게 그리고 자발적으로 수학적인 대상, 표현, 의미에 대해 서로 이야기를 주고받는 모습 그 자체가 매우 소중한 것이다. 오늘날 아마추어 정신으로 수학하는 모습이란, 바로 이렇게 자유롭게 수학적인 생각을 나누고, 뒤이어 지속적으로 수학에 대한 관심을 유지하는 것이다. 물론 수학수업에서 이렇게 수학적인 생각을 나누고 관심을 유지하는 기회를 제공해야 학교 밖에서도 그렇게 할 수 있을 것이다. 수학적 창의성 교육은 교실 안과 밖에서 아마추어 정신으로 수학하는 학생들이 많을수록 성공 가능성이 높다.

라. 평범한 아동의 사례

수학적 지식이 부족한데 수학을 다루는 것이 일부 천부적인 재능을 타고난 수학자에게서 발견되는 극히 예외적인 경우라고 생각할 수 있다. 그러나 수학교육 연구자들이 보고한 많은 사례에 따르면, 수학적 재능이 특출하지 않은 평범한 아동들 중에도 수학적인 지식을 학습하지 않고도 수학적인 창의성을 발현하는 경우가 있다. 매우 흥미로운 연구 중 하나는 브라질에서 수행된 것이었다. 여기서는 학교에서 수학을 배우지 않은 아이들이 “1개에 550원인 사과 3개는 얼마이겠는가?”와 같은 문장제 문제를 어떻게 해결하는지를 살펴보았다. 이와 같은 문제들은 대부분의 학생들이 가장 어려워하는 것이다. 배운 수학적 지식을 이용하여 주어진 문제 상황에서 구해야 하는 바를 정확하게 계산해야 하는데, 문제의 뜻을 파악하지 못하거나, 적절한 계산 방법을 찾지 못하거나, 계산 오류를 범하거나, 답을 문제 상황에 맞게 해석하지 못하는 등 다양한 이유 때문에 문제를 해결하지 못하는 경우가 많다.

그런데 누네스, 슐리만, 캐라흐는 가난한 가정환경 때문에 학교에 가지 못하고 거리에서 장사를 하는 아이들이 그들의 삶에서 만나는 고난도의 수학 문장제 문제를 거침없이 해결하는 것을 관찰하였다. 이들은 관찰한 아동들이 수학적 지식을 체계적으로 학습하지 않았지만 나름대로의 방식으로 수학을 한다고 보면서 이것을 특별히 ‘거리수학(street mathematics)’이라고 이름 붙였다.[89] 거리의 아이들은 그들이 물건을 파는 상황에 관련된 문장제 문제를 놀라운 전략에 의하여 해결하였다. 학교에서 수학을 배우는 학생들이 구사하는 것과는 질적으로 다른, 효율적이고 유연한 전략이었다. 수학적 재능과 수학적 지식이 없더라도, 수학적인 생각에 기초하여 살아가는 상황에서 상식과 추론에 의해 문제를 정확하게 파악하고 해결의 단서를 찾을 수 있다는 것을 보여주는 예이다.

이제 1장에서 제시한 소년의 사례를 다시 한 번 살펴볼 차례이다. 소년은 기억력이 좋기는 하지만 수학적인 재능은 전혀 타고나지 않은 평범한 아동이라고 할 수 있다. 오히려 자연수의 뺄셈처럼 매우 간단한 계산 방법조차 이해하지 못한다는 점에서는 학습 부진을 겪고 있다. 이 소년이 자연수의 뺄셈을 이해하기 위하여 감당해야 하는 과정을 알아보자.

이 소년이 가지고 있는 수학적 지식은 삼이 삼이고 사는 사이며, 칠은 칠이라

89 Nunes, Schliemann, & Carraher(1993) 참고

는 것이다. 칠이 삼과 사의 합으로 이루어졌고 그렇기 때문에 칠에서 삼을 빼면 사가 된다는 것은 모른다. 이 소년은 아마도 사과 세 개, 네 개, 일곱 개를 헤아리는 것이나 세 개가 네 개보다 하나 작다는 것, 일곱 개가 세 개나 네 개보다 많다는 것을 이해하는 데에는 문제가 없을 것이다. 더더구나 실제로 사과를 가지고 헤아린다면 아무런 어려움이 없을 것이고, 만약 사과 그림이나 사진 또는 사과를 대신하여 수 모형을 가지고 활동한다면, 칠에서 삼을 빼면 사가 되는 것을 알 수 있을 것이다.[90]

소년이 할 수 있는 것과 없는 것 중 핵심적인 것을 아래와 같이 요약할 수 있다.

(1) 할 수 있는 것: 사과나 수 모형 등 구체물 또는 반구체물을 이용하여 일곱 개에서 세 개를 빼면 네 개가 된다는 것을 파악하기

(2) 할 수 없는 것: 칠에서 삼을 빼면 사가 된다는 것을 파악하고 기호로 나타내기

소년이 할 수 있는 것의 핵심은 '구체물 또는 반구체물의 조작에 의하여 계산하는 것'이며, 할 수 없는 것의 핵심은 '구체물 또는 반구체물의 도움 없이 계산하고 기호로 나타내는 것'이다. 피아제는 전자를 '경험적 추상화(에 의한 구체적 조작)', 후자를 '반영적 추상화(에 의한 형식적 조작)'라고 불렀다.[91] 소년이 할 수 없다고 말한 반영적 추상화는 다시 '반사'와 '반성'의 두 과정으로 이루어진다. 그리고 반사는 행동의 '내면화'와 '주제화'로 다시 나뉜다. 내면화는 행동에 관련된 모종의 내적 구성물에 의하여 행동을 파악하고 그 행동을 다른 행동들과 관련짓는 과정을 뜻한다. 주제화는 내면화를 위하여 구축한 내적 구성물, 곧 내면화의 도구를 대상으로 하여 사고하는 과정을 뜻한다. 이렇게 주제화한

90 소설에서 이렇다고 한 것은 아니다. 수학적으로 재능이 없는 일반 학생들이 수학을 학습할 때 출발점으로 삼는 것을 이 소년에게 적용하여 가상의 상황을 생각해본 것이다. 수학적 창의성을 기존의 수학학습 이론과 관련지어 이해하기 위하여 이렇게 가정하였다.

91 이하 피아제의 관점에서 소년의 사례를 설명한 내용은 홍진곤(1999)을 참고하여 맥락에 맞게 재해석한 것임.

것을 대상으로 하여 반성할 때 창의적인 사고가 필요하다.

> 반성의 과정은 반사와는 달리 새로운 형식을 **창조적으로 구성**하여 그 형식이 점점 풍부한 구조를 가지게 하는 특징이 있으며, 이러한 **반성 과정의 고유한 창조성으로 인해 반영적 추상화는 비로소 생산적인 힘을 갖게 된다**고 할 수 있다. (중략) 이렇게 반성에 의하여 **구성적으로 창조된** 새로운 '형식'은 다음 단계의 반사 과정에서는 보다 세련된 내용으로 기능하여 결과적으로 끊임없는 반사와 반성의 순환이 이루어지게 하며, 수준이 높아질수록 '주제화'로 귀착되는 반사에 비하면 **창조적인 재구성**을 이루는 반성의 비중이 점점 커지게 된다.[92]

피아제의 설명에서 소년이 할 수 없었던 것이 무엇인지 알 수 있다. 그것은 바로 반성에 의한 '창조적인 재구성', 곧 수학적 창조이다. 여기서 수학적 창의성은 구체물 또는 반구체물로 했던 제거 행동을 대상으로 하여 반성적으로 사고하고 결국 수 사이의 뺄셈으로 추상화하는 원동력이다. 소년이 모른다고 했던 어른들의 설명, '칠 속에 삼이 들어 있다는 것', '칠에 들어 있던 삼을 빼면 사가 된다는 것'이 바로 이 추상화의 결과로 만들어진다. 다시 말하여, 구체물 또는 반구체물을 대상으로 했던 제거 행동을 내면화하고 주제화하여 파악하고, 이어서 반성에 의하여 기존의 행동을 일반화하고 추상화한 형식으로서의 '뺄셈'을 창조할 수 있어야 하는 것이다. 이를 그림으로 표현하면 다음과 같다.(그림 3-3)

피아제는 발달의 관점에서 설명했기 때문에 경험적 추상화 단계에서 반영적 추상화 단계로 나아가는 방향에 주목하였다. 이때문에 추상화가 단선적으로 진행된다고 오해하기 쉬우나, 피아제의 이론에서 추상화는 나선적 교대의 과정을 거쳐 진행된다. 톨은 이 교대의 과정에 주목하여 필요에 따라 회귀와 전진을 하는 것으로 수학학습을 설명하였다.[93] 톨이 회귀와 전진으로 본 것은 각각

---

92 홍진곤(1999), pp. 63-64 참고. 굵게 표시한 것은 수학적 창의성과의 관련성을 부각시키기 위하여 저자가 강조한 것임.

93 이하 톨의 관점에서 소년의 사례를 설명한 내용은 Tall(2013)을 참고하여 맥락에 맞게 재해석한 것임.

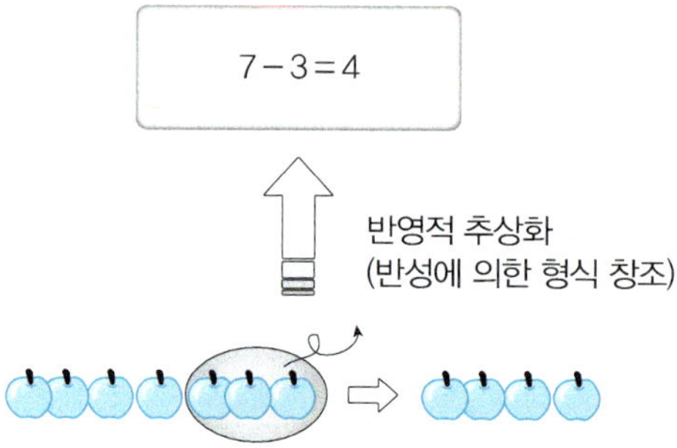

그림 3-3 ○ 피아제의 관점에 따른 소년의 학습 과정 모델

'개념에서 과정으로' 그리고 '과정에서 개념으로' 이동하는 것을 가리킨다. 톨에 의하면, 어떤 수학적 개념도 과정의 단계를 거치지 않고 곧바로 개념의 단계로 나아갈 수는 없으며, 개념의 단계에 이르렀다고 해도 필요에 따라 다시 과정으로 되돌아가서 수행하고 반성함으로써 개념을 확고하게 정립할 수 있다. 소년이 구체물이나 반구체물을 헤아려서 뺄셈을 하는 것은 '과정'의 단계에 그리고 구체물이나 반구체물과 무관하게 뺄셈을 하는 것은 '개념'의 단계에 해당한다. 톨의 관점에서는 소년이 뺄셈을, 과정으로서는 할 수 있는데 개념으로서는 파악하지 못한 상태에 있다. 그러므로 개념적 표현이라고 할 수 있는 '7−3'을 보고 그 의미를 해석하기 위하여 자신에게 친숙한 맥락에서의 과정으로 바꾸어야 한다. 예를 들어, '사과 일곱 개에서 세 개를 제거하는 상황'으로 바꾸어 이미 알고 있는 방법, 손가락을 접는 식으로 생각하는 것이 과정으로 회귀하는 것에 해당한다. 이때 수학적 창의성이 관여한다. '7−3'을 자신에게 친숙하고 구체적인 조작이 가능한 맥락과 과정으로 바꾸는 것 자체가 바로 창조인 것이다. 그리고 이 맥락과 과정을 반성하여 '뺄셈'이라는 새로운 수학적 개념을 창조할 때에도 수학적 창의성이 관련된다. 톨은 이와 같이 과정과 개념 사이의 유연한 전환이 가능한 수준을 '과정개념(procept)을 파악한 단계'라고 설명하였다. 자연수의 뺄셈과 같이 지극히 간단한 수학적 지식도 과정개념으로 파악할 수 있어야 한다. 이와 같은 과정과 개념 사이의 유연성은 수학자들이 새로운 개념을 익숙한 과정에 의하여 창안할 때 발휘하는 것과 그 성격이 같다. 이를 그림으

로 나타내면 다음과 같다.

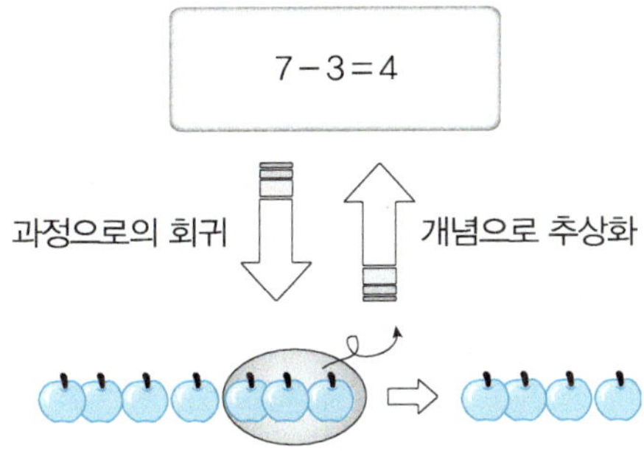

그림 3-4 ○ 톨의 관점에 따른 소년의 학습 과정 모델

과정과 개념 사이의 유연한 전환은 수학적인 언어를 어떻게 사용하는가에 밀접하게 관련된다. 칠에서 삼을 뺀다는 문장에서 칠과 삼은 '명사'이다. 그러나 구체적인 대상을 헤아려서 칠과 삼으로 나타낼 때에는 칠과 삼이 '형용사'이다. 형용사로 수가 쓰일 때에는 수 자체가 아니라, 그 수로 규정되는 구체적인 대상과의 관련성에 의존하여 사고하게 된다. 가령, '사과 일곱 개' 또는 '일곱 개의 사과'를 다룰 때에는 칠이 독립적으로 다루어지는 것이 아니다. 사과가 일곱 개 있으며, 그 일곱 개의 사과를 여러 방법으로 헤아리는 행동과의 관계에 근거하여 칠을 파악하는 것이다. 여기서 수는 '빨간 사과들'이라는 어구에서 '빨간'처럼 사과들을 표현하는 역할을 할 뿐이다. 그러나 칠에서 삼을 뺄 때에는 칠과 삼 자체가 사고의 초점이며, 상징적이고 임의적인 조작의 대상이 된다. 그러므로 칠에서 삼을 빼는 과정에는 구체적인 대상으로부터 추상적인 개념으로 초점을 옮기는 것이 선행되어야 한다. 그런데 이러한 초점의 이동은 역설적이게도 구체적인 대상과 그 대상에 대한 조작, 곧, '과정'으로의 회귀에 의해 가능하다. 과정으로의 회귀가 필요할 때마다 할 수만 있다면 추상명사로서의 수를 이해하고 다룰 수 있다는 뜻이 된다. 과정으로의 회귀가 더 이상 필요 없게 되면, 다시 말하여, 추상명사로서의 수 자체를 대상으로 하여 덧셈과 뺄셈 등의 조작을 할 수 있게 되면 그것이 새로운 과정이 되고, 그것을 바탕으로 새로운 개념을 창조할 수 있게 된다. 스파드는 이것을 '수의 대상화'와 '수의 물화(物化, reification)'

로 표현하였다.[94] 요컨대, 수가 구체적인 대상들을 표현하기 위한 형용사로 사용되다가 수를 추상명사로 사용하는 것은 수 자체가 사물처럼 사유와 조작의 대상이 된다는 것을 뜻하며, 이때 비로소 뺄셈을 자유롭게 할 수 있게 된다.

대상화되고 물화된 수를 다룰 수 있게 되면서 '7−3=4'와 같은 새로운 기호 표현과 그것을 조작하는 방법도 알게 되는 것이다. 스파드는 이것이 구체적인 대상을 헤아렸던 경험에 대한 다소간 긴 이야기를 압축하여 나타내고 조작하는 것이라고 본다. 그런데 기호 표현을 이해하거나 조작할 때 경험에 대한 긴 이야기를 회상하거나 재구성하는 것이 필요할 때가 있다. 그러므로 수학적 창조의 산물인 수학적인 표현 또는 기호적인 표현은 구체적인 경험에 대한 이야기로 되돌아갔다가 다시 빠져나오는 사유를 할 수 있어야만 완전하게 이해하고 조작할 수 있다. 수학적인 표현으로 압축할 때뿐만이 아니라 경험에 관련된 긴 이야기로 풀어내는 과정도 수학적 창의성에 의존한다. 수학적 창의성은 압축과 추상화의 과정을 진행한 수학자에게나 그 과정을 되돌려 다시 진행하는 학생에게 모두 필요하다. 이를 그림으로 나타내면 다음과 같다.

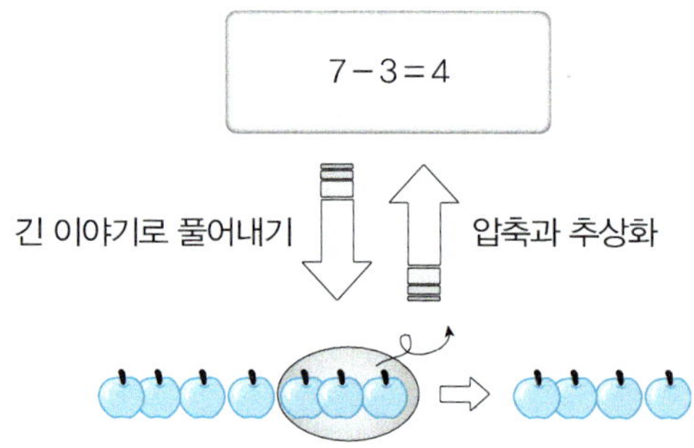

그림 3-5 ○ **스파드의 관점에 따른 소년의 학습 과정 모델**

지금까지 평범한 아동이 수학을 학습할 때 수학적 창의성이 어떻게 관련될 수 있는지를 세 가지 학습 과정 모델로 나타내었다. 이 모델들은 수학학습의 의

94 이하 스파드의 관점에서 소년의 사례를 설명한 내용은 Sfard(2008)를 참고하여 맥락에 맞게 재해석한 것임.

미는 물론이고 수학적 창의성의 의미를 생각하는 데에 시사점을 제공하는 것으로 보인다.

마. 수학자 하디와 오일러의 사례

그림 3-6 ◦ 하디

2장에서 살펴본 바와 같이, 영역특수 지식은 창의성을 발현하는 데에 기여한다. 당연히 풍부한 수학적 지식도 수학적 창조의 원동력이 될 것으로 예측할 수 있다. 그러나 지식의 획득에만 초점을 두고 수학을 공부한, 이른바 '만들어진 영재들'의 경우에는 기대와 달리 많은 지식을 소유하면서도 창의성을 발휘하지 못하는 경우가 있다는 점을 앞에서 확인하였다. 위대한 업적을 낸 수학자들의 경우는 다르다. 수학적 지식을 풍부하게 접한 것이 그들의 인생을 바꾸는 계기가 되었으며, 아주 어린 시절부터 창의성을 드러내는 원동력이 되었다. 라마누잔의 수학적 재능을 알아보고 영국으로 초청하여 공동연구도 하고, 우정을 나누기도 했던 수학자 하디가 그런 예이다.[95] 하디는 어려서부터 수학에 관심을 가지고 있어서 2세 때 백만 자리까지의 수들을 쓰거나 찬송가 번호를 소인수분해하기도 하였다. 앞에서 소개한, 택시 번호를 기억하여 라마누잔과 토론했다는 유명한 일화도 하디가 얼마나 수를 다루는 일에 흥미를 가지고 있었는지를 보여준다. 하디는 라마누잔처럼 독학에 의해 수학을 배운 것이 아니라, 그의 부모가 마련해준 개인교사의 지도를 받으며 수학을 공부하였다. 하디는 우수한 성적으로 고등학교를 졸업하고 명문 케임브리지 대학교의 트리니티 칼리지에 입학하여 공부하였다. 이렇게 엘리트 코스를 거친 결과로 1906년부터는 케임브리지 대학의 교수가 되어 수학을 연구하였다. 1919년에는 옥스퍼드 대학으로

95 이하 하디의 생애와 업적 관련 내용은 Albert(1998)와 Hardy(2008) 참고

옮겨 수학 연구를 계속하였다. 하디는 체계적인 수학학습에 의해 수학적 지식을 쌓았을 뿐만 아니라 호기심과 열정을 바탕으로 당대의 어떤 수학자보다 많은 연구 성과를 냈다.

오일러 역시 하디와 마찬가지로 이른 시기부터 풍부하게 구축한 수학적 지식을 바탕으로 창의성을 발휘했던 수학자이다. 13세에 이미 대학에 입학했고, 17세에는 데카르트와 뉴튼을 비교하는 논문으로 석사 학위를 받았다. 부친의 친구였던 당대의 유명한 수학자 요한 베르누이(Johann Bernoulli)에게서 개인지도를 받았고 결국 박사학위 지도까지 받았다. 요한 베르누이의 아들인 다니엘 베르누이(Daniel Bernoulli)와는 러시아의 상트페테르부르크대학에서 같이 근무하면서 친분과 학문적 동행을 이어갔다.

수학적 지식이 수학적 창의성 발현의 원동력이 된다는 것은 너무 당연한 말처럼 들린다. 그러나 학교에서 수학을 배운 모든 학생이 수학을 잘하지 않듯이, 체계적으로 수학을 학습하여 수학적 지식을 쌓았다고 해서 모두 수학자가 되어 창의성을 발현하는 것은 아니다. 수학적 지식이 수학적 창의성 발현의 원동력이 되는 것은, 수학적 창의성을 추구하는 경우에 한해서만 그러하다. 가령 앞서 소개한 하디는 당대의 어떤 수학자들보다 창의성의 가치를 이해하고 추구했던 것으로 알려져 있다. 하디는 "수학은 깊이 그러나 창의적으로 연구해야 하는 학문이다."[96]라고 말하였다. 창의성을 추구하려는 의지를 잃었을 때가 인간으로서 가장 절망적으로 슬픈 순간이라고도 하였다. 그러나 나이가 들어 더 이상 수학을 연구할 수 없게 되었고, 2장에서 언급한 바와 같이 이를 깊이 한탄하였다.

하디는 한창 수학을 연구하는 시기에도 오랜 시간 동안 수학적 창의성을 발휘하는 일이 어렵다고 호소하면서, 수학자 특유의 정확성을 담아 하루에 4시간 정도가 수학적으로 창의성을 발휘할 수 있는 한계라고 말하기도 하였다. 그리고 수학을 연구할 때 호기심을 유지해야 하며, 깊이와 넓이를 동시에 추구해야 한다고도 하였다. 그는 화가와 시인이 하는 일과 수학자가 하는 일을 다음

96 Hardy(2008), p. 143 참고

과 같이 비교하여 말하기도 하였다.

> 수학자도 화가나 시인들처럼 패턴을 만든다. 만약 수학자의 패턴이 화가나 시인의 것보다 더 영속적이라면, 그것은 아이디어로 만들어졌기 때문이다.[97]

자신도 많은 수학적 업적을 낸 라플라스(Pierre−Simon Laplace)는 오일러가 모든 수학자의 스승이라고 말하면서 오일러가 남긴 것을 공부해야 한다고 조언하였다.[98] 그만큼 오일러는 수학 내에서도 다양하고 방대한 범위에 걸쳐 많은 업적을 냈다.[99] 무한소 미적분, 함수, 해석학, 그래프 이론 등 현대 수학의 많은 분야가 오일러의 연구로부터 시작되거나 발전되었다. 현대적인 용어와 개념들 중 상당수도 오일러에 의해 창안되었다. 오일러가 어떤 전략이나 기법을 활용하여 수학적인 연구 성과를 냈는가에 대해서는 많은 이야기가 전해지지만 그 중 많은 창의성 연구자들의 관심을 끈 것은 다음 문제를 해결한 사례였다. 문제는 다음 무한급수의 합을 구하는 것이었다.

$$1+\frac{1}{4}+\frac{1}{9}+\frac{1}{25}+\frac{1}{49}+\cdots$$

그림 3−7 ○ 오일러

오일러가 활동하던 시대에는 위와 같은 무한급수를 어떻게 이해하고 다루어야 하는지에 대하여 체계적으로 연구되지 않았다. 때문에 저명한 수학자들도 무한급수를 적절히 다루지 못하고 많은 오류를 범

---

97 Hardy(2008), p. 84 참고

98 Varadarajan(2007) 참고

99 이하 오일러의 생애와 업적 관련 내용은 Dunham(1990; 1994; 1999; 2007) 참고. 2장에서 언급한 바와 같이, 오일러가 평생 동안 발표한 논문은 856편에 이른다. 창의성을 얻기는 어렵고 잃기는 쉽다는 말이 있으나, 오일러는 나이가 들고 시력도 잃어서 열악한 상황에 처했지만 비상한 기억력을 이용하여 수학 연구를 지속할 수 있었다. 창의적인 인물로 종종 첫 손가락에 꼽히는 아인슈타인도 평생 동안 607편의 논문을 발표할 정도로 생산성이 높았다. 그러나 말년에는 다른 연구자들이 새롭게 발표한 내용들을 받아들이지 못하여 자신이 목표로 했던 연구를 완성하지 못하였다. 아인슈타인과 달리 오일러와 에르되시가 끝까지 창의성을 유지할 수 있었던 데에는 다른 연구자의 성과를 유연하게 받아들여서 활용하는 성향과 태도를 가지고 있었기 때문으로 보인다.

하였다. 주된 오류는, 유한개의 항에 대하여 성립하는 법칙을 무한개의 항으로 이루어진 식에 적용한 것이었다. 이와 관련하여 다음과 같은 그란디 급수 문제가 유명하다.[100]

$$1-1+1-1+1-1\cdots$$

그란디는 다음과 같이 괄호를 어떻게 넣는가에 따라 서로 다른 결과를 얻을 수 있다는 것에 주목하였다.

$$(1-1)+(1-1)+(1-1)+\cdots=0$$
$$1+(-1+1)+(-1+1)+\cdots=1$$

또, 다음과 같이 생각하면 다른 결과를 얻는다.

$$\begin{aligned} S &= 1-1+1-1+1-1\cdots \\ 1-S &= 1-(1-1+1-1+1-1\cdots) \\ &= 1-1+1-1+1-1\cdots=S \end{aligned}$$

$$\therefore\ S=\frac{1}{2}$$

다음 식에서 x=1의 값을 생각하면 역시 $\frac{1}{2}$을 얻는다.

$$\frac{1}{1+x}=\sum_{i=0}^{\infty}(-x)^i=1-x+x^2-x^3+\cdots$$

당대의 수학자들이 부적절한 추론에 의하여 서로 다른 결과를 얻고 논란을 벌였다는 것이 현대적인 관점에서 보면 의아할 것이다. 그러나 이와 같은 논란과 오류의 결과로 무한급수를 다루는 방법을 체계화할 수 있었다. 오일러 역시 잘못된 추론을 통하여 잘못된 결과에 도달한 경우가 많았다. 그리고 목하 관심을 두고 있는 문제에 대해서도 오일러는 부적절한 추론에 의존하였다. 오일러의 문제해결 과정을 현대적인 표현에 의하여 간략하게 소개하면 다음과 같다.

---

100 수학자 Grandi가 1703년에 제기한 문제이며, 이하 관련된 내용은 Bangi(2005) 참고

오일러는 먼저 다음과 같은 함수를 생각하였다.

$$(1)\ f(x)=1-\frac{x^2}{3!}+\frac{x^4}{5!}-\frac{x^6}{7!}+\frac{x^8}{9!}-\cdots$$

이 식을 다음과 같이 변형할 수 있다.

$$\begin{aligned} f(x) &= x\left(1-\frac{x^2}{3!}+\frac{x^4}{5!}-\frac{x^6}{7!}+\frac{x^8}{9!}-\cdots\right)/x \\ &= \left(x-\frac{x^3}{3!}+\frac{x^5}{5!}-\frac{x^7}{7!}+\frac{x^9}{9!}-\cdots\right)/x \end{aligned}$$

그런데 $\sin x=\frac{x}{1}-\frac{x^3}{3!}+\frac{x^5}{5!}-\cdots$이므로, $f(x)=\frac{\sin x}{x}$이다. 여기서 $\sin x=0$의 근은 0, r, −r, 2r, −2r ···이므로, $f(x)$도 이들 값에서 모두 0이 된다. 즉, 모든 정수 n에 대하여 $x=n\mathrm{r}$일 때, $f(x)=0$이 된다. 그러므로 $f(x)$를 다음과 같이 나타낼 수 있다.

$$f(x)=\left(1-\frac{x^2}{\pi^2}\right)\left(1-\frac{x^2}{4\pi^2}\right)\left(1-\frac{x^2}{9\pi^2}\right)\cdots$$

오일러는 위의 식을 전개하여 다음과 같이 나타낼 수 있다는 것에 착안하였다.

$$(2)\ f(x)=1-\left(\frac{1}{\pi^2}+\frac{1}{4\pi^2}+\frac{1}{9\pi^2}+\cdots\right)x^2+\cdots$$

여기서 식 (1)과 식 (2)가 같으므로, x^2의 계수도 같고, 그러면 다음 식을 얻는다.

$$-\frac{1}{3!}=-\left(\frac{1}{\pi^2}+\frac{1}{4\pi^2}+\frac{1}{9\pi^2}+\cdots\right)$$

드디어 백 년에 가까운 시간 동안 많은 수학자들을 괴롭혔던 문제의 해가 모습을 드러냈다. 근삿값을 구하고 그것을 개선하는 데에 머물렀던 수학자들을 무색하게 한 놀라운 결과는 다음과 같다.

$$1+\frac{1}{4}+\frac{1}{9}+\frac{1}{25}+\frac{1}{49}+\cdots=\frac{\pi^2}{6}$$

오일러가 위 문제를 해결한 과정에서 수학적인 창의성이 돋보이는 부분이 무엇인지 살펴보자. 수학자 폴리아가 해석한 바에 의하면, 오일러가 유한개의 항을 가지는 다항방정식의 근에 대해 성립하는 근과 계수와의 관계를 무한개의 항을 가지는 삼각방정식에 확장하여 적용한 점이 매우 창의적이었다.[101] 그런데 이 방법은 당시에 활동한 수학자 공동체 내에서 정당화되지 않았던 것이었고, 다른 문제 상황에서는 오류의 원인이 되기도 했던 것이었다. 말하자면, 오일러라는 위대한 수학자가 증명되지도 않은 성질을 적용하여 문제를 해결했던 것이다. 바로 이렇게 부적절한 추론에 의존했다는 점이 아이러니하게도 오일러의 수학적 창의성이라는 것이다. 이 추론이 결국 새로운 수학으로 안내했기 때문이다.

오일러가 기존의 수학을 새로운 맥락에 적용할 때 부적절한 추론임에도 사용하게 된 것은, 기존의 수학으로 새로운 맥락을 다룰 수 없었기 때문이다. 새로운 맥락에서는 새로운 수학이 필요하지만 수학자에게는 기존의 수학만 있을 뿐인 순간이 있다. 이 순간에는 수학자 드모르간이 다음과 같이 주장하듯이, 상상과 과감한 발걸음이 필요하다.

> 수학적 창조를 추동하는 힘은 논리가 아니라 상상에서 비롯된다.[102]

오일러가 해결했던 문제는 아직 무한급수에 대한 논의가 본격적으로 이루어지지 않은 1644년에, 이탈리아의 공학자 멘골리(Pietro Mengoli)가 제기한 것이었다. 왈리스(John Wallis)는 1655년에 출판한 《무한산술(Arithmetica infinitorum)》에서 이 급수의 합이 약 1.645라고 하였다.[103] 1670년대에는 라이

101 Polya(1954) 참고

102 de Morgan(1866), p. 132 참고

103 왈리스는 같은 책에서 $\frac{\pi}{2}=\frac{2}{1}\cdot\frac{2}{3}\cdot\frac{4}{3}\cdot\frac{4}{5}\cdot\frac{6}{5}\cdot\frac{6}{7}\cdot\cdots$을 제시하는 등, 무한 합과 무한 곱에 대하여 선구적인 연구를 하였다.

프니츠가 그리고 1689년에는 야곱 베르누이가 학위 논문에서 이 문제를 해결하려고 하였으나 진전을 이루지 못하였다. 1728년 다니엘 베르누이도 이 문제를 해결하려고 하였으나 실패하고, 바젤 대학에 같이 근무하고 있던 오일러에게 이 문제를 소개하였다. 오일러는 1731년에 출판한 논문에서 왈리스가 제시한 것보다 더 나은 근삿값인 1.644934를 찾아 제시하였다.[104] 오일러는 계산을 즐겼는데, 하디가 그렇듯이 수 감각이 뛰어났기 때문이다.[105] 그러고는 드디어 1735년 놀라운 결과를 제시하면서 문제를 해결하였다. 1741년에는 추론에 포함된 논리적 비약을 극복하여 완전한 해법을 제시하였다. 오일러가 이 문제를 처음 해결했을 때의 나이가 28세였다. 수학적인 재능이 뛰어났던 베르누이 가문의 수학자들이 시도했으나 실패했던 것을 오일러는 젊은 나이에 해결함으로써 큰 유명세를 얻었다. 이 문제는 처음 제안했던 수학자가 아니라 오일러의 인상적인 해결방법과 놀라운 결과 때문에 유명해졌다. 그러므로 오일러의 고향인 바젤의 이름을 따서 '바젤 문제(Bazel problem)'라고 불린다. 바젤 문제와 오일러가 구한 해를 기호로 나타내면, $\sum_{n=1}^{\infty}\frac{1}{n^2}=\frac{\pi^2}{6}$이다. 그렇게 오래도록 수학자들이 고민했던 문제와 그 결과가 이렇게 간단하고 우아하게 표현된다. 오일러는 여기서 일반화를 시도하여 $\zeta(s)=\sum_{n=1}^{\infty}\frac{1}{n^s}$을 생각하였고, 이것이 수학에 엄청난 발전을 가져온 리만-제타 함수의 탄생으로 이어졌다.[106]

오일러는 기존에 이미 알려진 수학적 지식을 과감하게 다른 영역으로 확장하여 적용하거나 서로 다른 분야에서 얻어낸 결과들을 독창적인 방식으로 연결하는 데 탁월했다. 또, 일반성을 추구하는 사고습관을 가지고 있었다. 오일러

104 스털링(Stirling)은 1730년에 더 나은 근삿값인 1.644934066을 찾아 제시하였다고 한다. 그러나 오일러는 이 값을 확인하지 않은 채, 과감한 추론에 의하여 문제를 해결하였다.

105 그런데 1.644934는 $\frac{\pi^2}{6}$과 소숫점 아래 여섯 자리까지 일치한다. 오일러가 유한개의 항으로 이루어진 방정식에서 성립하는 근과 계수와의 관계를 무한개의 항으로 이루어진 방정식에 적용하여 문제를 해결했는데, 이렇게 두 값이 일치하기 때문에 논리적으로는 비약이 있었으나 옳다는 확신을 가지고 있었을 것으로 보인다. 5장에서 수학자들은 막연하게 든 생각을 추측으로 제시하는 것이 아니라 확실성을 직감한 것을 다만 증명이 필요하다는 뜻에서 추측으로 제시한다는 것에 대하여 논의한다.

106 오일러-리만-제타 함수로도 불린다.

는 마치 어린아이가 장난감을 가지고 놀 때처럼 수학적인 대상을 가지고 놀았으며, 이렇게 유연한 태도가 누구보다 오래도록 수학적 창조력을 유지할 수 있게 했다. 사실 수학적 지식으로 수학하는 것이 모든 수학자들의 일상이다. 그리고 수학적 지식을 많이 가지고 있으면 가지고 있을수록 과감한 도전과 유연한 행동은 오히려 어렵다. 2장에서 플럭커가 이러한 현상에 대하여 설명한 것을 확인하였다. 경험과 전문적인 지식이 쌓이면 고착되어 새로운 것을 생각하기 어렵고, 지식이 부족하면 피상적인 창조에 그친다는 것이 그 내용이었다. 그러므로 경험과 지식이 증가하는 가운데 과감성과 유연성을 유지하는 것이 필요하다는 것을 알 수 있다. 앞에서 논의했던 영재교육에 참여하고 있는 학생들의 경우도 이에 비추어 보면 새롭게 이해할 수 있는 면이 있다. 기대와 달리 소극적이고 현실적으로 문제해결에 임하는 것은 그 학생들이 얼마간 수학적 지식을 가지고 있어서 그런 것일 수 있다. 수학적 지식을 다만 '획득'할 뿐, 과감하고 유연하게 다루어본 경험이 부족하기 때문이다. 학년이 올라갈수록 수학적 창의성을 교육하기가 어려운 것도 비슷한 맥락이다. 그러므로 수학적 지식을 갖추어가면서 수학적 창의성을 잃지 않도록 교육하는 것은 매우 중요하다. 하디와 오일러는 수학적 지식을 갖추어가면서 새로운 것을 추구하는 정신이 어떤 것인지 보여주는 사례이다. 위대한 창조가 아니더라도 이 정신이 있어야 기존의 수학적 지식에 고착되지 않으면서 창의성을 발휘할 수 있다.

바. 요약

지금까지 수학적 지식의 특수성을 고려하면서 수학적 창의성에 대하여 논의하려고 시도하였다. 영화에 등장한 문제를 초·중·고등학생들에게 제시한 결과, 수학 문제해결에서 무지의 효과성이 나타나지는 않았다. 이 결과를 수학적 창의성이 가지고 있는 영역-특수의 성격으로 해석할 수 있다. 그러나 초등학생들이 근소한 차이로 중학생과 고등학생보다 높은 정답률을 보였다는 점, 상당수의 고등학생들이 관련 지식을 배웠다고 생각하면서도 소극적으로 참여하였다는 점은, 우리나라의 수학교육을 거치면서 수학적 창의성이 빠른 속도로 소실

되고 있다는 해석을 가능하게 한다.

두 번째로 우리나라 학생들이 국제성취도 비교에서 상대적으로 수학성취도는 높으면서 수학과 수학학습에 대한 부정적인 태도를 보이는 원인 중 하나로, 수학학습을 수학적 지식의 획득으로 보기 때문이라는 것을 제시하였다. 수학학습에서 성공하기 위하여 감행하는 선행학습은, 상당수 학생들에게 수학학습이 어렵다는 생각을 심어 주고 결국 수학학습에 실패하는 경험을 안기기도 한다. 학생들 사이의 수준 차를 과도하게 증가시키는 원인이 되기도 한다. 수학학습에 대한 내적인 동기를 잃는 계기가 되기도 한다. 결국 건전한 취지로 시작한 수학영재교육은 수학학습에 대한 외적인 동기에 따라 일찍부터 수학적 지식을 획득한 학생들의 차지가 되고, 이로부터 소외된 많은 학생들이 수학에 대한 자신감을 잃게 된다. 수학적 창의성 교육은 수학학습을 수학적 지식의 획득이 아닌 다른 관점으로 보도록 하는 기회를 제공할 수 있다. 수학적 창의성 교육을 통하여 수학학습에 대한 내적인 동기를 회복하도록 해야 한다.

수학자들 중에는 수학적 지식을 체계적으로 학습하지 못했음에도 창의적인 업적을 낸 경우가 종종 있어 왔다. 이 중 인도의 수학자 라마누잔의 사례를 살펴보았다. 라마누잔은 어린 시절부터 수학을 좋아했으나 가정환경이나 사회 전반적인 여건 때문에 수학자의 길을 걸어가기 어려웠다. 그러나 지속적으로 당대의 수학을 주도하고 있는 영국의 케임브리지 대학에 자신이 연구한 것을 보냈다. 결국 라마누잔은 하디의 초청을 받아 공동연구를 할 수 있었다. 그리고 짧은 공동연구 기간을 고려하면 놀랄 만큼 많은 업적을 이루었다. 라마누잔은 반드시 수학적 지식을 충분히 학습한 후에만 수학적 창조가 가능할 것이라는 추측의 반례가 된다. 부족한 지식 대신 스스로 학습하는 능력, 지속적인 관심, 열정, 직관, 통찰 등이 라마누잔으로 하여금 놀라운 업적으로 이끌었다. 영국에 가기 전의 라마누잔처럼 비록 다른 일을 하지만 여전히 수학을 연구하는 아마추어 수학자 또는 수학을 연구하지는 않지만 수학에 대한 관심과 흥미를 유지하는 사람들이 많아야 한다는 것도 확인하였다. 수학적 창의성 교육은 정해진 기간 내에 정해진 경로를 따라 훈련에 의하여 진행되는 것이 아니라, 수학에 대한 폭넓은 관심을 가진 다수가 여유를 가지고 수학의 다양한 측면을 경험하고 사유하는 방식으로 이루어져야 한다. 상당량의 수학적 지식을 알아야 수학을 할 수 있다는 선입견을 버리고 아마추어 정신을 공유하는 것이, 수학적 창의성 교육의 기반을 마련하는 데에 매우 중요하다.

다음으로 알아본 내용은, 일반 학생들이 수학을 배울 때 수학적 창의성이 어떤 위상을 가지며, 어떤 방식으로 영향을 미치는지에 대한 것이었다. 1장에서 소개했던 소년의 사례를 다시 가져와서, 가상적인 학습 경로에 대하여 논의하였다. 특히, 간단한 뺄셈 방법이지만 그것을 학습하기 위해서는 기존에 알고 있던 수학적 지식과 경험을 내면화하고 압축하거나 주제화하고 반성하는 등 매우 정교한 인식의 과정이 필요하다는 것을 확인하였다. 이 과정에서 새로운 것을 익숙한 맥락으로 바꾸어 사고하거나 새로운 형식을 창조하고, 언어의 용법을 바꾸는 등의 창의적인 활동을 하게 된다. 피아제, 톨, 그리고 스파드의 연구를 소년의 상황에 적용하여, 세 가지 모델 학습 경로를 도출하였다. 각각의 모델에서 기존의 수학적 지식을 확장하거나 변형하여 새로운 수학적 지식을 창조하는 메커니즘을 확인하였다. 세 연구자들은 공통적으로 수학적 지식의 이중성을 고려하고 있다.[107] 결국, 평범한 학습자가 수학을 학습하기 위해서는 수학적 지식의 이중성을 순환적으로 그리고 적절하게 조작할 수 있어야 한다. 수학적 지식이 추상적이고 엄격한 면이 있지만 그 추상성과 엄격함을 일반 학습자가 스스로의 사고과정을 통하여 얻어나가도록 하면 수학적 창의성을 함양할 수 있게 된다. 그러므로 창의성을 발휘하지 않고는 수학을 학습할 수 없으며, 바로 이것이 수학적 지식의 본성이라고 할 수 있다.[108] 창의성을 발휘하지 않고 수학을 학습했다면 그것은 유지될 수 없으며, 프로이덴탈이 표현한 '잊기 위한 학습'에 그칠 것이다.

---

107 수학적 지식만 이중적인 측면을 가지고 있다는 것은 아니다. 연구자들마다 다소간 다른 입장을 취하고 있기도 하다. 그러나 공통적으로 두 가지 핵심적인 측면을 적절하게 파악하고 제어할 수 있어야 한다고 주장하고 있어서, 이를 '이중성'으로 요약하여 표현하였다.

108 만이라는 연구자도 수학적 지식의 본질이 창의성이라고 주장하였다(Mann, 2006).

다시 수학자들의 사례로 돌아가서 하디와 오일러의 경우를 살펴보았다. 하디와 오일러는 라마누잔과 달리 어린 시절부터 고급의 수학적 지식에 접했고, 일찍부터 수학적 창의성을 보여주었다. 그런데 하디와 오일러의 생애에서 두드러졌던 점은 풍부한 수학적 지식 또는 일찍 수학을 접했던 경험보다는 새로운 것을 좋아하고 순수한 수학적 추론과 과감한 연결 또는 사고의 비약을 즐겼다는 것 그리고 직관, 상상력, 창의력, 등에 대한 갈망과 유희였다. 특히, 오일러가 오래도록 많은 수학자들을 괴롭혔던 바젤 문제를 해결하는 과정에서 보여준 태도는 논리보다 직관, 과감한 유추를 적극적으로 도입하는 것이었다. 기존의 지식과 관점을 새로운 맥락에 무리하게 확대하여 적용하는 용기의 밑바닥에는 증명할 수 없으나 옳다는 믿음이 있었을 것이다. 수학자들이 새로운 것을 창조할 때에는 곧바로 전진하는 것이 아니라 지그재그로 또는 후퇴했다가 다시 앞으로 나아간다는 것을 알 수 있다. 하디와 오일러처럼 완벽한 조건을 갖추었어도 이러한데, 이제 수학을 배우는 학생에게는 지그재그나 후퇴가 당연한 경로라는 것을 인정하고 이를 창의성 교육에 반영해야 할 것이다.

지금까지의 논의를 종합하면 수학적 지식과 수학적 창의성 사이에 다음과 같은 관계가 성립한다. 수학적 지식은 수학적 창의성의 원동력이고 필요조건이다. 그러나 창의적으로 수학을 학습했을 때에만 그러하다. 창의성을 일깨우며 그리고 창조적 재구성을 통하여 수학을 학습하도록 하지 않고 단지 획득 메커니즘에 따라 학습을 이어가도록 하는 경우가 있다. 이렇게 하면 일시적으로는 수학적 지식의 양이 증가하는 것처럼 보이지만, 결국 수학적 창의성을 발휘해야 할 때 하지 못하게 된다. 오히려 늘어나는 수학적 지식이 수학적 창의성의 발현을 가로막기도 한다. 사고가 고착되기 때문이다. 그러므로 수학적 창의성 교육의 주안점은, 수학의 학습 과정에서 학습자가 스스로의 창의성을 일깨워 활용하도록 하는 것에 놓여야 한다. 수학적 지식의 양이 아니라, 그것을 창의적인 사고와 더불어 학습했는지 여부가 수학적 창의성 발현 여부를 결정한다.

04

수학적 문제해결과 수학적 창의성

문제해결은 수학뿐 아니라 심리학, 인지과학, 의학, 컴퓨터 공학 등 다양한 분야에서 연구해온 개념이다. 심리학에서는 목표를 설정하고 추구하는 정신적인 과정을 가리키는 용어로, 수학이나 컴퓨터 공학에서는 해결책을 찾아나가는 논리적인 과정과 전략을 뜻하는 용어로 사용한다. 분야마다 고유한 의미와 관점에서 문제해결을 다루지만, 공통적으로 가정하고 있는 바는 문제해결이 창의성의 발현과 관련이 있다는 것이다. 수학적 창의성의 경우에는 문제해결과의 관련성이 다른 분야보다 더 강하여, 문제해결과 관련짓지 않고 수학적 창의성을 함양하거나 평가하는 것은 불가능하다. 이하에서는 문제해결과 수학적 창의성 사이의 관계에 대하여 알아본다.

가. 문제해결과 문제풀이

폴리아는 수학을 '함으로써' 수학을 배워야 하며, 수학을 하려면 문제를 해결해야 한다고 하였다. 폴리아가 1945년에 처음 출판한 책, 《어떻게 문제를 풀 것인가(How to solve it)》는 출판되자마자 17개의 언어로 번역될 정도로 인기를 끌었다. 그 후 문제해결이 다양한 분야의 핵심적인 논점이 되는 데에 큰 역할을 하였고, 현재까지도 지속적으로 널리 읽히는 매우 드문 책이다. 폴리아의 뒤를 이어 문제해결 관련 연구를 했던 손필드는 문제해결 연구를 폴리아 전과 후의 두 시기로 구분할 수 있다고까지 말하였다.[109]

109 Schoenfeld(1987) 참고

우리나라 수학교육 연구의 역사에서 문제해결 관련 내용은 폴리아의 영향 아래에 있어 왔다. 폴리아를 제외하고 문제해결 관련 논의를 하지 않아 왔으며, 폴리아와 그 후속 연구들을 지속적으로 수학교육과정과 수학수업에 반영해왔다. 가령, 수학교육과정에서 문제해결력의 함양은 가장 중요한 목표 중의 하나이다. 우리나라의 전형적인 수학수업이 초등학교, 중학교, 고등학교 모두, 다양한 유형의 수학 문제들을 체계적으로 풀이하는 전략을 학습하는 형태로 자리 잡은 것은 직·간접적으로 폴리아의 영향을 받은 결과라고 할 수 있다.

그런데 수학교육 연구의 용어로 '문제해결'이 뜻하는 바와 실제 상황에서 사용하는 용어 '문제풀이'의 의미는 사뭇 다를 수 있다. 전자는 문제의 구조와 성격을 깊이 탐구하여 그 안에 내재된 수학적인 개념과 원리를 학습하는 것을 뜻한다. 후자는 풀이 전략을 익혀서 효율적으로 정답을 얻어내는, 성공적인 학습 방법만을 뜻하는 경우가 종종 있다. 전자는 창의적 사고를 필요로 하고 또 창의적 사고를 기르는 데에도 도움이 된다. 후자는 모방과 암기, 연습 등 창의적 사고가 배제된 학습을 초래하는 것으로 볼 수 있다. "너무 문제풀이만 한다", "문제풀이 중심의 수학교육이 문제이다" 등은 후자의 의미로만 이해할 수 있는 비판이다.

그러나 문제해결과 문제풀이는 모두 'problem solving'의 번역어이다. 동일한 영어 단어에 대응하는 두 용어이므로 동일한 의미를 가져야 할 텐데, 앞서 언급한 바와 같이 다른 의미로 사용되는 경우가 있는 것이다. 이것은 '풀이'라는 것이 가지고 있는 다음 사전적 의미와 다소간 관련이 있다.

(1) 모르거나 어려운 것을 알기 쉽게 밝히어 말하는 일.

(2) 〈수학〉 어떤 문제가 요구하는 결과를 얻어 내는 일. 또는 그 결과.

(1)에서 알 수 있듯이, 우리말에서 '풀이'는 누군가에게 '알기 쉽게' 설명한다는 뜻이 포함되어 있다. '사주풀이'나 '낱말풀이'처럼 '감추어졌거나 몰랐던 정보'를 담고 있는 말이나 자료를 가리킨다. 수학으로 옮겨왔을 때에도 이러한 의미가 남아 있는 것으로 보인다. 수학을 모르는 사람에게 제시하는 설명이 '풀이'라고 생각하

는 경우가 여기에 해당한다. 또, (2)에서 '풀이'는 모종의 '결과'를 가리킨다. '문제에서 요구하는 결과'가 있고 그것을 얻지 못하면 풀이한 것이 아니게 된다. 이러한 의미에서 문제풀이 중심으로 수학을 학습하는 모습을 상상하면 다음과 같다. 먼저 문제를 해결하려고 시도한다. 그러고는 교과서나 문제집의 뒤에 제시되어 있는 '해답과 풀이'를 본다. 해답과 풀이에 자신이 해결한 방법이 제시되어 있으면 '자신이 제대로 하고 있다'고 생각한다. 자신이 사용한 방법과 제시된 풀이가 다르면 제시된 것을 받아들이기 위하여 노력한다. 이렇게 이미 존재하는 '모범적인 풀이'를 학습한다. 이렇게 수학을 학습한다면 수학적 창의성이 개입될 여지가 없다.

'해결'의 사전적 의미는 "제기된 문제를 해명하거나 얽힌 일을 잘 처리함."이다. '풀이'와는 매우 다른 측면이 담겨 있다. 문제에서 요구하는 결과가 아니라 문제 자체에 초점을 둔 정의이다. 문제를 해명한다는 것은 문제 자체에 대해 사고한다는 것이기 때문이다. 다음으로 '얽힌 일의 처리'에서 정해진 방법이 아니라 나름의 접근을 허용하는 의미를 발견할 수 있다. 모범적인 풀이를 모방하기보다는 나름의 노하우와 노력을 통하여 처리한다는 의미도 담겨 있다. 그러므로 '문제해결'에는 창의적인 접근을 허용하거나 권장하는 어감이 담겨 있다.

폴리아의 이론을 '문제해결 교육이론'이라고 요약하여 칭하는 관례는 앞서의 의미 차이를 고려할 때 매우 적절해 보인다. 물론 '문제해결'의 의미를 담아 '문제풀이'라고 표현하는 경우에는 아무런 문제가 없다. 그러나 저자가 수학교사 연수나 다른 기회를 통하여 확인한 바에 따르면, 문제해결이 아니라 문제풀이의 의미에 입각하여 수학 문제해결 교육을 논의하는 경우가 왕왕 있었다. 이런 경우에는 수학 문제해결 교육에 대한 논의가 제대로 이루어지기 어려우며, 그와 관련된 다른 논의 역시 방향을 잃게 된다. 흐트러진 논의의 방향을 바로잡기 위해서는 문제풀이와 문제해결의 의미 차이를 고려해야 한다.

나. 불필요한 대수화의 폐해

3장에서 다음 문제 상황에 대한 학생들의 반응을 간략하게 제시하였다. 초등학생들이 중·고등학생들보다 근소한 차이지만 높은 정답률을 보였고, 문제를 해결하기 위한 시도를 훨씬 더 많이 했다는 점에 대하여 이미 주목했다. 이하에서는 문제해결과 창의성의 관계에 비추어 학생들의 응답을 살펴본다.

3*l*와 5*l* 들이 물통이 있다. 이 두 물통을 이용하여 정확히 4*l*의 물을 담아라.

조사에 참여한 초등학교 6학년, 중학교 2학년, 고등학교 1학년 한 학급 학생들의 응답을 다시 한 번 표로 제시한다.

표 4-1 문제에 대한 학생들의 응답

	초등학교 6학년	중학교 2학년	고등학교 1학년
정답률	28%	26%	27%
문제 이해	44%	56%	70%
풀이 시도	89%	55%	33%
배운 수학과의 관련성	17%	28%	35%
좋은 문제 여부	60%	67%	57%

답안지에 무엇인가 적으면서 해결을 시도한 경우는 초등학생들이 압도적으로 많았다. 고등학생들의 경우에는 3분의 1정도만 시도한 반면, 초등학생은 89%나 시도하였다. 고등학교 학생들은 배운 수학과 관련된 것으로 보는 학생들(35%)과 해결을 시도한 학생들(33%)의 비율이 비슷하였다. 그리고 해결을 시도했음에도 실패한 고등학생들은 모두 문자를 사용하여 연립방정식을 세웠다. 좋은 문제인가 하는 질문에 대해서는 뜻밖에도 대체로 긍정적인 답을 하였다. 긍정적으로 답한 이유를 제시하도록 했는데, 학교급에 상관없이 대체로 비슷하였다. 초등학생들의 경우, '재미있어서', '생각을 깊이 해야 해서' 등의 답을, 중학생들의 경우, '금방은 알 수 없어서', '도전문제 같아서', '재미있게 보여서' 등의 답을 제시하였다. 고등학생들은 당장 풀리지 않는다는 점을 지적하거나 '재

미있어서'라고 간단히 답한 것이 대부분이었다. 좋은 문제라고 생각한 비율이나 이유가 학년에 따라 큰 차이가 없다는 점도 놀라웠다. 이 결과를 놓고 볼 때, 문제풀이 중심의 수학학습이 문제해결력을 함양하는 데에 별로 도움이 되지 않음을 알 수 있다.

고등학생들이 시도했으나 실패한 방법 중 하나는 다음과 같다.

(1) $4l$를 x로, $5l$를 y로, $5l$를 z로 놓는다.

(2) 주어진 조건을 고려하여 $2x=y+z$, $2=y-z$, $x=2+y-z$로 나타낸다.

(3) 연립방정식을 풀이한다.

1장에서 더 이상 수학적인 업적을 내지 못하는 노수학자가 쓴 시가 떠오를 것이다. 학생들의 풀이는 그 노수학자의 시를 닮았다. 수학적인 언어로 쓰여 있으나 수학이 없다. 학생의 입장에서는 교과서에 제시되어 있는 문제해결 단계를 따랐고, 수학적인 기호로 적절히 나타낸 것이었다. 미지수가 세 개이고 식도 세 개이므로 이제 답을 구하는 일만 남았다고 생각했을 것이다. 그러나 학생들이 얻은 것은 처음부터 알고 있던 것, $x=4$, $y=5$, $z=3$이다.

비교해볼 수 있는 사례가 있다. 프랑스의 그레노블 수학학습 연구센터[110]라는 곳에서 “배 위에 26마리의 양과 10마리의 염소가 있다. 선장의 나이는?”이라는 문제를 제시하고 학생들의 반응을 분석하였다. 많은 학생들이 26과 10을 더하거나 빼거나 여하튼 알고 있는 수학적인 연산을 사용하여 선장의 나이를 구했다고 한다. 많은 학생들이 양과 염소의 수가 선장의 나이와 어떤 관련이 있는지 의심하지 않았고, 식을 세워 계산하고 답을 구하였다. 이 사례를 놓고 수학교육 연구자들 사이에서 심각한 논의가 벌어졌고, '수학교육의 부작용'에 대한 경각심이 널리 공유되었다.[111]

크루테츠키의 다음 글에 제시된 길리야라는 학생에 대한 관찰기록도 같은 맥락에서 이해할 수 있다.

---

110 Institute of research in mathematics learning of Grenoble

111 Freudenthal(1991) 참고

한 번은 오류가 있는 문제[112]를 제시하고 학생의 반응을 살펴보았다. "5로 나눈 나머지가 7이 되는 수를 나타내는 일반적인 식을 세워 보아라."라는 문제였다. 길리야는 다음과 같이 답하였다. "일반적으로, 이런 경우들은 승수 x[113]와 제수 y, 그리고 나머지 z를 이용하여 나타낼 수 있어요. 그러니까 모든 수들을 $xy+z$로 나타낼 수 있습니다. 이 문제에서는 $x\cdot 5+7$이 됩니다." 이 학생은 스스로 그렇게 표현했듯이, "기계적으로" 문제를 해결하였다. 일반적인 형태로 해당하는 수들을 표현하고, 주어진 조건을 대입하여 문제를 해결하였다. 결국 자신이 무엇을 잘못했는지 알아채지 못하였다.[114]

길리야는 수학적으로 탁월한 재능을 가지고 있었음에도 불구하고 기계적으로 문제를 해결하는 습관을 가지고 있었으며, 그렇게 하다가 아주 간단한 오류도 찾아내지 못했음을 기록하고 있다. 수학에서 식을 세운다는 것은 일반성을 다루기 위한 전략이며, 많은 경우에 문제해결의 도구가 되지만, 간혹 초보적인 오류조차 인식하지 못하게 한다는 것을 알 수 있다. 영화 속 수학문제의 경우에도 마찬가지 현상으로 이해할 수 있을까. 문제해결을 위해 무작정 식부터 세웠던 고등학생들의 생각이 궁금하여 별도로 면담을 진행하였다. 학생들은, "식을 세우면 문제를 풀 수 있을 것 같았습니다", "식을 세울 수 있을 때에는 세우는 것이 유리하다고 생각합니다" 등을 의견으로 제시하였다. "$x=4$, $y=5$, $z=3$이라는 것을 이미 알고 있는데, 다시 방정식을 세우는 이유가 무엇인가요?"라고 물었을 때, 학생들이 무언가 잘못되었다는 것을 알아챌 것으로 기대했다. 그러나 학생들은 미지수의 의미와 방정식을 세우는 이유를 몰랐고, 식에 대한 믿음을 버리지 않았다. 1장에서 소개한 손필드의 연구에 참여한 학생들처럼, 자신이 주어진 문제를 해결할 수는 없지만 방정식을 세울 수는 있다는 것을 드러내기 위한 것이었을지도 모른다.

112 크루테츠키의 원저를 영어로 번역한 책에서 unrealistic problem이라고 표현했던 것을 논의 맥락을 고려하여 '오류가 있는 문제'로 번역하였다.

113 우리말로는 피제수라고 표현하는 것이 자연스러운데, 원문에서 학생이 multiplier라고 표현하고 있어서 원문의 느낌을 살리기 위하여 '승수'라고 번역하였다.

114 Krutetskii(1976), p. 207 참고

방정식을 중시한 수학자는 데카르트이다. 그는 "어떤 수학 문제이든 대수 문제로 환원하여라", "어떤 대수 문제이든 한 방정식의 풀이로 환원하여라"라고 하였다. 그러나 데카르트가 원했던 것과는 매우 다른 사태가 벌어졌다. 데카르트가 방정식을 비롯한 대수적 관점을 강조하면서 추구했던 것은, 인간이 거대한 '기계'인 우주와 자연을 체계적으로 탐구하고 설명하는 존재로 살아가는 것이었다. 그 방법으로 고대 그리스 이래 면면히 이어져오던 기하학을 '기계적인 세계관'에 적합한 형태로 바꾸는 것을 택하였다. 데카르트의 시도를 '기하의 대수화'로 표현한다. 데카르트가 단지 철학서의 부록으로 간략하게 제시한, 대수적 접근에 의한 기하는 이후 많은 수학자에게 영향을 미쳤다.[115]

데카르트는 어지럽고 복잡하게 연구되었던 다양한 곡선들을 '방정식'으로 나타내고, 분류하여 체계적으로 다룰 수 있었다. 해킹은 데카르트가 방정식을 이용하여 기존의 기하를 새롭게 다룰 수 있었던 것을, 수학에 수학을 적용한 놀라운 예라고 하였다.[116] 기하와 대수는 수학 내에서 그 발생적 근원이 전혀 달랐는데, 데카르트에 이르러 서로 연결되었고 그 연결이 수학의 발달에 큰 역할을 하였다. 데카르트가 보여준 수학적 창의성은 '기존의 수학을 새로운 표현방법으로 나타내어 체계화' 한 것으로 요약할 수 있다. 그런데 데카르트가 사용했던 대수적인 표현방법이 데카르트 이후의 수학과 수학교육에는 '불필요한 대수화'라는 부작용을 낳기도 하였다. 대수적인 해법은 명확성과 효율성을 특징으로 하는데, 항상 그런 것은 아니고 적절하게 표현하고 조작했을 때에만 그러하다. 만약 꼭 필요하지 않은 상황에서 번거로운 공식과 과도한 일반화에 의존하여 문제를 해결한다면 문제를 해결하는 의의가 사라지기도 한다. 특히, 오락처럼 흥미롭게 해결하던 문제를 대수적인 법칙에 따라 해결할 때에는, 데카르트가 미처 생각하지 못한, 부정적인 의미에서의 기계적인 수학만 남게 된다. 히퍼는 르네상스 시기에 수학 내부에서 진행한 과도한 대수적 접근으로 인하여 흥미로운 수학 문제들이 대부분의 수학교재에서 사라졌으며, 일부 남아 있는 것

115 Garber(2002) 참고
116 Hacking(1980) 참고

조차 대수적으로 다룸으로써 전혀 흥미롭지 않은 것이 되었다고 한탄하였다.[117]

지나친 대수적 접근 때문에 흥미로운 수학 문제가 교재에서 사라졌다는 것과 별개로, 대수적 사고를 제대로 배울 기회를 제공하지 못한다는 점도 문제로 지적되어 왔다. 예를 들어 스테이시와 맥그리거는 학생들이 형식언어인 대수를 충분히 소화하지 못한 채로 피상적인 모방과 맹목적인 반복에 의하여 학습하기 때문에 의미 없는 식을 세운다고 지적하였다.[118] 앞서 고등학생들이 보여준 반응도 이 지적에 비추어보면 부적절한 대수 학습에 따른 결과임을 알 수 있다. 학생들 중 식을 세울 필요가 있는지 없는지 그리고 자신이 세운 식이 어떤 의미를 가지는지를 판단하지 못하는 경우가 매우 많았다. 그렇다면 이제 관건은 학생들이 의미 없는 식을 세우지 않도록 지도하거나 또는 이미 세운 식이 의미가 없다는 것을 알아채도록 지도하는 방법이다. 앞서 언급한 히퍼 그리고 폴리야는, 학생들에게 친숙하고 창의적인 방법, 가령, 시행착오와 기발한 아이디어 등에 의한 문제해결 경험을 강조하였다.[119] 이 경험만으로 가치가 있다는 것은 아니고, 이렇게 하는 것이 문제에 대하여 파악하는 기회를 제공한다는 점에서 중요하다. 문제를 잘 이해한다면 식을 세울 필요가 있는지, 세운 식이 의미가 있는지를 판단할 수도 있기 때문이다. 결국 문제에 대하여 이해하도록 그리고 나름대로의 해결 전략을 다양하게 찾아보도록 해야 불필요한 대수화의 폐해를 줄일 수 있다.

다. 거꾸로 생각하기

영화 속 문제는 식을 세우는 대신 다음과 같은 과정에 의하여 해결할 수 있다.

(1) $5l$ 들이의 물통에 물을 가득 채운다.

(2) $5l$ 들이 물통에 있는 물을 $3l$ 들이 물통에 부어 $2l$를 남긴다.

---

117 Heeffer(2014) 참고

118 Stacey & MacGregor(1997) 참고

119 이 제안을 받아 들여 수업을 설계한 것이 11장에 소개되어 있다.

(3) $3l$ 들이 물통을 비운 후, $5l$ 들이 물통에 있는 $2l$의 물을 붓는다.

(4) $5l$ 들이의 물통에 물을 채운 후, $2l$의 물이 담겨있는 $3l$ 들이의 물통에 물을 부어 채운다. 이제 $5l$ 들이의 물통에는 $4l$의 물이 남게 된다.

이와 같은 해결과정을 학생들의 눈으로 보면, 대수적이지 않을 뿐 아니라 수학적이지도 않은 것처럼 보일 수 있다. '비운다', '붓는다', '채운다', '남는다' 등 일상 언어적인 표현 외에 학생들이 '수학적 언어'라고 인정할 만한 것은 $3l$, $4l$, $5l$라는 주어진 조건뿐이기 때문이다. 실제로 조사에 참여했던 학생들에게는 위의 과정을 제시하고 함께 생각해보는 기회를 가졌었다. 상당수 학생들은 위의 과정이 모범적인 풀이라고 생각하지 않았고, '모범답안과 풀이'가 별도로 있을 것으로 생각하였다. 물을 이리저리 옮기다가 답을 얻은 것 같다고 말한 학생도 있었다. 그러나 이것은 분명히 수학적인 생각을 활용하여 해결한 과정이다. 영화 속 주인공이 단번에 문제를 해결한 것도 우연이라기보다는, 수학적인 통찰에 의한 것이라고 보아야 할 것이다.

위의 해결 과정은 폴리야가 '거꾸로 생각하기'라고 명명한 전략에 따른 것이다. 폴리야는 거꾸로 해결하는 방법을 매우 강조하면서, 지혜로운 사람은 거꾸로 생각하고, 어리석은 사람은 앞에서부터 생각한다고 하였다.[120] 문제해결 과정에서 거꾸로 생각하는 것의 출발은 문제가 해결되었다고 상상하는 것이다. 앞의 문제에서 문제를 해결한 모습은 $4l$의 물을 담아낸 상태이다. 거기서부터 거꾸로 문제해결에 이르는 경로를 찾아가는 것이 핵심이다.

(1) 문제가 해결되었다고 하자. 그러면, $5l$ 들이의 물통에 $4l$의 물을 담을 수 있다.

(2) $5l$ 들이 물통에 물을 가득 부은 후, 정확히 $1l$만 덜어낼 수 있으면 된다.

(3) $3l$ 들이 물통에 $2l$의 물을 담을 수 있으면 정확히 $1l$를 덜어낼 수 있다.

(4) $5l$ 들이 물통에 물을 가득 부은 후, $3l$ 들이 물통에 가득 부으면, $5l$ 들이 물통에는 $2l$의 물이 남는다. 이 $2l$의 물을 $3l$ 들이 물통에 옮기면 된다.

120 Polya(2005) 참고

문제가 해결된 모습을 상상하면서 차근차근 거슬러 올라가다가 주어진 것만으로 가능한 지점에 도달하면 문제가 해결된다. 이렇게 거꾸로 생각하다 보면, 주어진 조건이 언제 필요한지, 그것을 어디에 어떻게 적용할 것인지를 자연스럽게 알 수 있다. 이렇게 해서 출발 지점에 도달하고 나면, 다음과 같이 전체 과정을 다시 거꾸로 하면 된다. 거꾸로 생각하는 방법은 결국 두 번의 역행(逆行)을 하게 된다. 해결된 지점에서 출발 지점으로 역행하는 것, 그리고 역행한 것을 다시 역행하여 해결과정을 제시하는 것이 그것이다.

표 4-2 ○ **거꾸로 생각하는 과정과 문제해결 과정의 비교**

거꾸로 생각하는 과정	문제를 해결하는 과정
(1) 문제가 해결되었다고 하자. 곧, $5l$ 들이의 물통에 $4l$의 물을 담았다고 가정하자. (2) $5l$ 들이 물통에 물을 가득 부은 후, 정확히 $1l$만 덜어낼 수 있으면 된다. (3) $3l$ 들이 물통에 $2l$의 물을 담을 수 있으면 정확히 $1l$를 덜어낼 수 있다. (4) $5l$ 들이 물통에 물을 가득 부은 후, $3l$ 들이 물통에 가득 부으면, $5l$ 들이 물통에는 $2l$의 물이 남는다. 이 $2l$의 물을 $3l$ 들이 물통에 옮기면 된다.	(1) $5l$ 들이의 물통에 물을 가득 채운다. (2) $5l$ 들이 물통에 있는 물을 $3l$ 들이 물통에 부어 $2l$를 남긴다. (3) $3l$ 들이 물통을 비운 후, $5l$ 들이 물통에 있는 $2l$의 물을 붓는다. (4) $5l$ 들이의 물통에 물을 채운 후, $2l$의 물이 담겨있는 $3l$ 들이의 물통에 물을 붓는다. 이제 $5l$ 들이의 물통에는 $4l$의 물이 담겨 있게 된다.

조사에 참여한 학생들에게 거꾸로 생각하는 방법을 안내했을 때 문제를 해결한 학생들과 해결하지 못한 학생들 모두가 매우 신기해하였다. 초등학생이나 중학생, 고등학생 모두 큰 차이 없이 흥미로워하였다. 영웅의 마술 쇼가 아니라 그리고 수학적인 식과 기호가 아니라 거꾸로 생각한다는 수학적인 문제해결 전략에 의해 해결할 수 있는 문제라는 것이 학생들을 놀라게 하였다. 놀라움은 창의성과 밀접하게 관련되어 있는 정서 중 하나이다.[121] 여기서 주목할 만한 점은, 거꾸로 하는 사유가 파푸스 시대까지 거슬러 올라가는 가장 오래된 수학적 사유의 전통 중 하나라는 것이다. 그러므로 전통에 따르는 것이 수

121 놀라움이라는 정서와 창의성 사이의 관계에 대해서는 상당히 많은 연구가 이루어져 왔다. 가령, 놀라움은 긍정적인 마음을 자극하여 적극적으로 창의성을 발휘하게 한다는 것이 알려져 있다(Filipowicz, 2006).

학적 창의성을 발휘하는 기회 그리고 수학적 창의성을 교육하는 기회를 제공한다는 점을 알 수 있다.

폴리야는 철학과 교육학에서 지식을 '명제적 지식(knowing that)'과 '방법적 지식(knowing how)'으로 구분하는 방식을 확인하고, 수학의 본질은 방법적 지식이라는 결론을 내렸다. 그는 과거의 수학자들이 전통적으로 독자적인 사고 방법을 활용하여 수학을 발전시켜 왔다는 데에 주목하였고, 그러한 사유의 전통을 무시하는 수학교육을 신랄하게 비판하였다. 폴리야가 처음 연구결과를 발표한 1940년대 이후 오늘날까지 방법적 지식을 지도하는 것이 수학교육의 중대한 과제라는 점은 논란의 여지가 없다. 폴리야는 수학에서의 방법적 지식을 문제해결 전략으로 명쾌하고도 유용하게 재진술하고 흥미로운 예와 더불어 수학교육의 주요 방법으로 제안하였다.

영화 속 문제를 해결하는 방법적 지식인 거꾸로 생각해 보는 방법은 길포드가 제시한 발산적 사고 중 유연성과 밀접하게 관련된다. 거꾸로 생각한다는 것은 관점을 전환하는 것에 해당하기 때문이다. 길포드가 심리학회에서 했다는 유명한 연설은 1950년의 일이고 폴리야의 책이 출판된 것은 1945년이다. 거꾸로 생각하기, 더 단순한 문제로 바꾸어 해결해보기 등 폴리야가 제시한 전략들은 다양한 분야의 문제해결 연구 그리고 창의성을 비롯한 사고력 함양 프로그램의 핵심적인 내용이 되었다. 아다마르와 더불어 폴리야도 수학을 넘어 일반 창의성 연구에서 선구적인 역할을 한 것으로 볼 수 있다.

폴리야는 수학문제를 '답을 구하는 문제'와 '증명하는 문제'로 구분하였다. 그리고 각각의 구성요소와 그 구성요소를 고려하여 해결의 단서를 구하는 방법을 체계적으로 분류하여 예와 더불어 제시하였다. 답을 구하는 문제는 '미지의 것 또는 구해야 하는 것', '주어진 것 또는 자료', 그리고 '미지의 것과 주어진 것 사이의 관계를 나타내는 조건'으로 이루어진다. 답을 구하는 문제를 해결할 때, 이 세 가지 요소를 효과적으로 이해하고 조절해야 단서를 찾고 적절히 해결할 수 있다. 증명하는 문제는 '가정'과 '결론'으로 이루어진다. 역시 이 두 가지 요소에 관련된 사전 지식, 경험, 생각을 적절히 기억하고 조절하는 것이 중요하다.

폴리야는 답을 구하는 문제와 증명하는 문제의 구성 요소에 적절히 주목하고 해결 방안을 생각하게 하는 전략들을 '발견술(heuristic)'이라는 용어로 표현하여 제시하였다. 그가 제시한 발견술은 보통의 학생들이 배워 활용함으로써 스스로 문제를 해결할 수 있도록 하기 위한 것이었다. 자연스럽게 폴리야가 제시한 수학교육의 기본 원리는 '모방'과 '연습'이다. 그의 저서 《수학적 발견》의 서문에 이와 같은 관점이 명확하게 드러난다.

> 문제해결은 수영, 스키, 피아노 연주처럼 실제적인 기술이며, 오직 모방과 연습에 의해서만 배울 수 있다. (중략) 수영을 배우려면 물속에 들어가야 하듯이, 문제를 잘 해결하려면 문제를 많이 해결해 보아야 한다.

위에 나타난 폴리야의 생각은 오해의 여지가 있다. 앞에서 '문제풀이'라고 불렀던 입장에 가까운 것으로 해석할 수 있는 것이다. 위에서 '모방'과 '연습'이라는 표현이 이러한 해석을 가능하게 한다. 모방과 연습은 고정된 어떤 능력을 기르는 학습 방법이라는 이미지가 강하기 때문이다. 문제해결 전략이 마치 고정된 능력이고 누구나 정해진 경로와 방법에 따라 배울 수 있는 것으로, 가령 교과서 뒤에 제시한 풀이를 그대로 따라 하면 되는 것으로 생각할 수 있다. 그러나 폴리야가 모방과 연습의 대상으로 제시한 발견술은 고립된 지식과는 성격이 완전히 다르다. 단기간에 따라 할 수 없는, 매우 수준 높은 사고능력이기 때문이다. 결국 폴리야의 이론에서 모방과 연습은 학교수학을 수학답게 이해하고 학습해야 한다는 것을, 소박하고 실현 가능한 형태로 표현한 것으로 받아들여야 한다는 것을 알 수 있다.

라. 여유가 주는 기회

영화 속 수학문제를 해결하도록 했던 고등학교 학생들 중 한 명이 며칠 후 저자에게 이메일을 보내 왔다. 학생이 가지고 있던 책[122]에서 다음과 같은 전략과

122 후에 확인해보니 당시에 학생이 읽었던 책은 박경미(2006)의 《수학콘서트》였다. 원래 영화에서

더불어 학교에서 배운 것과는 다른 풀이가 제시되어 신기했다는 내용이었다.

- 작은 통을 채워 큰 통에 옮기고, 큰 통이 가득 찰 때까지 과정을 반복한다.
- 큰 통이 가득 차면 비운다.
- 작은 통에 남아 있는 양을 큰 통에 옮긴다.

표 4-3 ○ 8단계 해결 과정

		3갤런	5갤런
1단계	3갤런 통을 채운다.	3	0
2단계	3갤런 통의 물을 5갤런 통에 옮긴다.	0	3
3단계	3갤런 통을 다시 채운다.	3	3
4단계	3갤런 통의 물 중 2갤런을 5갤런 통에 옮겨 채운다.	1	5
5단계	5갤런 통을 비운다.	1	0
6단계	3갤런 통에 남은 1갤런을 5갤런 통에 옮긴다.	0	1
7단계	3갤런 통을 다시 채운다.	3	1
8단계	3갤런 통의 물을 5갤런 통에 옮겨 4갤런을 만든다.	0	4

이 학생은 책에 제시된 풀이가 앞의 표에 있는 바와 같이 8단계인데, 수업 중에 배운 거꾸로 생각하는 방법에 따라 해결하면 다음과 같이 6단계가 되어 더 효율적이라고 하였다. 두 방법의 차이는 처음에 큰 물통을 채우는가 아니면 작은 물통을 채우는가에 있는데, 큰 물통을 먼저 채우는 것이 더 효율적이라는 점을 발견했다고 기뻐하였다.

이 문제는 '물병 퍼즐(Jugs puzzle)'이라고 불린다. 다음과 같은 매우 간단한 정리가 그 배경에 감추어져 있다.

두 정수 a, b의 최대공약수를 d라고 하면, 적당한 정수 s, t가 존재하여 $d=as+bt$이다.

갤런 단위를 사용하여 문제를 제시했는데, 우리나라 학생들에게 갤런이 낯선 단위로 보여서 리터 단위로 바꾸어 문제를 제시했다. 박경미의 책에서는 영화에 나온 대로 갤런 단위를 따르고 있으며, 해결 과정도 약간씩 다르게 서술되어 있다. 동일한 상황을 다르게 표현하여 다소간 혼란스럽지만, 학생들에게 제공한 문제 상황이나 책의 내용을 그대로 제시하는 것이 적절하다고 생각하여 그렇게 하였음을 밝혀 둔다.

표 4-4 6단계 해결 과정

		$3l$	$5l$
1단계	$5l$ 물통을 채운다.	0	5
2단계	$5l$ 물통의 물을 $3l$ 물통에 붓는다.	3	2
3단계	$3l$ 물통을 비운다.	0	2
4단계	$5l$ 물통의 물을 $3l$ 물통에 붓는다.	2	0
5단계	$5l$ 물통을 채운다.	2	5
6단계	$5l$ 물통의 물을 $3l$ 물통에 붓는다.	3	4

영화 속 문제 상황에서 3, 5는 서로소이므로 최대공약수가 1이다. $1=3\times(-3)+5\times2$로 나타낼 수 있고, 모든 정수 n에 대하여 $n=n\{3\times(-3)+5\times2\}$이다. 그러므로 주어진 두 물통만을 사용하여 모든 정수 n에 대하여 nl를 담아낼 수 있다. 가령, 영화에서 $4l$ 대신 $2l$의 물을 담으라고 해도 문제를 해결할 수 있다는 것이다. 최대공약수가 1이 아닌 경우, 최대공약수의 배수인 양의 정수에 대해서만 물병 퍼즐을 해결할 수 있다. 예를 들어, 영화 속 문제가 "$3l$와 $6l$ 들이 물통이 있다. 이 두 물통을 이용하여 정확히 $4l$의 물을 담아라."였다면 문제를 해결할 수 없었다는 것이다.

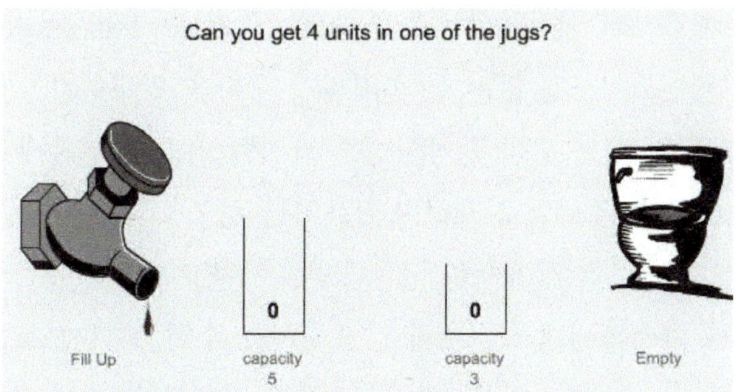

그림 4-1 웹사이트에 제시된 물병 문제

학생과 이메일을 주고받으면서 '해결할 수 있는 문제'와 '해결할 수 없는 문제', '거꾸로 생각하는 방법의 장점' 등에 대한 의견을 나누었다. 위의 그림과 같이 외국의 웹사이트에서 제공하는 '물병 퍼즐'[123]도 확인하고 이에 대해서도 논의하였다. 여러 차례 생각한 것들을 이메일로 보내주면서 이 학생은, 자신이 수학을 포기하였고 그래서 한가하게 자꾸 이 문제를 고민할 수 있다고 하였다. 이 학생에게 수학을 포기하지 말고 다시 도전하기를 권하였다. 그리고 학생의 의견 중에 창의적인 것들이 있었다고 답했더니, 연구실로 찾아와 질문하기까지 하였다. 그 학생이 뜻밖의 경험과 칭찬에 어리둥절해하던 표정을 잊을 수가 없다. 그 학생은 '문제풀이'가 아니라 '문제해결'을 경험하였다. 얽혀 있는 것이 있다는 것을 확인했고, 나름의 직관과 노력에 의하여 그것을 해결하려고 시도하였다. 더디게 진행했지만 방법적 지식으로서의 수학을 경험했고, 더 새로운 측면과 더 유용한 성질을 추구하는 태도를 보였다. 깊이 그리고 여유롭게 한 문제를 가지고 고민하면서 수학을 즐기는 모습이었다. 아이러니하게도 그 학생이 말한 것처럼, 수학을 포기했기에 그런 여유를 가질 수 있었는지 모른다. 학생들이 여유 없이 문제만 반복하여 풀다가 놓친 것은 바로 창의성 함양의 기회라는 것을, 그 학생과의 인상적인 상호작용으로부터 확신할 수 있었다.

마. 지도 방법으로서의 질문

한 명의 사례로부터 일반화할 수는 없지만, 현재 우리나라의 수학교육 체계 내에서는 수학을 포기하지 않는 한 한가하게 수학을 탐구하기 어렵고, 그러면 자신에게 내재되어 있는 수학적 창의성을 확인할 기회도 부족해 보인다. 교사는 창의성 교육의 위험 요인을 제어하고 유익한 것으로 바꾸어놓을 수 있는 중요한 위치에 있다. 앞 절에 제시한 고등학생의 사례로부터 엉뚱한 방향으로 시사점을 얻어서 학생들에게 학교수학을 포기하고 수학을 하라고 할 수는 없을 것이다. 어떻게 하면 학교수학을 하면서 수학을 하도록 할 수 있을지, 학생들이 각자의 수학적 창의성을 발휘하도록 수업할 수 있을지가 관건이다. 먼저 고민했던 폴리야의 조언을 확인하고 오늘의 맥락에서 그 의미를 도출해 보자. 폴리야

123 http://www.mathsisfun.com/games/jugs-puzzle.html

가 가장 강조했던 수학적 문제해결 교육의 방법은 다음 장면에 나타나 있다.[124]

교 사: 다시 말해 보세요. 모르는 것이 무엇이죠?

학생들: (선분 AB의 길이라고 답해야 하는데 조용하다.)

교 사: 여기서 모르는 것을 어떻게 구해야 할까요?

학생들: (대답이 없다.)

교 사: 이 선분의 길이를 어떻게 구해야 할까요?

학생들: (대답이 없다.)

교 사: 이 선분의 길이를 구하려면 어떤 자료를 이용해야 할까요?

학생들: (대답이 없다.)

교 사: 전에 이런 문제를 풀어본 적이 없나요? 선분의 길이를 구하는 문제 말이에요.

학생들: (대답이 없다.)

교 사: 그림을 봅시다. 선분 AB가 보이죠? 선분 AB의 길이를 몰라요. 길이를 알고 있는 선분은 어떤 것이죠?

학생들: 선분 AC의 길이요.

교 사: 좋아요. 길이를 알고 있는 다른 선분은?

학생들: 선분 BC요.

교 사: 선분 AB, 선분 AC, 선분 BC의 위치를 잘 보세요. 어떻게 되어 있죠?

학생들: (세 선분이 삼각형 ABC를 이룬다는 답을 하지 못한다.)

교 사: 삼각형 ABC는 어떤 삼각형이죠?

학생들: (대답이 없다.)

폴리야는 교육에 의하여 문제해결력을 향상시킬 수 있다고 믿었다. 오늘날에는 이렇게 믿는 연구자와 교사들이 많지만, 폴리야가 활동하던 시기에는 그렇지 않았던 것 같다. 폴리야가 제시한 방법은 강요나 설명이 아니라 질문과 권고

124 Polya(2005) 참고

에 의해 수학을 가르치는 것이다.[125] 위의 장면에서 학생들은 교사의 질문에 제대로 된 답을 하지 않는다. 우리나라 수학수업에서도 이 정도로 학생들의 반응이 없는 경우는 드물다. 물론 폴리야가 활동했던 시기를 생각하면, 오래 전 수업 상황이기는 하다. 이 대화에서 교사는 학생들이 삼각형 ABC가 직각삼각형이라는 것을 발견하고, 피타고라스 정리를 적용하여 문제를 해결하기를 기대하면서 질문을 하고 있다. 만약 "직각삼각형 ABC가 보이죠? 여기에 피타고라스 정리를 적용해 보세요."라고 직접적인 힌트를 제공했다면 어땠을까? 문제를 해결하지 못했던 학생들 중 일부가 해결했을 것이다. 그러나 스스로 생각하여 해결한 것이 아니기 때문에, 다음에 다시 비슷한 문제를 만났을 때 해결할 것이라고 기대할 수는 없다. 그러므로 폴리야는 아무리 학생들이 답하지 않아도 질문과 권고에 의하여 수학을 가르쳐야 하고, 그렇게 해야만 수학적 문제해결력을 교육할 수 있다고 주장한 것이다.

폴리야가 교수실험을 한 것은 아니다. 이론적으로 그리고 자신의 경험을 성찰하여 다소간 주관적이고 선언적인 설명을 제시하고 있다. 다음과 같은 우리나라의 한 수학수업은 폴리야가 제시한 것보다 훨씬 나은 모습이다.

> 교사: 그렇죠! 모두 분수죠. 그러면, 모두 분수죠? 그러면 오늘 이 분수랑 관련된 것 중에 오늘 공부할 내용이 뭐라고 예상할 수 있을까요? 자 오늘 뭘 배운다고 생각을 할 수가 있다고 누가 다시 한 번 얘기할 수 있을까요? 저기 부근이.

---

125 폴리야는 question이라는 용어를 사용하였다. 그런데 question을 질문이 아니라 발문으로 번역하는 경우가 종종 있다. 학생이 몰라서 하는 질문과 교사가 알고 있으면서 의도적으로 하는 질문을 구분하기 위한, 우리나라 교육연구 공동체의 오랜 전통이다. 여기서는 그냥 질문으로 번역하려고 하는데, 다음 두 가지 이유 때문이다. 첫째, 설명, 증명, 이의제기 등 수업중에 하는 다양한 행동을, 학생이 하느냐 교사가 하느냐에 따라 용어까지 달리하여 구분할 필요는 없다고 생각하기 때문이다. 또, 교사는 어떤 행동을 하건 간에 학생과는 근본적으로 다른 의도를 가지고 있다고 보아야 할 것이다. 둘째, 질문이라는 용어 자체가 권고와 마찬가지로 특별한 문장의 형식을 가리키며, 그 특별한 문장형식이 기존의 설명 중심 교육에 반하여 새롭게 제안한 관점을 핵심적으로 표현하기 때문이다. 다시 말하여, 교사가 해야 할 것은 설명보다는 질문이어야 한다는 것을 강조하기 위하여 질문이라는 용어를 그대로 사용할 것이다.

부근: 제 생각에는 여러 종류의 분수에 대하여 배울 것 같습니다.

교사: 아, 여러 종류의 분수에 대해 공부할 것 같다! 그럴 것 같아요? (네) 그럴 것 같아요? (네) 자 오늘은 뭘 배우냐면 오늘은 분수의 종류를 이해하고 분류하는 공부를 한 번 해 보도록 하겠습니다. 뭘 공부한다고? 뭘? 뭘 공부한다 했어 지금? 여진이!

여진: 분수의 종류를 알아본다고 말하였습니다. 아 그 우리의 단원명이 분수의 종류를 알아보는 것이었습니다.

교사: 분수의 종류를 알아보는 것이었어요? 다시 우리 지금 방금 뭘 공부한다고 얘기했었는데 선생님이, 민주!

민주: 분수를 이해하고 분류한다고 하였습니다.[126]

위에서 교사는 계속해서 질문을 하고 있다. 폴리야가 제시한 수업장면과 달리 우리나라 학생들은 교사가 묻는 것에 적극적으로 답하고 있다. 비록 교사가 주로 하는 질문은 문제해결에 관련된 것이 아니라 그 시간에 다룰 학습목표에 대한 것이지만, 학생들로 하여금 생각할 시간을 주는 것으로 보인다. 김도한 외의 연구에서는 이 수업을 진행한 교사가 '창의적인 의사소통'을 통하여 개념을 찾아가는 방식으로 지도하고 있다고 설명하였다. 여기서 '창의적인 의사소통'의 의미가 분명하지는 않지만, 교사가 답을 제시하는 것이 아니라 질문하는 입장에 서는 것이 그 특징이라는 것은 분명하다. 폴리야는 왜 질문을 통하여 수학을 지도해야 하는지를 나름의 논리에 의하여 설명하였다. 먼저 교사는 당연히 어려움에 직면한 학생을 도와주어야 하는데, 그때 줄 수 있는 도움이 내적인 것과 외적인 것으로 구분된다고 보았다. 내적 도움은 학생 스스로 문제를 이해하고 해결의 실마리를 도출하도록 돕는 것을 뜻한다. 교사의 도움이 궁극적으로 학생 내부에 변화를 일으키는 것을 의도하기 때문에 내적인 도움이라고 본다. 교사가 주는 내적인 도움을 얻어 문제를 해결하고 나면 학생들은, 교사가 돕지 않을 때에도 스스로 문제를 이해하고 해결할 수 있게 된다. 이와 달리 외

126 김도한 외(2010), pp. 42-43 참고

적 도움은, 가령 피타고라스 정리를 적용해보라고 알려주는 것과 같이 직접적인 힌트를 제공해서 문제를 해결하도록 돕는 것을 뜻한다. 외적 도움에 힘입어 문제를 해결하면, 교사가 없을 때에는 다시 무력해진다는 문제점이 있다. 그렇기 때문에 폴리아는 학생들이 대답하지 않아도 외적인 도움이 아니라 내적인 도움을 주면서 기다려야 한다고 주장하였다.

가르치고 배우는 과정에서 질문의 유용성은 오늘날에도 여전히 널리 인정받고 있다. 국내에서는 그 어떤 교육이론보다 막강한 영향력이 있는 유대인의 교육방식에도 질문이 중요한 위치를 차지하고 있다. 유대인은 2013년 기준 세계 인구의 0.2% 정도인데, 노벨상 수상자의 22%를 차지하고 있어서[127] 노벨상 수상을 국가적인 목표로까지 내세우는 우리의 교육현실에서는 주목하지 않을 수 없는 집단이다. 그들의 교육을 이야기할 때에도 가장 주목했던 점이 바로 질문하는 문화 속에서 성장한다는 것이었다. 유대인 랍비는 답을 말하는 대신 언제나 질문한다는 말을 듣고 한 랍비는 "우리가 그랬나요?"라고 역시 질문에 의하여 답했다는 이야기도 있다. 다음과 같은 폴리아의 질문과 권고 목록은 문제해결 교육의 핵심적인 도구이다.[128]

문제를 이해하는 단계

- 구하는 것은 무엇인가? 주어진 것(자료)은 무엇인가? 구하는 것과 주어진 것 사이의 조건은 무엇인가?
- 구하는 것과 주어진 것 사이의 조건을 살펴보자. 조건이 충분한가, 부족한가, 과잉인가, 서로 상충되는 것은 없는가?
- 조건을 그림으로 나타내어 보자. 적절한 기호를 사용하여 나타내어 보자.
- 조건을 여러 하위 조건으로 분해해 보자. 하위 조건들을 표현할 수 있는가?

풀이 계획을 세우는 단계

- 전에 풀어본 문제인가? 약간 다른 문제를 풀어본 경험이 있는가?

127 www.jinfo.org/Nobel_Prizes.html 참고
128 Polya(1986) 참고

- 관련된 문제를 알고 있는가? 유용한 성질 또는 정리를 알고 있는가?
- 구하는 것에 대해 생각해 보자. 구하는 것이 같거나 비슷했던 문제가 있는가?
- 여기 이 문제는 지금 해결해야 하는 문제와 비슷하고, 전에 풀어본 적이 있다. 어떻게 이 문제를 활용할 것인가? 이 문제를 풀어서 얻은 결과를 활용하겠는가? 풀이 방법을 활용하겠는가? 이 문제와 그 풀이를 활용할 수 있도록 보조선을 그어 보겠는가?
- 문제를 다른 방식으로 나타낼 수 있는가? 또 다른 형태로 표현할 수 있는가? 용어의 정의들을 다시 생각해 보자.
- 현재 주어진 문제를 풀 수 없다면, 관련되어 있는 다른 문제를 풀어 보자. 주어진 문제보다 더 쉬운 문제를 생각해서 풀 수 있는가? 더 일반적인 문제, 더 특수한 문제, 비슷한 문제를 생각해서 풀 수 있는가? 주어진 문제의 일부만 해결할 수 있는가? 조건 중 일부만 사용하고 나머지는 사용하지 않는다면, 구해야 하는 것이 얼마나 정해지며, 그것을 어떻게 바꿀 수 있는가? 주어진 것으로부터 무언가 유용한 것을 이끌어낼 수 있는가? 주어지지 않은 다른 정보 중 어떤 것이 구해야 하는 것에 관련되는지 알 수 있는가? 주어진 것이나 구해야 하는 것, 또는 둘 다를 변형해서 새롭게 주어진 것과 새롭게 구해야 하는 것을 더 관련되는 것으로 만들 수 있는가?
- 주어진 것을 모두 사용했는가? 주어진 것과 구하는 것 사이의 조건을 모두 사용했는가? 문제에 관련된 중요한 개념들을 모두 사용했는가?

풀이 계획을 실행하는 단계

- 계획한 대로 실행하면서 각각의 과정을 살펴보자. 각각의 과정을 바르게 실행했는가? 바르게 실행했다는 것을 입증할 수 있는가?

되돌아보는 단계

- 문제를 해결하여 얻은 결과를 점검할 수 있는가? 문제를 해결한 과정을 점검할 수 있는가?
- 다른 방법으로 같은 결과를 도출할 수 있는가? 문제를 해결하여 얻은 결과를

한눈에 파악할 수 있는가?

- 문제를 해결하여 얻은 결과 또는 문제해결 방법을 다른 문제해결에 활용할 수 있는가?

위에 제시한 질문과 권고들은 문제해결 교육을 어떻게 할 것인가에 대하여 폴리야가 제시한 답으로 볼 수 있다. 그런데 창의성 교육에 대하여 오랜 동안 연구해 온 셰필드 역시 창의성을 어떻게 교육할 것인가에 대하여 질문이 곧 최상의 방법이라고 제안하였다.[129] 8장에서 셰필드가 제시한 질문 목록을 살펴볼 것이다.

바. 교사의 유연성

물론 폴리야가 단지 자신이 제시한 질문과 권고들을 이용하여 지도하기만 하면 문제해결 교육을 할 수 있다고 주장한 것은 아니다. 그렇게 간단하지 않다. 수학이나 과학에서는 위대한 연구자가 최고의 경지에서 내어놓은 최상의 결실이 극도로 간단한 형태인 경우가 많지만, 교육의 사태는 언제나 복잡하고 미묘하다. 앞에서 살펴보았던 영화 속 수학문제로 수업한다고 가정하고, 무엇이 상황을 복잡하게 만드는지 생각해 보자. 교사는 이 문제의 배경에 최대공약수의 성질을 이용한 정리가 들어 있다는 것을 알고 있다. 그러나 "최대공약수를 이용하여 문제를 해결하렴."이라고 직접적인 힌트를 제공해서는 안 된다. 외적인 도움이 아니라 내적인 도움을 주기 위하여 질문이나 권고를 설계하여 준비해야 한다. 하여 폴리야가 제시한 질문과 권고 목록을 살펴본다.[130]

먼저 문제의 이해 단계에 제시할 수 있는 질문과 권고들을 살펴본다. 구하는 것은 무엇인가? 주어진 것은 무엇인가? 구하는 것과 주어진 것 사이의 조건은 무엇인가? 이 세 질문을 하는 것은 문제를 이해하도록 하는 데 도움이 될 것이다. 그런데 구하는 것과 주어진 것 사이의 조건을 살펴보자. 조건이 충분한가,

129 Sheffield(2009) 참고

130 이하의 질문과 권고 목록 검토는 현직교사 한 분이 직접 한 것을 녹취하여 각색한 것임

부족한가, 과잉인가, 서로 상충되는 것은 없는가? 이 권고와 질문에 학생의 입장에서 응답하기가 마땅치 않다. 구하는 것과 주어진 것 사이의 조건을 알려면, 3, 5와 4 사이의 관계를 생각해야 하는데 너무 막연하다. 피타고라스 정리를 배운 학생들에게 이 세 수는 각인되어 있어서, 피타고라스 정리를 떠올리는 학생들도 있을 것이다. 문제는 여기서 피타고라스 정리가 아무런 도움이 되지 않는다는 것이다. 오히려 사고의 고착이 일어나면 문제해결에 방해가 될 뿐이다. 조건이 충분한지, 부족한지, 과잉인지, 서로 상충되는 것은 없는지는 내용을 아는 교사의 입장에서도 파악하기가 어려운 상황이다. 조건을 그림으로 나타내어 보거나 적절한 기호를 사용하여 나타내어 보라는 권고도 이 문제에 대해서는 의미가 없을 것 같다. 자칫 물을 담는 물통을 그럴 듯하게 그리느라 시간만 보낼 수 있다. 적절한 기호 표현이 가능하지도 않고, 상황을 파악하는 데 도움이 되지도 않는다. 그 다음 권고인 조건을 여러 하위 조건으로 분해해 보거나 하위 조건들을 표현하도록 하는 것도 그다지 유용하지 않다. 문제를 이해하도록 하는 질문과 권고를 설계하기가 매우 어려운 상황이다.

결국 문제의 이해를 돕기 위한 질문과 권고는 주어진 조건과 구해야 하는 것을 반복하여 확인하도록 하는 데 그치게 된다.

– 무엇이 있다고 했나요? 물통이요.

– 몇 개 있다고 했지요? 두 개요.

– 몇 l의 물을 담는 물통이었나요? 3l와 5l요.

– 그런데 몇 l의 물을 담아야 한다고 했나요? 4l요.

– 그렇습니다. 3l와 5l 들이 물통만 있는데, 4l의 물을 담으라고 했습니다.

상호작용을 많이 한다고 하는 수학수업에서도 종종 이런 식의 단답형 질문이 많은 것은, 폴리야가 제시한 질문과 권고 목록에서 주어진 것과 구해야 하는 것에 대한 정보를 확인하도록 하는 것 외에 직접 적용할 만한 것들을 찾기 어려운 경우가 있기 때문이다. 단답형 질문보다 탐구를 조장하는 서술형 질문을 할 수 있어야 하는데 사정이 여의치 않은 경우가 많은 것이다. 이를 교사의 질문능력 부족으로 몰아가는 것은 적절하지 않다.

교사는 이 문제가 거꾸로 생각하여 해결될 수 있음을 알고 있다. 그렇다고 학생들에게 거꾸로 생각해 보라고 권고한다면 상황이 나아질 것인가? 그렇게 권고하는 것은 해결 전략을 직접 제시하는 것이기 때문에, 폴리야가 말한 외적인 도움을 주는 것이다. 문제는 거꾸로 생각해 보라는 말만 듣고 바로 문제를 해결하는 학생도 많지 않을 것이라는 점이다. 그 말을 듣고도 무슨 뜻인지, 어떻게 해야 한다는 것인지 모를 가능성이 많기 때문이다. 아마도 거꾸로 생각하는 첫 번째 단계까지는 안내하는 것이 필요할 것이다. 다시 말하여, "문제가 해결되었다고 상상해 봅시다. 그러면 5l 들이의 물통에 4l의 물을 담을 수 있었다는 뜻이죠? 이렇게 할 수 있으려면, 바로 전 단계에서는 어떤 일이 일어났어야 할까요?"라고 설명해야 할 것이다. 만약 학생 중 누군가가 "5l 들이 물통에 물을 가득 부은 후, 그 중 1l만 덜어낼 수 있으면 된다."는 답을 한다면 성공적으로 단서를 제공한 것이 된다. 아무도 이와 같은 답을 하지 못한다면 이 내용까지도 교사가 제공해야 할 것이다. 이렇게 거꾸로 생각하는 단계를 함께 밟아가는 것은 폴리야가 말한 외적인 도움 중에서도 지나치게 많은 정보를 주는 것으로 보일 수 있다. 그러나 이렇게 한다면 앞서 제시한 질문과 권고 목록에 매여서 전혀 진행하지 못하는 것에 비하여 훨씬 더 유익한 탐구학습의 기회를 학생들에게 제공할 수 있다.

더욱더 상황을 복잡하게 하는 것은, 폴리야가 말한 내적인 도움에 의하여 문제해결 전략을 지도했음에도 불구하고, 여전히 스스로 문제를 해결하지 못하는 학생들이 많다는 점이다. 손필드는 이를, 적절한 '지향'을 형성하지 못한 것으로 진단하였다.[131] 손필드는 미국의 국가수준 평가문항이었던 다음 문제에 대한 학생들의 응답에서 학생들이 교육을 받으며 생성한 잘못된 지향 때문에 문제해결에 실패한 것으로 보았다.[132]

---

131 지향은 orientation을 번역한 것으로, 추구하는 방향을 뜻한다. 비슷한 용어로 성향(disposition), 신념(belief), 기질(tendency), 취향(preference) 등이 있다.

132 Schoenfeld(2013) 참고

군용버스 한 대에 36명이 탈 수 있다. 1128명의 군인들이 버스를 타고 훈련장소로 이동하려면, 버스 몇 대가 필요한가?

계산은 간단하다. 실제로 70%의 학생들은 1128을 36으로 나누어 '31과 나머지 12'라는 결과를 얻었다. 그런데 문제에서 요구하는 것은 계산 결과가 아니라 그 결과를 바탕으로 필요한 버스의 수를 구하는 것이었다. 36명씩 태우면 31대의 버스가 필요하고, 나머지 12명을 위해서 추가로 한 대의 버스가 더 필요하다는 것을 파악하여 32대라고 답해야 한다. 계산을 잘했던 70%의 학생 중 겨우 23%의 학생들만 제대로 답하였다. 29%의 학생들은 계산 결과인 '31과 나머지 12'를 답으로 제시하였다. 18%의 학생들은 나머지를 무시하고 31대의 버스가 필요하다고 답하였다.

계산한 결과를 구하는 것이 아니라 필요한 버스의 수를 제시해야 하는데, 계산을 제대로 했던 학생들 상당수가 문제에서 요구하는 것을 놓쳤다. 손필드는 이 사태가 그동안의 수학교육이 일으킨 자연스런 결과라고 해석하였다. 학생들이 그동안 수학교육을 받으면서, "문장제 문제를 풀 때에는, 문제에 주어진 수와 연산을 확인한 후 실행하고 그 결과를 적는다."라는 지향을 발전시켰기 때문이라는 것이다. 수학수업에서 만나는 문장제 문제는 학생들에게 문제로 인식되지 않는 인위적인 상황이기 때문에, 주어진 조건과 구해야 하는 것을 대략적으로 파악하여 관련된 계산방법에 끼워 맞추어 계산하고 그 결과만 적는 부적절한 지향을 형성하게 된다.

손필드는 문제 상황의 진술방식을 학생들이 문제로 인식할 수 있도록 바꾸어야 한다고 주장하였다. 위의 문제의 경우, "학생 1128명이 현장학습을 가려고 한다. 버스 한 대에는 36명의 학생이 탈 수 있다. 버스 회사에 전화를 걸어 필요한 버스를 예약해 보자."와 같이 바꾸어야 한다고 제안하였다. '전화를 걸어 필요한 버스를 예약'한다는 것은 학생에게 구하는 것이 나눗셈 결과가 아니라 필요한 버스의 수라는 점을 명확히 알려준다. 영화 속 수학 문제를 제대로 파악하기도 전에 변수를 정하여 식을 세웠던 우리나라의 고등학생들도 마찬가지로 부적절한 지향을 가지고 있는 것으로 볼 수 있다. 무수히 문장제 문제를 해결한 경험에 비추어 다짜고짜 식을 세우는 우리나라 고등학생들의 지향은, 문제 상황을 문제로 인식하도록 진술하는 것만으로는 해결할 수도 없다. 우리나라 고등학생들의 지향은 저자를 찾아 온 학생처럼 한 문제에 대하여 충분히 고민하면서 탐구하는 것에 의하여 바로잡을 수 있다. 이에 대해서는 7장과 10장에서 살펴볼 예정이다.

창의성에 대한 연구가 활성화되기 시작한 1957년, 토렌스와 러시는 한국전쟁에 참여한 전투기 조종사들이 위험하고 예측 불가능한 상황에서 얼마나 적절한 판단을 내리는지, 그 판단이 결국 상황을 제어하고 개선하는 데에 얼마나 큰 역할을 하는지 연구하였다.[133] 토렌스와 러시는 창의성을 교육하는 것에 대한 의심이 고조되던 시기에 이 연구를 수행하였다. 여기서 의심이란, 가령 수업에서 창의성을 추구하면 수업의 목표, 내용, 그리고 방법이 모두 애매모호해지기 때문에 위험하다는 지적을 뜻한다. 토렌스와 러시는 경험 많고 지혜로운 미국의 공군조종사가 낯선 한국 땅, 위태로운 환경에서 훌륭하게 대처할 수 있었듯이, 경험과 지혜를 갖춘 교사라면 창의성을 함양하기 위하여 새롭게 설계한 수업에서 학생들에게 좋은 학습 기회를 제공할 수 있다고 주장하였다. 길포드의 뒤를 이어 창의성의 의미와 교육 방안에 대하여 천착한 저명한 연구자인 토렌스가 위의 연구에서, '한국' 그리고 '전쟁'이라는, 당시로서는 창의성 연구와 완전히 동떨어진 맥락을 선택했다는 것이 눈길을 끈다. 그러나 이제 시대가 바뀌어 한국은 바야흐로 창의성의 시대를 보내고 있다. 창의성을 강조하지 않는 분야가 거의 없으며, 여러 덕목을 이야기하더라도 창의성을 우선적으로 내세우는 경우가 대부분이다. 수학교육도 예외가 아니다. 그러나 수학학습에 대한 일반적인 연구들을 살펴본 결과, 창의성은 원래부터 고려해야 하는 필수적인 측면이지 시대가 바뀌어 새롭게 추구하려는 바가 아니었다. 3장에서 수학적 지식과 창의성 사이의 관계에 대하여 살펴볼 때 이미 그렇다는 것을 확인했고,

133 Torrance(1995), p. 144 재인용

지금 문제해결 관련 연구를 살펴보는 중에도 마찬가지라는 것을 알 수 있다.

사. 문제해결자의 패러독스

폴리야가 논의한 흥미로운 개념 중에 '문제해결자의 패러독스'라는 것이 있다. 폴리야는 수학적 문제해결을 창의적이고 생산적으로 하려면 더 일반적인 해결 방법을 찾는 것, 곧 더 큰 야심을 갖는 것이 바람직하다고 주장하였다. 더 일반적인 해결 방법은 덜 일반적인 것보다 찾아내기가 어렵다. 그런데 폴리야는 더 일반적인 해결 방법을 찾아내려는 야심을 가질 때 문제를 해결하기가 오히려 쉽다고 주장한다. 이 주장이 패러독스인 이유는 간단하다. 더 일반적인 해결 방법을 찾는 일이 훨씬 어려워서 문제해결에 실패할 것 같은데, 그렇게 하면 문제해결 가능성이 더 크기 때문이다. 더 일반적인 해법을 찾다보면 논증에 비약도 생기고 무리한 해석도 하게 되는데, 그렇게 급격한 사고의 전환을 통하여 문제의 구조를 통찰할 수 있고 결국 문제해결의 단서를 더 쉽게 찾아낼 수 있다는 것이다.[134]

예를 들어, 수학자 가우스의 창의성을 보여주는 사례로 유명한, 1부터 10까지의 합을 구하는 문제를 생각해보자. 이 문제는 더해야 할 수가 많기는 해도 차근차근 더하다 보면 쉽게 해결할 수 있는 문제이다. 그러나 덧셈을 여러 차례 하다 보면 실수를 할 수도 있고, 이 방법으로는 몇 개의 항만 늘려도 해결에 어려움이 생긴다. 가령, 1부터 1000까지의 합을 구하는 문제를 이 방법으로 해결하기는 어렵다. 수학자 가우스는 차근차근 더하는 대신, 문제의 구조를 통찰하여 일반적으로 해결하는 방법을 찾아냈다. 즉, 첫 번째 항과 마지막 항을 더하고, 그 앞의 항들을 마찬가지 방식으로 짝지어 더하면 합이 일정하다는 것을 알게 되었고, 그 쌍의 개수를 이용하여 쉽고도 정확하게 값을 구할 수 있었다. 결국 문제 하나를 해결한 것이 아니라, 일반적으로 1부터 n까지의 합을 구하는 방법을 찾아낸 것이다. 익히 알고 있듯이, 만약 그 합을 S라고 하면

134 Polya(1986) 참고

$$S=1+2+3+\cdots+n$$

이며, 다음과 같이 나타낼 수 있다.

$$S=1+2+3+\cdots+(n-2)+(n-1)+n$$
$$S=n+(n-1)+(n-2)+\cdots+3+2+1$$

가우스가 위와 같은 방식으로 표현했던 것은 아니지만, 첫 번째 수와 마지막에 오는 수의 합, 두 번째 수와 끝에서 두 번째 오는 수의 합 등이 모두 같다는 것을 통찰하고 그것을 이용하여 문제를 해결하였다. 이하의 내용은 가우스가 통찰한 것을 기호로 나타냈을 뿐이다. 위의 두 식을 변끼리 더하면 다음과 같다.

$$2S=(n+1)+(n+1)+\cdots+(n+1)+(n+1)$$
$$2S=n(n+1)$$
$$\therefore\ S=\frac{n(n+1)}{2}$$

결국 가우스는 문제의 구조를 통찰하여 일반적인 해법을 찾아냈고, 그것을 적용하여 주어진 문제를 해결하였기 때문에 다른 학생들과는 완전히 다른 수준의 해법을 창조한 것으로 볼 수 있다. 이렇게 주어진 문제의 구조를 통찰하여 더 일반적인 문제를 형식화하고 그것을 해결하는 방법을 찾아내는 것이 수학자들의 일화에서 종종 나타나는 공통적인 행동이다. 폴리야는 수학자들이 보여주는 이러한 행동을 '문제해결자의 패러독스'라고 표현하였다. 여기서 '문제해결'과 '창의적인 문제해결'을 구분하는 한 가지 기준을 찾을 수 있다. 만약 앞에서부터 차근차근 더하여 1부터 10까지의 합을 구했다면, 문제를 해결한 것이기는 하나 창의적이라고 할 수는 없다. 가우스처럼 주어진 수열이 등차수열이라는 것을 통찰하고, 그 특징을 파악하여 일반적으로 합을 구하는 방법을 찾아낸다면 창의적으로 문제를 해결한 것이다. 그러므로 일반성을 통찰하거나 추구하는지 여부에 따라 창의적인 문제해결인지 여부를 판단할 수 있다. 폴리야가 말한 '문제해결자의 패러독스'는 창의적인 문제해결을 추구하는 것이 더 나은 문제해결자가 될 수 있다는 것을 시사한다. 수학자들이 문제해결을 통하여 수학을 발전시킬 수 있었다고 말할 때, 단순한 문제해결이 아니라 창의적인 문제해결을 끊임없이 시도했기 때문이라는 점도 분명하다.

창의적인 문제해결은 학교수학의 범위 내에서도 가능하다. 왓슨과 메이슨은 학교수학에서 다루는 문제를 약간만 수정하면 창의적인 문제해결을 유도할 수 있다고 주장하였다. 다음과 같이 예를 제시하도록 하는 것이 그 방법이다.[135]

> 다항함수의 그래프에서 이웃한 두 근 사이의 거리를 근 사이의 거리라고 하자. 두 실근을 가지는 이차함수 중 근 사이의 거리가 같은 함수들을 찾아 제시하여라.[136]

다항함수는 학교수학의 핵심적인 주제 중 하나이며, 그래프를 그려봄으로써 다항함수에 대한 이해를 심화하는 것이 우리나라의 교육과정에서도 중요한 목표 중 하나로 다루어지고 있다. 주로 다항함수를 하나 제시하고 그 그래프를 그려보거나, 그래프를 보고 다항함수의 식을 찾는 문제를 다루면서 이 목표를 달성한다. 위의 문제에서는 '근 사이의 거리'라는 새로운 관점을 도입하고, 그에 비추어 다항함수를 이해하도록 하고 있다. 가령, $y=\pm(x-1)(x-3)$은 근 사이의 거리가 같은 두 다항함수이다. 이 경우는 같은 근을 가지므로 당연히 근 사이의 거리도 같다. 이제 다른 근을 가지면서 근 사이의 거리가 같은 경우가 있는지를 탐구해볼 수 있다. 이때 문제의 구조를 통찰한다면 어떻게 할 수 있는지, 일반적인 해법을 생각한다면 어떻게 할 수 있는지가 관건이다.

왓슨과 메이슨은 이 문제를 두 명의 수학자에게 해결하도록 하였다. 두 수학자는 처음부터 일반적인 해법을 찾으려고 하였다. 먼저 도날드라는 수학자는 이차함수의 그래프를 하나 그린 후, x축을 따라 평행이동하여 만들어지는 모든

---

135 Watson & Mason(2015) 참고

136 영어로는 '함수의 근(root of a function)'이라는 용어를 사용하며, '절편' 또는 'zero'로 표현하기도 한다. 그런데 우리나라의 학교수학에서는 방정식의 경우에만 근이라고 표현할 뿐, 함수의 근이라고는 표현하지 않는다. 대신 함수의 그래프가 축과 만나는 점의 좌표로 표현한다. '절편'이라는 표현을 사용하기도 한다. 여기서는 원저에 표현된 대로 함수의 근이라고 했는데, 수학 수업에 도입하려고 한다면 용어의 뜻을 설명해주거나 아니면 절편으로 바꾸어 표현해야 한다.

함수들을 답으로 제시하였다. 그런데 무슨 이유에서인지 그 답에 만족하지 않았고, 다른 답을 찾았다. 도날드는 다음과 같이 그림으로 표현하였다.

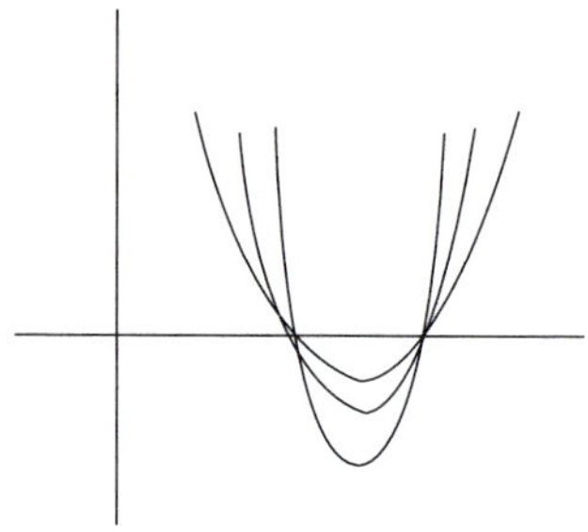

그림 4-2 ◦ 그래프에 의한 해결

닐이라는 수학자도 도날드처럼 x축 방향으로 평행이동하여 구한 함수들의 근 사이의 거리가 모두 같다는 것을 확인하였다. 그러나 그렇게 구한 함수들은 결국 하나의 그래프와 같은 것이라고 보아 답으로 제시하지 않았다. 대신, 위의 그림과 같이 근 사이의 거리를 유지하면서 y축 방향으로 이동하는 함수들만을 답으로 제시하였다. 두 수학자는 문제에 들어 있는 일반성을 포착하려고 노력하였고, 결국 일반적인 해법으로 문제를 해결하였다. 폴리야가 말한 문제해결자의 패러독스가 이 사례에서도 성립하는 것으로 보인다. 두 수학자는 일반적인 해법을 찾았을 뿐만 아니라 그 중에서도 수학적으로 더 가치가 있는 것을 찾으려고 했다는 점에서 특이할 만하다. 일반적인 해법을 찾는 방식에도 주목할 필요가 있다. 왓슨과 메이슨은 두 수학자가 문제를 보고 바로 이차함수의 그래프를 하나 그렸는데, 그 하나는 실제로 하나가 아니라 무한개를 대표하는 것이었다고 보았다. 그 하나의 그래프를 그린 후에 평행이동하는 것을 상상한 것이 아니라, 평행이동을 염두에 두고 하나를 선택하여 그렸다는 것이다. 이것은 일반성을 하나의 예에 압축하여 담아내는 고도의 사고방법이며, 매우 창의적이다. 비유적으로 표현하자면, 한 줌의 모래에서 온 세상을 보듯이[137] 하나의 예에서 일반성을 보는 방식이다. 문제해결자의 패러독스는 추상적이고 형식

137 William Blake의 시 중에서 널리 회자되는 "To see a World in a Grain of Sand"에 비유한 것임

적인 기호만이 아니라 하나의 예를 이용해서도 구사할 수 있으며, 학교수학의 범위에서는 구체에서 추상으로, 특수에서 일반으로 비약하는 사고 전략의 하나가 될 수 있다.

아. 요약

수학적 문제해결과 수학적 창의성 사이의 관계를 알아보는 것이 이번 장의 목표였다. 문제해결은 일반 창의성 연구와 수학적 창의성 연구에서 핵심적으로 다루어져왔던 주제이다. 폴리아의 연구는 일반 창의성 연구와 수학적 창의성 연구에 모두 큰 영향을 미쳤다. 폴리아의 연구는 국내 수학교육 연구와 실제에도 매우 큰 영향을 미쳤으며, 문제해결력은 우리나라 수학교육과정에서 제시하는 중요한 목표 중 하나이다. 그런데 저자가 교사연수 등에서 토론을 진행하다 보면, 둘 다 problem solving의 번역어임에도 불구하고, 문제해결은 긍정적인 의미로 그리고 문제풀이는 부정적인 의미로 해석되는 경우가 많았다. 가령, 어떤 교사는 입시제도 때문에 어쩔 수 없이 문제풀이 중심으로 수학수업을 해야 한다고 주장하였다. 다른 교사는 문제풀이할 시간도 없는데 어떻게 수학적 창의성 교육을 하겠느냐고 말하기도 하였다. 이렇게 문제풀이에 부정적인 의미가 담기게 된 것은 '풀이'라는 일상어의 의미와 용법 그리고 모방과 연습을 강조해온 우리나라 수학교육의 전통 때문이라는 것을 확인하였다. 문제풀이가 아니라 문제해결이 수학적 창의성과 밀접하게 관련된다는 점도 알아보았다.

이어서 소규모이기는 하지만, 영화에 등장한 수학문제를 초·중·고등학교 학생들에게 제시하고 해결하도록 한 결과를 문제해결 교육이론의 관점에서 다시 해석하였다. 초등학생들보다 고등학생들이 낮은 정답률을 보인 것도 문제였지만, 문제를 해결하려고 도입한 방법을 분석한 결과, 고등학생들의 경우는 대부분 불필요한 대수화를 시도한 것으로 나타났다. 언제 어떤 방식으로 변수를 지정하고 식을 세워 문제를 해결해야 하는지를 판단하지 못하면서, 무조건 식부터 세우고 보는 현상의 문제점을 분석하였다. 이는 데카르트 이후 서구의 수학교재와 수학교육 관련 논의에서도 제기되었던 것이었다. 여러 학자들이 불필요한 대수화가 문제를 흥미롭게 이해하고 해결하는 기회를 박탈한다고 지적하였다.

연구를 시작할 때는 전혀 기대하지 않았던 한 고등학생의 탐구 사례에 대해서도 알아보았다. 조사에 참여하여 영화 속 문제의 해결에 실패했던 고등학생들 중 한 명이 보여준 인상적인 일화였다. 이 학생은 조사가 끝난 후 자발적으로 관련 도서를 확인하고 그 도서에서 제시된 문제해결 방법과 비교하는 등, 창의적으로 탐구하였다. 이 학생의 사례는 문제풀이가 아니라 문제해결이 여유를 가지고 문제를 이해하면서 탐구할 때 가능하다는 것 그리고 그때 수학적 창의성도 함양할 수 있다는 것을 보여준다. 문제해결은 창의성 함양을 위한 도구로 알려져 있지만, '문제풀이'가 아니라 '문제해결'일 때, 다시 말하여, 기존의 모범적인 풀이를 모방하는데 급급할 것이 아니라, 여유를 가지고 문제의 구조를 탐구하면서 해결의 단서를 찾고 적용할 수 있을 때에만 그렇게 할 수 있음을 알 수 있다.

폴리야가 제시한 문제해결자의 패러독스에 대해서도 살펴보았다. 널리 알려진 바와 같이 수학자 가우스는 어린 시절부터 매우 창의적으로 문제를 해결하였다. 예를 들어, 1부터 10까지 자연수의 합을 구할 때도 일일이 더한 것이 아니라 문제에 들어 있는 구조를 파악하여 일반적인 방법으로 구하였다. 폴리야는 가우스처럼 일반적인 해법을 찾는 것이 주어진 문제에만 적용되는 해법을 찾는 것보다 어려운 일이지만, 일반적인 해법을 찾으려고 노력해야만 주어진 문제도 해결할 가능성이 높다고 하면서 이를 문제해결자의 패러독스라고 하였다. 학생들이 의미 없는 식을 세우는 것은 불필요한 대수화에 해당하지만, 더 일반적인 해법을 찾으려고 대수적인 사고를 한다면 문제를 창의적으로 해결할 수 있는 것이다.

폴리야가 문제해결 교육을 위하여 활용해야 한다고 하면서 제시한 질문과 권고에 대해서도 알아보았다. 폴리야가 이 제안을 할 때만 해도 수학수업에서 교사가 하는 질문에 답하는 학생들이 많지는 않았다. 그러나 요즘 우리나라의 수학교사들은 학생들의 참여를 촉진하기 위한 질문들을 개발하여 활용하려고 노력한다. 이제 관건은 수학수업에서 이루어지는 의사소통의 초점이 창의적인 문제해결에 놓이도록 하는 방안을 찾는 것이다. 학생들의 다양한 수준과 성향을 고려하여 적절한 질문과 권고를 준비하는 것은 무엇보다 도전적인 과제이다. 앞서 확인한 바와 같이 폴리야가 제시한 질문과 권고는 문제에 따라 적절히 변형하여 적용해야 한다. 영화 속 수학 문제의 경우에도 폴리야가 제시한 질문과 권고로는 다루기가 어려운 점이 있었다. 이 경우에는 거꾸로 생각해보는 과정을 같이 밟아가도록 돕는 것이 필요한데, 이것은 폴리야가 외적인 도움이라고 하여 배척했던 것이었다. 폴리야는 내적인 도움을 주어야지 직접적으로 전략을 언급하는 외적인 도움을 주지 말라고 하였으나, 문제에 따라서는 외적인 도움을 제공하는 것이 불가피할 때가 있다. 요컨대, 외적인 도움이라고 해서 무조건 거부할 것이 아니라 상황에 알맞은 판단을 해야 한다.

창의적인 판단은 학생 못지않게 교사에게도 필요하며, 그래서 창의성 연구자 토랜스도 그리고 폴리야와 손필드 등 문제해결 연구자들도 끊임없이 교사의 감수성과 지혜로운 대처를 강조한 것으로 보인다. 이들 연구자들의 공통적인 제안은 상황에 대한 감수성과 열린 마음, 유연한 대처이다. 학생들이 종종 원하는 답을 하지 않지만, 인내하면서 계속해서 가능한 한 내적인 도움을 주려고 노력하는 것이 필요하다. 입시제도의 변화와 평가 방법의 개발 등 외적인 환경의 조성이 시급한 것은, 이렇게 단지 문제해결이 아니라 창의적인 문제해결을 강조하는 수학수업이 너무나 복합적이고 미묘한 요인들을 제어할 수 있을 때 가능하기 때문이다.

문제해결과 수학적 창의성은 매우 밀접하게 관련되어 있다. 아니 떼려야 뗄 수 없이 본질적으로 관련되어 있다. 현재 이루어지고 있는 문제해결 교육의 상당 부분은 그 본래 취지를 유지하되 실행의 적절성을 제고할 필요가 있다. 명확한 답이 없어도 탐구를 촉진하는 문제라면 교과서에 제시해야 하며, 장기간 동안 탐구하도록 하는 기회도 제공해야 한다. 이와 관련하여 왓슨과 메이슨이 연구한 것을 참고자료로 제시하였다. 학교수학에서 이미 다루어 왔던 내용을 일부만 수정하면, 학생들이 각자의 수준에서 창의성을 발휘하도록 할 수 있음을 확인하였다. 특히, 일반적이고 형식적인 기호를 사용하지 않고 하나의 예를 통하여 관련된 개념의 일반성을 포착하고 다룰 수 있다는 점을 확인하였다. 이렇게 기존의 학교수학, 특히, 우리나라의 학교수학을 다각도로 재구성하여 수학적 창의성 함양을 촉진하는 방안에 대해서는 별도로 연구가 필요하다.

05

수학적 추론과 수학적 창의성

에이킨은 수학적 창의성이 일반 창의성과는 다른 독특한 측면이 있다고 하면서, 그렇기 때문에 수학적 창의성 평가와 함양을 위한 별도의 연구가 필요하다고 주장하였다.[138] 헤이록의 연구는 에이킨의 주장을 뒷받침한다.[139] 학생들을 대상으로 일반 창의성과 수학적 창의성 검사를 실시한 결과, 둘 사이의 상관관계가 없는 것으로 나타났기 때문이다. 이후 연구가 진행됨에 따라 수학적 창의성이 일반 창의성과 공유하는 점이 상당수 있음을 확인했지만, 수학적 추론만큼은 여전히 다른 분야의 추론과 구분된다는 것에 대체로 합의가 이루어지고 있다. 이하에서 수학적 추론의 특성과 수학적 창의성의 관계를 살펴본다.

가. 확실성, 정확성 그리고 수학적 창의성

손더스는 수학적 추론이 다른 종류의 추론과 가장 다른 점을 '확실성'과 '정확성'에서 찾았다. 손더스는 '시럽 $\frac{3}{4}$ 갤런이 90센트라면'이라는 가정 아래 다양한 수학적 추론을 할 수 있다고 보았다. 예를 들어, 다음과 같은 것들이 그 사례이다.[140]

시럽 $\frac{3}{4}$ 갤런이 90센트 (1)

138 Aiken(1973) 참고

139 Haylock(1978) 참고

140 Saunders(1929) 참고

시럽 $\frac{1}{4}$갤런은 30센트 (2)

시럽 1갤런은 120센트 (3)

시럽 $\frac{1}{2}$갤런은 60센트 (4)

손더스는 위와 같이 수학적으로 추론할 때의 특징을 다음과 같이 설명하였다. 위의 추론에서 사용하고 있는 용어들, '3, 4, 1, 2, 90, 30, 40, 120, 60, 센트, 갤런'의 의미가 누구에게나 동일하다. 분수 $\frac{3}{4}$, $\frac{1}{4}$, $\frac{1}{2}$이 사용되는 맥락과 의미도 동일하다. (1)부터 (4)까지 모두 확실하다는 것을 간단한 산술연산에 의하여 검증할 수 있다. 양과 속성 등 각각의 기호가 담고 있는 수학적인 의미가 유일하며 혼동의 여지가 없다. '시럽 $\frac{3}{4}$갤런이 90센트라면'이라고 가정했기 때문에, 실제 가격이 그런지 어떤지와는 무관하게 위의 결과들을 정확하게 추론해낸 것이 된다. 손더스는 이렇게 수학적 추론이 확실하고 정확한 것을 추구하기 때문에 경제학이나 자연과학 등 많은 학문 분야에서 수학적 추론을 차용한다고 주장하였다.

손더스가 제시한 수학적 추론의 두 가지 특성을 잘못 해석하면, 수학에서 창의적인 접근을 할 수 없는 것처럼 오해할 수 있다. 정확성을 추구한다는 말은 누구나 동의하는 규칙이 있다는 것 그리고 그 규칙만을 준수해야 한다는 뜻으로 해석되는 면이 있기 때문이다. 확실성 역시 개개의 특수성이나 변화보다는 고정불변의 보편적인 진리를 따를 때에만 추구할 수 있는 것이라고 생각하기 쉽다. 그러나 이 두 가지 특성은 창의성을 저해하는 것이 아니라 오히려 촉진하는 것으로 보아야 한다. 이 책의 앞부분에서 살펴본 수학자들 그리고 학습자의 사례에서 그 경향을 찾을 수 있다.

예를 들어, 오일러가 바젤 문제를 해결할 때 아주 좋은 근삿값 1.644934를 구했음에도 만족하지 않았던 것은 정확한 값이 아니었기 때문이다. 이 값은 $\frac{\pi^2}{6}$과 소숫점 아래 여섯 자리까지 일치한다. 이 두 값이 이 정도로 일치할 확률은 매우 낮기 때문에 오일러는 바젤 문제의 답이 $\frac{\pi^2}{6}$이라는 확신을 얻게 되었으며, 나중에 실제로 그렇다는 것을 증명하였다. 영화 속 수학문제를 해결하려고 했던 고등학생 사례에서도 비슷한 경향을 확인할 수 있었다. 어떻게든 문제를 해결했으므로 멈추는 것이 아니라, 더 정확한 해법은 무엇인지, 해결과정이 확실한 참을 보증하는지 등에 대하여 탐구하면서 문제의 배경에 들어 있는 수학적 구조와 일반성을 통찰하고 표현할 수 있게 되었다. 두 사례에서 공통적인 것은, '확실성'과 '정확성'을 추구하는 '추론과정'과 사고의 유연성, 독창성의 발현이 밀접하게 관련되어 있다는 점이다.

사고의 유연성, 유창성, 그리고 독창성은 일반 창의성 연구에서 제시한 매우 표준적인 창의성의 요소이다. 확실성과 정확성을 추구하면서 수학적 추론을 할 때, 이러한 창의성의 요소들을 드러내게 된다. 그렇기 때문에 일반 창의성과 수학적 창의성 사이에 긴밀한 관계가 성립할 것으로 기대하는 것이 당연하다. 그런데 헤이록의 연구에서는 둘 사이에 상관관계가 거의 나타나지 않았다. 헤이록이 사용했던 검사문항을 살펴봄으로써 그 이유를 추측해보자.[141]

일반 창의성 검사 문항의 예

주어진 원에 그림을 그려서 가능한 한 많은 사물을 표현하여라.

수학적 창의성 검사 문항의 예

다음 그림을 보고 $\overline{XY}$에 관련된 수학적인 명제를 가능한 한 많이 만들어라.

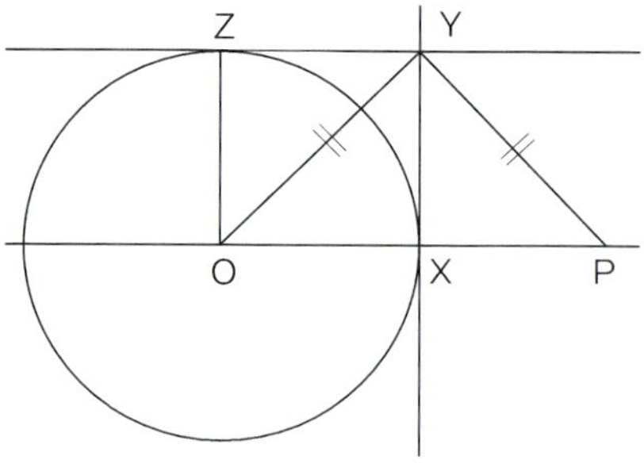

그림 5–1 ◦ 그림 자료

141 Haylock(1978) 참고

헤이록은 위의 두 문항을 포함한 5개 문항(일반 창의성 검사 문항 2개, 수학적 창의성 검사 문항 3개)으로 14~15세 학생들의 일반 창의성과 수학적 창의성을 비교하였다. 위의 두 문항의 내용은 다르지만 형식은 동일하다는 것에 주목하자. 둘 다 주어진 조건을 이용하여 '가능한 한 많은 생각과 시도'를 요청하는 형식이다. 원의 경우에는 사람의 얼굴, 건물, 동물, 과일 등을 그림으로 그리면 유창성(적합한 그림의 개수), 유연성(그림을 범주화했을 때, 서로 다른 범주의 개수), 독창성(전체 응답 중 희박한 빈도로 나타나는 그림의 개수와 희박한 정도)을 평가할 수 있다. 도형 문제의 경우에도 마찬가지 기준에 의하여 유창성, 유연성, 독창성을 평가할 수 있다. 그런데 어떤 응답이 적합하고, 어떤 응답은 적합하지 않은지를 판정하는 기준이 다르다. 일반 창의성 검사문항과 달리 도형 문제의 경우에는 '정확성'과 '확실성'이 '적합성'을 대신한다. 가령, 다음과 같은 것들을 적합한 반응으로 판정한다.

(1) $\overline{OZ} = \overline{XY}$
(2) $\overline{OX} = \overline{XY}$
(3) $\overline{OY} = \sqrt{2} \cdot \overline{XY}$
(4) $\angle OXY = 90°$
(5) $\angle XYZ = 90°$
(6) $\angle OYX = 45°$
(7) $\angle PYX = 45°$
(8) $\overline{OZ} // \overline{XY}$
(9) $\overline{OP} \perp \overline{XY}$
(10) $\overline{PX} = \overline{XY}$

답은 다양하지만 이들은 모두 앞서 확인한 수학적 추론의 특성, 곧 확실성과 정확성을 만족하는 것들이다. 일반 창의성 검사와 달리 수학적 창의성 검사에서는, '적합성' 대신에 '확실성'과 '정확성'이라는 더 강한 기준을 활용하는 것이다. 그러므로 일반 창의성 검사와 수학적 창의성 검사에 임하는 전략도 차이가 있다. 가령, 원 그림을 이용하여 주위의 사물을 표현할 때에는 정확하고 확실하게 그리려다 시간을 허비하는 것보다는 대충 사물을 그렸다 싶으면 다른 사물로, 또 다른 사물로 옮겨가야 좋은 평가를 받을 수 있다. 수학적 창의성 검사 문항의 경우에는 대충 파악하는 것이 아니라 손더스가 주장한 것처럼, 주어진 정보 그리고 정보 사이의 관계를 정확하게 파악하여 확실하고 정확한 결과를 도출해야 좋은 평가를 받을 수 있다. 손더스가 제시한 과제처럼 변화 가능한 정보를 확인하여 계속 변이를 시도하기보다는 시각적인 이미지들을 다양하게 관련짓는 방식으로 대처해야 한다는 점에서만 차이가 있을 뿐이다. 요컨대, 발산적 사고능력을 파악하여 창의성을 평가하는 동일한 형식을 취하고 있으면서도, 수학적 창의성은 근본적으로 적합성에 대한 엄격한 판정 기준, 곧 확실성과 정확성을 상당한 정도로 요구한다는 점에서 독특하다.

헤이록의 연구가 국외에서 오래 전에 이루어졌으므로, 우리나라 학생들의 반응은 이 연구에서 확인한 것과 다를지도 모른다. 하여 이 문제들을 서울에 위치한 중학교 3학년 한 학급의 학생들에게 해결하도록 하고 일반 창의성과 수학적 창의성 사이의 상관관계를 확인해 보았다. 결과는 마찬가지로 나타났다. 여전히 일반 창의성과 수학적 창의성은 무관한 것으로 확인된 것이다. 그 원인을 파악해보기 위해, 수학적 창의성 평가에서는 높은 점수를 얻었으나 일반 창의성 문항에 대해서는 낮은 평가를 받은 경우, 그와 반대의 경우에 해당하는 학생들을 면담해보았다. 다음은 유독 큰 차이로 수학적 창의성에서만 높은 평가를 받은 한 학생의 말이다.

> 원을 이용하여 그림 그리는 문제는 초등학생 때, 아니, 유치원생 때 해본 것 같은데요? 귀찮아서 안 그렸어요. 그러다가 선생님이 태도가 불량하다고 하셔서 할 수 없이 억지로 하나, '스마일' 그리고, 하나는 그냥 두고 '해'라고 했지요.

헤이록이 사용한 일반 창의성 검사문항은 토렌스의 연구에서 가져온 것이었다. 현재 국내에서 사용하는 창의성 검사문항도 대부분 토렌스의 연구를 수정하고 보완한 것이다. 이 검사문항을 이용하여 평가한 결과를 해석하는 데에 신중해야 한다는 것을 위 학생의 반응으로부터 짐작할 수 있다. 위 학생이 만약 중요한 입시에서 위와 같이 응답했다면, 일반 창의성 성적이 매우 낮게 평가될 것이다.[142] 그런데 위 학생은 수학적 창의성 평가에서는 최고점을 받았다. 적극적으로 일반 창의성 문제를 해결하지 않은 태도는 분명히 바람직하지 않다. 그러나 이런 반응이 나온 데에는 문항 자체가 가지고 있는 특성이 어느 정도 원인을 제공한 것으로 볼 수 있다. 비록 사례가 충분하지는 않지만 일반 창의성 평가를 위한 문항만으로는 확실성과 정확성을 추구하는 수학적 추론능력을 평가할 수 없다는 점을 알 수 있다. 창의성이 일반적인 특질인지 아니면 영역특수에 해당하는 것인지의 문제는 많은 연구자들의 관심을 끌어왔지만, 아직 명확한 결론에 도달하지 못하고 있다. 위에서 간단하게 살펴본 바에 따르면, 수학적 창의성은 일반적인 특질로서의 창의성에 포섭되지 않는 고유성을 가지고 있으며, 그것을 신중하게 고려하지 않으면 창의성에 대한 논의가 피상적이거나 부적절하게 흘러갈 수 있다. 물론 이 문제는 다양한 연구방법에 의하여 더 깊게 다루어질 필요가 있다.

나. 불확실성, 부정확성, 그리고 수학적 창의성

어빙은 수학적 창의성을 고등 수학적 사고의 한 특질이라고 보고, 다음과 같이 정의하였다.[143]

> 수학적 창의성이란 수학 특유의 논리-연역적 특성을 고려하는 한편, 생성한 개념들을 기존 수학에서 중심적이라고 할 만한 것들에 비추어 그 적합성 여부를 고려하는 가운데, 문제를 해결하고 구조를 개발하는 사고능력을 가리킨다.

142 최영기·도종훈의 연구에서 우리나라 학생들을 대상으로 토랜스의 검사지를 이용하여 조사했을 때, 유창성은 수학영재와 과학영재 사이에 거의 차이가 나타나지 않았다. 이와 달리 독창성과 추상성에서는 큰 차이를 확인하였다(최영기·도종훈, 2004).

143 Ervynck(1991) 참고

어빙은 문제해결 과정에서 수학적 창의성이 발현되며, 그 수준을 다음 세 가지로 구분할 수 있다고 주장하였다. 1수준은 알고리듬을 그대로 적용하여 해결하는 것이다. 어떤 알고리듬을 적용하는 것이 좋을지 판단하고, 제대로 수행하는 것이 이 수준의 창의성이다. 2수준은 알고리듬이 아니라 독자적인 방법으로 추론하여 문제를 해결하는 것이다. 이미 알려져 있는 알고리듬이 아니라 문제 상황에서 직접 해결의 단서를 찾고 표현하여 추론하는 수준이다. 3수준은 문제 상황을 직접 통찰하여 해결하는 것이다. 해결의 단서를 찾아 표현할 필요 없이 직관적으로 답을 찾아나가는 수준이다. 어빙은 디오판토스의 문제라고 알려진 다음 문제를 해결하는 것으로 예를 들었다.

> 어떤 사람이 평생의 $\frac{1}{6}$을 어린이로, $\frac{1}{12}$을 청소년으로, $\frac{1}{7}$을 청년으로 보냈다. 결혼 후 5년 만에 낳은 아들이 자신보다 4년 먼저 사망하였고, 이때 아들의 나이는 자신이 사망한 나이의 $\frac{1}{2}$이었다. 이 사람이 사망한 나이를 구하여라.

1수준의 해결과정은 구하는 나이를 x, 결혼기간을 y, 아들이 사망한 나이를 z로 놓고 다음과 같이 방정식을 세워 푸는 것이다. 기존의 알고리듬을 적절하게 선택하여 적용한다는 점에서 창의성을 발휘했다고 보고 있다.

$$\begin{cases} \frac{x}{6}+\frac{x}{12}+\frac{x}{7}+y=x \\ 5+z+4=y \\ z=\frac{x}{2} \end{cases}$$

2수준의 해결과정은 다음과 같이 시간의 흐름에 따라 주어진 조건을 표현하여 답을 구하는 것이다. 시각적인 표현방법을 독자적으로 개발하여 적용했다는 점에서 창의성이 발휘되었다고 보고 있다.

3수준의 해결과정은 다음과 같이 알고리듬도 아니고 새로운 표현이나 기법도 아니며, 직관과 통찰에 따른 것이다.

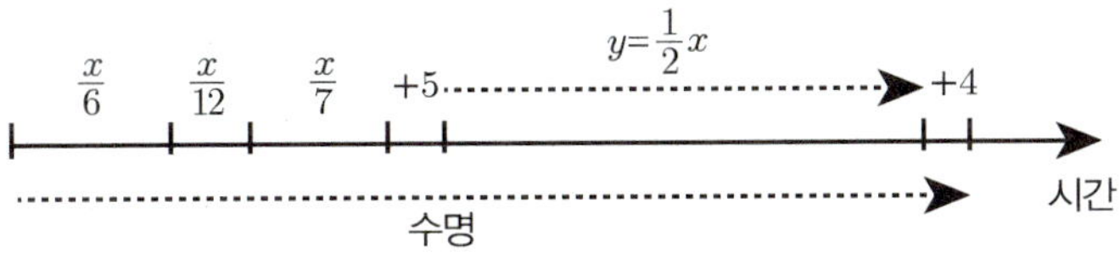

그림 5-2 ◦ 문제의 시각화

먼저 사람의 나이는 자연수로 표현되며, 0보다 크고 100보다 작은 범위에 있을 것이다. 주어진 조건 중 구하는 나이의 $\frac{1}{6}$, $\frac{1}{12}$, $\frac{1}{7}$도 모두 자연수로 표현될 것이다. 그러므로 6, 12, 7의 공배수를 구해본다. 이중 0보다 크고 100보다 작은 것은 84이므로, 구하는 나이는 84세이다.

어빙이 왜 알고리듬에 따른 해결을 1수준으로 보았는지는 쉽게 짐작할 수 있다. 알고리듬은 독창성과 유연성을 발휘할 필요 없이 기계적으로 적용하면 되기 때문이다. 이와 달리 나름의 기법, 가령, 시각적인 표현을 활용하여 해결하는 경우는 어느 정도의 독창성과 유연성을 인정받을 수 있다. 가장 독창적이고 유연한 해법은, 직관과 통찰에 의한 것이며, 이는 다양한 문제를 해결해본 경험과 수학에 대한 감수성이 있어야 가능하다. 극소수의 재능 있는 사람만이 이렇게 문제를 해결한다. 현재 수학적 창의성 관련 연구에서는 단지 문제를 해결하라고 하지 않고, '가능한 한 여러 방법으로' 해결하도록 한 후, 유창성과 유연성을 평가한다. 어빙이 최고수준이라고 했던 방법만이 아니라, 알고리듬과 시각적 표현에 따른 해결방법을 모두 생각해내야 가장 높은 수준의 수학적 창의성을 보인다고 판정하는 것이다. 다양한 해결방법을 모두 찾는 능력과 하나의 창의적인 해결방법을 찾는 능력 중 어느 것이 더 수학적으로 창의적인가에 대해서는 후속연구가 이루어질 필요가 있다.

어빙은 3수준의 해결과정을 '개연적 추측'에 의한 것으로 설명하였다. 3수준의 수학적 창의성이 완성된 기법에 의한 해결이 아니라 '추측'에 의한 것임을 주목할 필요가 있다. 가령, 사람의 나이가 대략 0과 100 사이의 수가 될 것이라고 하는 것은 사실이 아니라 추측이다. 이렇게 추측한 것이 문제해결에 큰 도움을 준다. 이와 같이 확실성과 정확성을 추구하는 가운데 하게 되는 추측들 대부분은 불안정하고 불확실하며 부정확한 것이다. 어빙의 관점을 받아들인다면, 수학적 창의성을 위해서는 수학적 추론의 확실성과 정확성 못지않게 불확실하고 부정확하지만 직관과 통찰에 의한 유용한 추측을 제기하고 활용하는 방법을 알고 개발해야 한다.

다. 발산적 사고, 수렴적 사고 그리고 수학적 창의성

수학에서 직관과 통찰에 의하여 유용한 추측을 제기하려면 패턴과 구조를 찾는 태도와 안목을 개발해야 한다. 이를 위해서는 한편으로 여러 가지 생각을 시도하고 다른 한편으로 그 중 유망한 것을 깊이 천착해야 하며, 논리와 기존의 원리로 표현해야 한다. 이러한 일들을 직접적으로 언급하면서 수학적 창의성의 의미를 설명했던 연구자들이 있다. 그중에서 대표적으로 발카는 다음과 같은 여섯 가지 능력을 수학적 창의성의 구성 요소로 제시하였다.[144]

(1) 수학적인 상황에서 인과 관계에 관련된 수학적 가설을 형성하는 능력(발산적 사고)
(2) 수학적인 상황에서 패턴을 파악하는 능력(수렴적 사고)
(3) 수학적인 상황에서 해결책을 얻기 위해 기존의 사고체계를 깨는 능력(수렴적 사고)
(4) 특이한(unusual) 수학적인 아이디어를 다루고 평가하며, 수학적인 상황에서 얻은 결과들을 이용하여 사고하는 능력(발산적 사고)
(5) 주어진 수학적인 상황에서 빠진 조건을 파악하고 부족한 부분을 채우기 위해 질문을 제기하는 능력(발산적 사고)
(6) 일반적인 수학문제를 구체적인 하위문제로 분할하는 능력(발산적 사고)

위의 여섯 가지 능력이 발산적 사고와 수렴적 사고로 분류되고 있음을 알 수 있다. 그런데 그 분류에 대하여 동의하기 어려운 것도 있다. 가령, 발카는 수학

144 Balka(1974) 참고

적인 상황에서 해결책을 얻기 위해 기존의 사고체계를 깨는 능력을 수렴적 사고로 분류했는데, 이것은 수렴적 사고와 발산적 사고의 측면에 모두 관련된다. 기존의 사고체계를 그대로 따르는 것이라면 수렴적 사고에 해당하지만, 기존의 사고체계를 깨는 것이기 때문에 발산적 사고와 관련되는 면이 있다. 길포드의 연구에서 발산적 사고는 여러 방향으로 탐구하여 다양한 답을 구하는 것을, 수렴적 사고는 단일한 방향에 주목하여 하나의 답을 찾아내는 것을 뜻하였다. 기존의 사고체계를 깬다는 것은 여러 방향의 탐구와 관련되기 때문에 발산적 사고와 관련되는 면이 있다.

크로플리는 수렴적 사고와 발산적 사고를 구분하기보다는 상호 관련시켜서 새로운 것을 만들어내는 메커니즘에 주목하였다.[145] 크로플리는 가능한 두 가지 메커니즘으로 '문턱 모델(Threshold model)'과 '스타일 모델(Style approach)'을 제시하였다. 먼저 문턱 모델에 의하면, 단일한 정보를 생성하는 능력, 곧, 수렴적 사고능력이 향상되어 어느 수준을 넘어서면 그 정보들을 다양화할 수 있게 된다. 그리고 단일 정보의 생성능력 수준에 따라 발산적 사고의 양과 질이 결정된다. 결국 어느 정도의 수렴적 사고능력이 문턱의 역할을 하며, 그것을 넘어서서 발산적 사고를 하게 되면서 창의성을 발휘하게 된다고 본다. 반면에 스타일 모델에 의하면, 수렴적 사고와 발산적 사고는 일종의 사고유형이다. 사고과정에서 어떤 인지전략 또는 인지메커니즘을 따르게 되는가에 따라 둘 중 하나를 사고유형으로 개발하고 선호하게 된다. 두 사고유형은 서로에게 직접적으로 영향을 주지 않는다. 어떤 단계에서 채택한 특정한 사고유형대로 문제를 이해하고 해결할 뿐이다.[146] 수준에 상관없이 분석적으로 또는 종합적으로, 형식적으로 또는 직관적으로, 일반적으로 또는 특수하게 서로 다른 사고유형을 택

---

145 Cropley(1999) 참고

146 사고유형을 수렴적 사고와 발산적 사고가 아니라 수학의 내용영역을 고려하여 구분하는 연구자도 있다. 대표적으로 크루테츠키의 사례를 들 수 있다. 그는 수학적으로 재능이 있는 학생들을 대수형, 기하형, 결합형으로 구분하였다. 대수형 영재아는 수학문제를 대수적인 사고와 표현에 의존하여 이해하고 해결하려는 경향을 가진 경우를 가리킨다. 대수적인 사고가 아니라 기하적 사고에 의존하는 경향을 가진 경우를 기하형, 대수와 기하를 결합하여 활용하는 경향을 가진 경우를 결합형이라고 분류하였다(Krutetskii, 1976).

하여 활용하는 가운데 인지적인 과정을 수행한다. 크로플리는 수렴적 사고와 발산적 사고가 상호작용하는 가운데 창의적으로 문제를 해결하는 과정을 다음과 같이 표로 나타내었다.[147]

표 5-1 ○ **창의적인 문제해결 과정**

단계	행동	결과	필요한 과정
정보	인지 학습 기억	초기 활동 일반적인 지식 특수한 지식	수렴적 사고
준비	문제 확인 목표 수립	특정한 지식에 초점 인지 요소 도입	수렴적 사고
부화	연상 이연연상[148] 네트워크 구성	인지 요소의 조합	발산적 사고
조명	유망한 새로운 구성	새로운 구성	발산적 사고
확증	새로운 구성의 적절성과 효과성 검증	적절하고 효과적인 적절한 해법	수렴적 사고와 발산적 사고
의사소통	피드백 반영	타인들에게 적절히 제시	수렴적 사고와 발산적 사고
정당화	마무리 적절성과 효과성 판단	적절한 판단에 의하여 산출물 제시	수렴적 사고

위의 표에서 수렴적 사고의 역할이 매우 크다는 것을 알 수 있다. 특히, 확증, 의사소통, 정당화 과정은 모두 수렴적 사고에 힘입어 진행된다는 것을 감안하면 발산적 사고 못지않게 수렴적 사고를 적절히 수행할 수 있어야 창의적인 문제해결이 가능하다는 것을 알 수 있다. 위의 표에서 '이연연상'이나 '새로운 구

147 Cropley(2006) 참고

148 연상이 유사성에 바탕을 둔 결합이라면, 이연연상(二連聯想, bisociation)은 상호 대립되는 것의 충돌에 의한 결합을 뜻한다. 과학사학자 아서 쾨슬러(Arthur Koestler)가 자신의 저서 《The Act of Creation》에서 제시한 개념이다.

성'이 발카가 기존의 사고체계를 깨는 것으로 표현했던 것과 관련된다. 크로플리는 이들을 발산적 사고로 분류하고 있다. 이외에도 발카와 크로플리가 발산적 사고와 수렴적 사고라고 본 것이 다소간 차이가 있다. 두 이론에서 수렴적 사고와 발산적 사고의 내용과 역할이 어떻게 다른지를 다음 표와 같이 나타내어 비교할 수 있다.

표 5-2 ○ **크로플리와 발카의 이론에서 사고유형의 내용과 역할**

사고유형	크로플리	발카
수렴적 사고	인지, 학습, 기억	기존 사고체계 깨기 패턴 파악
	문제 확인, 목표 수립	
	정당화	
발산적 사고		질문에 따른 정보 보충
	연상, 이연연상, 네트워킹	하위 문제로 분할
	새로운 구성	가설 형성
		결과 이용하여 사고하기
수렴적 사고와 발산적 사고	확증, 의사소통	

공통적으로 수렴적 사고는, 이미 알고 있는 것에 주목하면서 무엇인가를 새롭게 창안하기 위한 준비 과정에서 하게 되는 것으로 설명되고 있음을 확인할 수 있다. 이에 비해 발산적 사고는 본격적으로 새로운 것을 창안하는 과정에서 활용되는 것으로 설명된다. 그런데 분명히 입장의 차이가 있다. 가령, 발카가 발산적 사고로 제시한 정보의 보충 그리고 하위 문제로 분할하는 것은 일반 창의성 연구의 입장에서 보면 다분히 수렴적 사고의 측면이 있다. 자유로운 사고가 아니라 관련되는 수학적 개념, 절차, 원리 등에 단단하게 연결되는 가운데 체계적으로 하는 사고이기 때문이다. 정보를 보충한다는 것은 문제를 잘 이해하고 알고 있는 것을 기억하여 관련짓는 것이며, 이들은 크로플리가 수렴적 사고로 제시한 바와 일치한다. 하위 문제로 분할하는 것은 새로운 구성에 해당하므로 발산적 사고의 측면이 있기는 하지만, 여전히 인지, 학습, 기억에 의존하는 면이 강하므로 수렴적 사고의 측면이 있다. 위와 같이 두 연구자가 제

시한 창의성의 주요 능력요소를 수렴적 사고와 발산적 사고로 구분하여 비교하면, 수학적 창의성과 일반 창의성은 공통점도 있지만 상당한 차이점도 있음을 알 수 있다. 다시 말하여, 발카가 제시한 발산적 사고는 일반 창의성의 관점에서 보면 수렴적 사고로 해석될 여지가 있으며, 수렴적 사고로 제시한 것이 일반 창의성 연구의 맥락에서는 발산적 사고로 해석될 수도 있다. 이와 같은 해석의 차이는 수학적 추론 그리고 수학의 특성에서 비롯되는 것으로 보인다. 결국 수학적 추론과 수학의 특성을 염두에 두면서 수학적 창의성을 이해하는 것이 필요함을 알 수 있다.

크로플리는 2006년에 〈수렴적 사고를 옹호하며(In praise of convergent thinking)〉라는 제목의 논문을 발표할 정도로, 수렴적 사고의 역할에 주목하였다. 손더스가 제시한 확실성과 정확성 등 수학적 추론의 특성을 고려할 때, 수학적 창의성 연구에서는 수렴적 사고의 역할에 대하여 깊이 연구할 필요가 있다. 특히, 문제를 이해하고 해결의 단서를 찾는 초기 단계에서 수렴적 사고가 중요하며, 이것을 바탕으로 발산적 사고를 할 수 있게 하는 메커니즘에 대하여 연구할 필요가 있다.

한편, 발산적 사고와 수렴적 사고가 본질적으로 다른 것이 아니라고 본 학자들도 있다. 예를 들어, 루바트는 발산적 사고와 수렴적 사고가 과정으로서는 동일한데 산출물에서 차이가 날 뿐이라고 보았다. 루바트는 마치 엔진은 같은데 사용하는 연료가 더 좋으면 더 잘 달리듯이, 어떤 유형의 사고를 하는가가 아니라 어떤 것을 이용하여 사고하는가에 따라 그 결과가 달라진다고 주장하였다. 창의적인 과정에서 연료에 해당하는 것은 지식이나 해결전략 등이다. 협소하거나 피상적인 지식, 고정된 범위에만 적용되는 전략으로 사고한다면, 수렴적 사고이거나 발산적 사고이거나에 상관없이 창의적인 성과를 낼 수 없다. 이와 달리, 심화된 지식과 유용한 전략으로 사고한다면 수렴적으로 사고하건 확산적으로 사고하건 창의적인 산출물을 낸다는 것이다.[149]

149 Lubart(2001) 참고

루바트의 관점을 받아들인다면, 산출물이 수렴적 사고에 의한 것인지 또는 발산적 사고에 의한 것인지 구분함으로써 창의성을 설명하기보다는, 창의적인 산출물을 내게 하는 원동력이 되는 것이 무엇인가에 초점을 둘 필요가 있다. 수학적 창의성 연구들 중에서도 수렴적 사고와 발산적 사고를 구분하는 것에 초점을 두면서, 정작 창의성 발현의 원동력이 되는 지식과 전략을 적절하게 고려하지 않은 것들이 있다. 가령, 학생들의 수학적 창의성을 평가한다고 하면서 일반 창의성 검사문항과 유사하게 그 바탕이 되는 수학적 지식과 문제해결 전략의 수준이 조사대상 학생들에게 턱없이 낮거나 임의적인 것을 택하는 경우가 있다. 수학적 창의성을 함양하기 위한 수업을 설계할 때에도 정작 학습의 대상이 되는 수학적 지식보다는 주변적인 요인이 더 영향을 미치는 환경을 조성하는 경우가 있다. 이러한 경우들은 수학적 창의성의 본질을 적절히 고려하지 못한 것이며, 그렇기 때문에 연구결과를 해석함에 있어서도 신중을 기해야 할 것이다. 수학에서 수렴적 사고와 발산적 사고를 분리하기는 어려우며, 문제해결 과정이나 구조의 창안 과정에서 통합적으로 또는 순환적으로 역할을 한다고 보는 것이 적절하다.

라. 논리와 수학적 창의성

추론과 논리는 긴밀하게 연결되어 있다. 어떤 방식으로 연결되어 있는가에 대해서는 다양한 입장이 가능하다. 추론은 사고체계의 외부에서 그 체계를 다루는 도구이고 논리는 체계 내부에서 체계를 다루는 도구로 볼 수 있다. 추론이 논리에 포함되는 것으로 볼 수도 있고, 논리를 이용하여 추론한다고 볼 수 있으며, 논리가 추론에 포함되는 것으로 볼 수도 있다. 추론과 논리 사이의 관계와 마찬가지로 수학적 추론과 수학적 논리의 관계도 복잡하다. 그런데 수학적 창의성 연구에서는 대체로 수학적 논리가 수학적 추론의 일부라는 입장을 취하는 경우가 많다. 예를 들어, 앞서 제시한 수학적 창의성의 정의에서 어빙은 수학을 논리-연역적인 표현형식에 따라 전개되는 것으로 보았다. 그는 수학적 추론을 사용하여 수학을 창조하게 되며, 기존의 수학적 논리에 의하여 그 창조의 정당성을 확인하고 표현한다고 생각하였다. 수학적 논리가 수학 내부의 언어이며, 수학적 추론을 위한 도구가 된다고 생각하는 것으로 볼 수 있다. 푸앵카레도 수학과 과학을 연구할 때 수학적 논리와 과학적 논리만으로는 불충분하며, 논리만으로 가능하다면 누구나 수학과 과학을 할 수 있다고 주장하였다.

> 수학을 이해할 수 없는 사람들이 존재하는 이유가 무엇이겠는가? 만약 생각할 줄 아는 사람은 누구나 받아들일 수 있는 논리규칙만으로 과학이 이루어졌다면, 그리고 과학이 모두에게 보편적인 원리 위에 세워진 것이라면, 왜 그토록 많은 사람들이 과학을 도무지 이해하지 못하는가?[150]

수학적 논리에 따르는 것은 앞 절에서 사용한 용어로 나타내면 수렴적 사고를 하는 것이다. 수학적 논리는 하나의 정답을 찾고 정당화하는 도구이기 때문이다. 그러나 심리학자들과 달리 푸앵카레는 수렴적 사고와 더불어 발산적 사고에 의하여 수학적 창조가 이루어진다고 설명하지 않는다. 어빙이 창의적인 문제해결 수준을 구분하고, 직관과 통찰에 의한 해결을 최상위 수준이라고 본 것은 푸앵카레의 입장과 일맥상통한다. 푸앵카레도 직관과 통찰이 수학적 창조에서 매우 중요하다고 하였다.

> 만약 내가 구조에 대한 느낌, 다른 용어로 표현하여, '직관'을 가지고 있다면, 한 눈에 논증 전체를 파악할 수 있으며, 논증 일부를 망각할 염려도 없다. 기억하려고 애쓰지 않아도 자연스럽게 적절한 시점에 기억할 수 있기 때문이다.[151]

푸앵카레는 수학적 논리와 수학적 직관의 조합에 의하여 수학적인 구조를 인식하는 것이 수학적 추론의 본질이며, 이것을 한 마디로 말하면, 모종의 '식별(discernment)' 또는 '선택(selection)'이라고 하였다. 여기서 선택이라는 용어의 의미가 오해를 불러일으킬 소지가 있다. 선택한다는 것은 어떤 것을 나머지 다

150 Poincaré(1914), pp. 46–47 참고
151 Poincaré(1914), pp. 49–50 참고

른 것과 비교하는 일이 선행되어야 한다는 것을 뜻하고, 그 일에는 창의성이나 직관이 관여하지 않기 때문이다. 물건을 살 때 모든 제품들을 살펴보고 그 중 하나를 고르는 데에는 판단기준(논리)과 꼼꼼한 성격이 필요할 뿐이다. 그러나 수학자가 창의적으로 수학을 창조할 때에는, 기존의 논리에 따라 모든 경우를 낱낱이 파악하는 일과는 다른 일을 하게 된다. 어빙이 말한 바에 따르면, 기존의 사고체계, 곧 수학적 논리를 깨는 것이 필요하다. 꼼꼼함이 아니라 과감함이 필요하다. 그렇게 예측하지 않았던 식별과 마주하는 특별한 순간에, 수학적 논리에 의존하지 않고도, '절대적 확실성(absolute certainty)'과 '즉각적 확실성(immediate certainty)'을 느끼게 된다. 그 순간이 지나면 어빙이 말한 것처럼 기존의 수학적 논리에 비추어 정당화를 시도하여 창조를 완성하는 것이다. 이와 같은 설명을 기초로 할 때, 수학적 창조의 과정에서 수학적 논리가 담당하는 고유한 역할은 수렴적 사고와 발산적 사고에 대한 심리학적 논의로는 충분히 설명하기 어려운 면이 있다.

수학적 창조는 수학적 논리의 세계에서 출발하여, 그 세계 밖으로 나가며, 세계 밖을 다시 수학적 논리로 포괄하는 일련의 과정이다. 수학적 논리만으로 불충분하지만, 수학적 논리 없이는 수학적 창조가 불가능하다. 수학적 논리에 주안점을 두다가 주변으로 초점을 옮기고, 모종의 선택을 하고 다시 수학적 논리로 자신의 선택을 정당화하는 전 과정을 이끄는 것은 수학적 추론이다. 그러므로 수학적 창조는, 수학적 논리가 새로운 수학적 논리를 만들어내고 수학적 추론이 새로운 수학적 추론을 만들어내는, '자기 확장' 또는 '자기 창조'에 의해 이루어진다. 이를 달리 말하면, 창조 또는 창의성은 수학이 수학이게 하는 핵심적인 과정이자 특질이라고 할 수 있다.

마. 요약

이 장에서는 먼저 수학적 추론의 특성이 확실성과 정확성이라고 파악한 손더스의 주장을 살펴보았다. 이 두 가지 특성을 잘못 해석하면, 수학에서 창의적인 접근을 할 수 없는 것처럼 오해할 수 있다는 점도 확인하였다. 정확성을 추구한다는 말은 누구나 동의하는 규칙이 있다는 것 그리고 그 규칙만을 준수해야 한다는 뜻으로 해석되는 면이 있기 때문이다. 확실성 역시 개개의 특수성이나 변화보다는 고정불변의 보편적인 진리를 따를 때에만 추구할 수 있는 것이라고 생각하기 쉽다. 그러나 이 두 가지 특성은 창의성을 저해하는 것이 아니라 오히려 촉진하는 면이 있다. 수학자들 그리고 학습자들도 확실성과 정확성을 추구하는 과정에서 유연한 사고, 유창한 접근, 독창적인 생각을 하게 되기 때문이다.

수학적 창의성 검사문항은 일반 창의성 검사문항과 내용은 다르지만 형식은 '가능한 한 많은 시도'를 요청한다는 점에서 동일하다. 헤이록은 일반 창의성 검사와 수학적 창의성 검사를 실시하고 두 검사의 결과 사이에 상관관계가 없다는 점을 확인하였다. 검사문항을 자세히 비교해보면, 응답의 적합성을 판단할 때 확실성과 정확성이 영향을 미친다는 것을 알 수 있었다. 그러므로 수학적 창의성 검사문항에 대하여 적합한 응답을 하려면 관련된 수학적 지식과 논리를 알고 있어야 한다. 그러나 일반 창의성 검사문항은 상대적으로 지식과 논리보다 발산적 사고능력에 의존한다. 이렇게 일반 창의성과 수학적 창의성 검사를 위한 문항의 수준과 내용이 이질적이라는 점은, 실제 학생의 창의성을 파악함에 있어 강점보다는 약점으로 작용할 수 있다. 일반 창의성 검사결과와 수학적 창의성 검사결과를 해석함에 있어 신중해야 하는 이유이다.

두 번째로 살펴본 것은, 수학적 추론이 확실성과 정확성을 추구하지만, 수학적 창조는 불확실성과 부정확성을 허용하는 가운데 이루어진다는 점이었다. 수학에서 가장 확실하고 정확한 것은 알고리듬인데, 어빙은 알고리듬을 적용해서 해결한 경우를 최저 수준의 창의성을 발휘한 것으로 보았다. 자신만의 기법을 고안하여 시각적인 표현 등을 활용한 경우는 알고리듬을 적용한 경우보다는 높은 수준의 창의성을 발휘한 것으로 보았다. 가장 높은 수준의 창의성을 발휘한 경우는, 직관에 의하여 문제의 구조를 통찰하고 직접적으로 단서를 찾아 해결한 것이었다. 여기서 '개연적 추측'이 최상위 수준의 창의성을 발휘하는 방법으로 다루어지고 있음을 확인하였다.

일반 창의성 연구에서 중심적인 사고유형은 수렴적 사고와 발산적 사고이다.

길포드가 창의성을 설명할 때에는 다양한 답을 제시하는 발산적 사고를 중심에 두었으나,[152] 다른 연구자들은 수렴적 사고도 창의성을 발휘하는 데에 필요하다고 보았다. 그 중 크로플리의 주장을 확인했으며, 수학에서도 수렴적 사고의 역할에 보다 주목해야 한다는 것을 시사점으로 제시하였다. 크로플리가 수렴적 사고와 발산적 사고는 분리될 수 없으며 상호작용함으로써 창의적 산출물을 낼 수 있다고 설명한 것처럼, 수학적 창의성도 두 사고의 결합과 상호작용에 의하여 발휘되는 것으로 이해할 수 있다.

마지막으로 수학적 논리와 수학적 창의성 사이의 관계에 대하여 알아보았다. 수학적 논리는 수학적 추론의 일부 또는 도구가 되며, 정확하고 안정된 체계 내부에 적용된다. 수학적 추론은 수학적 논리가 적용되는 범위는 물론이고, 그렇지 않은 범위로 기존의 수학적 논리체계를 확장할 때도 활용된다. 수학적 창의성은 수학적 논리가 안정을 찾고 체계화되었을 때 그것을 깨고 벗어나려는 시도에 의하여 발현된다. 수학은 이렇게 기존 논리 그리고 더 나아가 기존 추론의 자기-부정에 의한 자기-확장, 자기-창조에 의하여 발전되어 온 학문이라는 것을 확인하였다. 결론적으로 창의성은 수학적 논리, 수학적 추론 그리고 궁극적으로는 수학의 본질이다.

152 Guilford(1950, 1966, 1967) 참고

06

수학적 창의성에 대한 동양의 관점

이 장에서는 수학적 창의성에 대한 동양의 관점 또는 동양적 관점에 대하여 살펴본다. 굳이 동양과 서양이라는 이분법에 의존하여 수학적 창의성의 의미를 파악할 필요가 있는가 하는 의문이 들 것이다. 그런데 동양수학과 서양수학이라는 구분이 엄연히 존재하고, 양자 사이에 적지 않은 차이들이 거론되어왔다. 동양과 서양의 사회와 문화, 역사의 차이 역시 상당하며, 이러한 차이가 각각의 사회에 속하는 구성원들의 인식과 행동에 상당한 영향을 미친다는 연구결과도 지속적으로 보고된다. 이런 점들을 감안하면, 수학적 창의성에 대해서도 동양과 서양에서 얼마간 다른 관점을 가질 수 있다고 추측하는 것도 무리는 아니다. 이하에서 그 추측의 세부적인 내용을 제시한다.

가. 암기와 동양의 수학학습

TIMSS나 PISA[153]와 같은 국제수학성취도 평가에서 우리나라 학생들이 지속적으로 매우 우수한 성적을 거두었으며, 싱가포르, 대만, 홍콩, 일본 등 다른 동양의 국가들도 상위권에 위치하였다. 일관되게 나타나는 동양 학생들의 높은 성취도 덕분에 그 배경에 대한 논의도 활발하게 이루어져왔다. 근면하고 성실한 학습태도와 같은 긍정적인 배경과 과도한 사교육과 같은 부정적인 배경이 종종 거론되었다.[154] 이들 배경들은 긍정적이든 부정적이든 수학적 창의성의 의

153 각각 'Trends in International Mathematics and Science Study'와 'Programme for International Student Assessment'의 약자임.

154 Park(2004), Kim(2009) 참고

미 파악과 교육에 영향을 미친다. 그중에서도 주목할 만한 것으로 먼저 암기와 수학학습의 관계를 들 수 있다.

렁은 수학교육에서 서양의 관점과는 구분되는 동양의 관점, 특히, 동아시아의 관점이 있다고 주장해왔다. 암기와 수학학습의 문제에 대해서도 서양과 동양이 다른 입장을 가지고 있다는 흥미로운 해석을 내놓았다. 렁에 의하면, 서양의 수학교육학자들은 다음과 같은 이유에서 암기에 의한 수학학습을 비판하였다.[155]

(1) 암기학습(rote learning)은 이해하지 않고 암기하면서 학습하는 것을 가리킨다.
(2) 암기학습은 진정한 학습이 아니다.
(3) 의미를 추구해야 진정한 학습이다.

렁은 위와 같은 비판이 수학학습에 대한 협소한 관점에서 비롯된 것이라고 보았다. 동아시아 국가들에서는 관점의 폭을 넓혀서 암기학습도 필요하다고 보고 있으며, 렁은 그 이유를 다음과 같이 설명하였다.[156]

> 암기를 정당한(legitimate) 학습 방법이라고 할 수는 없다. 그러나 무엇인가를 학습할 때 완전히 이해할 수 없는 순간이 있게 마련이고 그때에는 암기할 수밖에 없다. 학습은 반복연습과 암기, 이해 사이의 상호작용이다. 암기에 의한 학습을 이해에 근거하지 않는 학습으로만 보는 것은 지나치게 단순한 해석이다.

수학을 배울 때 모든 것을 다 이해할 수 없다는 점에는 누구나 동의할 것이다. 이해하지 못하는 순간에는 언어적인 설명이 거의 효력을 발휘하지 못한다. 1장에 소개한 소설 속의 소년 이야기를 다시 한번 생각해 보자. "칠 하나만 있는데 삼을 어디서 빼느냐?", "나는 아무리 자세히 들여다보아도 칠 속에 들어 있다는 삼이 보이지 않았다", "뿐만 아니라 사는 어디에 숨어 있다가 돌연히 나

155 Leung(2001), p. 40 참고
156 Leung(2001), pp. 40-41 참고

타나서 뻔뻔스러운 모습으로 정답의 자리를 차지하게 되었는지도 의문이었다." 와 같은 소년의 생각을 보면 언어적인 설명이 이해를 촉진하는 데에 도움을 주지 못하였음을 알 수 있다. 3장에서 피아제, 톨, 스파드의 이론에 힘입어 이 소년이 계산 방법을 배우면서 거쳐야 하는 과정을 살펴보았다. 교사에게서 듣는 언어적인 설명이 아니라 스스로 창의적인 직관을 사용하여 반영적 추상화를 하거나(피아제의 관점), 과정으로 회귀하였다가 다시 개념으로 나아가거나(톨의 관점), 압축과 물화를 하는 것(스파드의 관점)으로 설명했었다.

이 소년이 조선시대에 태어났다면 '산대'를 이용하여 뺄셈의 원리를 배우게 된다. 산대를 이용한 계산은 중국에서 시작되었으나 중국보다 조선에서 그 꽃을 피운 것으로 알려져 있다. 다음 그림에서 산대로 수를 어떻게 표현하는지 확인할 수 있다. 이것은 경선징이 저술한 《묵사집산법》이나 황윤석의 《산학입문》에 제시된 것으로, 암기하기 쉽게 '가결(歌訣)'의 형태를 띠고 있다. 최은아는 이와 같은 가결이 조선시대에 산학을 널리 지도하기 위한 한 가지 전략이었다고 보았다.[157]

일은 세로, 십은 가로, 백은 세로, 천은 가로로 놓는다.
천과 십은 서로 바라보고, 만과 백은 서로 비슷하다.
6 이상의 수는 5가 위쪽에 있다.
6은 더 이상 쌓지 않고, 5는 홀로 놓지 않는다.
십이 되면 앞자리로 나아가고, 십이 안 되면 제자리에 있다.
만약 이 가결에 밝으면 구장을 배울만하다.

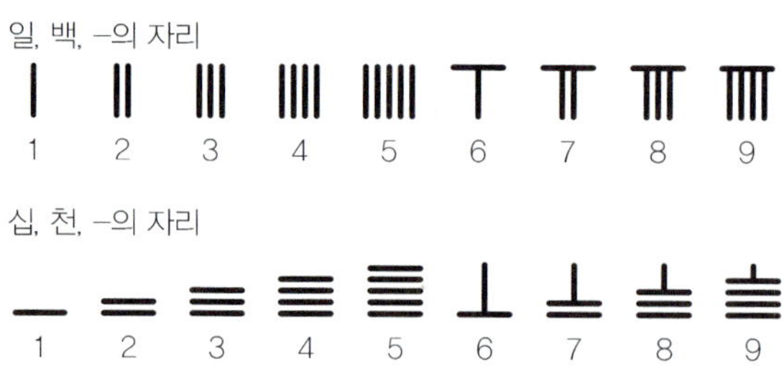

그림 6-1 ○ 산대로 수를 나타내는 방법에 대한 가결

157 최은아(2013), p. 37 참고

산대로 수를 나타내는 방법 말고도 간단한 계산 방법이나 계산에 필요한 단편적인 지식을 암기하는 가결도 있다. 구구단에 해당하는 '구구합수' 역시 노래하며 암기하는 것이 주된 공부 방법이다. 암기는 산학의 기초적인 지식과 계산 방법을 학습하는 데에 필수적인 도구였고, 아직도 우리나라를 비롯한 동양의 수학교육에 그 흔적이 남아 있다. 이와 같은 측면은 암기에 의한 학습을 배척해야 하는 것으로 주장하는 서양의 관점들과 다르다. 이를테면, 저명한 창의성 연구자 스턴버그는 "암기력이 아니라 창의성을 가르쳐라(Teach creativity not memorization)."라고 공공연히 주장하였다.[158] 그런데 동양의 관점에서는, 새로운 표기법과 간단한 규칙 등을 암기하면서 수학을 학습하는 것이 당연하고 오히려 권장하는 측면도 있다. 다만 암기만으로 수학을 학습할 수 있다고 본 것이 아니라, 반복연습, 암기, 이해 사이의 상호작용이 중요하다는 점을 고려한다. 수학적 재능이 부족한 학생들에게는 이와 같은 관점에서 지속적으로 대안적인 수학학습의 기회를 제공하는 것이 수학적 창의성 발현의 기회도 제공하는 것이 될 수 있다.

나. 실용성과 동양수학

서양수학과 구분되는 동양수학의 특징으로 가장 많이 거론되는 것은 의문의 여지없이 실용성이다. 중국, 한국, 일본 등에서 발견된 수학책들은 공통적으로 구체적인 생활 맥락에서 나타나는 문제로 시작하여 답을 제시하고, 풀이와 해설을 제시하는 방식을 따른다. 예를 들어, 조선 후기 황윤석이 저술한 《산학입문》에 나오는 다음 문제를 보자.[159]

> 닭과 토끼가 100마리 있다. 다리의 총 수는 272개이다. 닭과 토끼는 각각 몇 마리인가?

---

158 Sternberg(2010) 참고

159 김용운(1985), 황윤석(2006) 참고

이 문제는 닭의 수를 x, 토끼의 수를 y라 놓고 다음과 같이 연립방정식을 세워 해결할 수 있다.

$$\begin{cases} x + \ \ y = 100 \\ 2x + 4y = 272 \end{cases}$$

중국에서는 오래전부터 '이율분신(二率分身)'이라는 매우 흥미로운 전략을 이용하여 이와 유사한 문제들을 해결해왔다. 대략 그 풀이를 설명하면 다음과 같다. 닭과 토끼의 몸을 둘로 똑같이 나눈다고 상상하는 것이 핵심적이다. 그러면 다리의 수가 272의 절반인 136이 된다. 닭과 토끼가 합해서 100마리였으므로, 다리 총 수의 절반인 136에서 100을 뺀 36이 어떤 값인지 생각해볼 수 있다. 이율분신에 의하여 닭과 토끼에는 아주 흥미로운 차이가 발생한다. 나뉜 닭의 다리 수와 닭의 수는 일치하는 반면에, 나뉜 토끼의 다리 수는 토끼의 수의 2배라는 것이다. 여기서 36의 의미를 찾을 수 있다. 바로 토끼의 수이다. 당연히 닭의 수는 100에서 36을 뺀 64가 된다. 이 풀이과정 자체가 매우 창의적이다. 학교에서 연립방정식 풀이를 배우지 않은 어느 학생이 이와 유사한 방법을 생각해냈다면, 기발하고 독창적이며 놀라운 수학적 통찰을 해낸 것으로 보아야 할 것이다.

위의 풀이방법에 담긴 창의성말고도 문제 자체에 대하여 생각해볼 점이 더 있다. 문제에서는 닭의 수와 토끼의 수라는 두 미지수를 구하도록 하고 있다. 그런데 이 문제가 실생활에서 제기되는 것이라면 닭과 토끼의 총 수와 다리의 총 수를 알면서 두 동물의 수를 모르기는 어렵다. 닭이 몇 마리인지 그리고 토끼가 몇 마리인지 세는 것이 일상에서 일어날 법한 일이지, 세기도 어려운 다리의 총 수를 구한 후 닭과 토끼를 구하지 않기 때문이다. 닭과 토끼의 총 수가 101이나 102 또는 더 현실에 있을 법한 수가 아니라 100인 점도 주목해야 한다. 이런 특징들이 결코 우연일 리가 없다. 이 문제는 미지수가 2개인 연립방정식을 풀어서 해결할 수 있는 전형적인 사례이다. 교육, 그러니까 후속세대가 이와 동일한 구조의 상황을 파악하고, 그때에 어떤 식으로 사고하여 문제를 해결할 수 있는지를 알려주기 위한 것이다. 이런 이유로 동양의 수학책들에 담긴 많은 문제들을 단지 실용성에만 비추어 해석해서는 안 된다. 실제로 동양의 수학책들에 드러나는 특정한 수학적 지식을 다루는 의도적인 '변이(variation)'[160]를 오늘날의 수학교육에 적용할 수도 있는 것이다. 수학에서는 물론 흥미로운 문제를 만들어 제시하는 것 자체가 창의성을 가장 잘 보여주는 방법이기도 하다. 그 문제를 해결하는 과정에서 다양한 지식을 창안할 수 있기 때문이다.

황윤석은 이율분신이 아니라 다음과 같은 '차분화합(差分和合)'에 의하여 위의 문제를 해결하였다.

> 먼저 닭의 다리가 4개라고 가정해보자. 닭과 토끼가 합해서 100마리이므로, 총 다리의 개수가 400이 된다. 그런데 문제에서 총 다리의 수가 272라고 했으므로, 400과 비교하면 128만큼 차이가 난다. 이 차이는 닭의 다리가 2개인데 4개라고 가정한 데에서 비롯된 것이다. 그러므로 128을 다리의 차, 곧, 2(=4−2)로 나눈 64가 닭의 수이다. 토끼의 수는 총 100마리에서 64를 제외한 36이 된다. 마찬가지로, 토끼의 다리가 2개라고 가정하여 문제를 해결할 수도 있다. 그러면 총 다리의 수는 200이다. 주어진 총 다리의 수 272와의 차이인 72를 2로 나눈 36이 토끼의 수인 것이다.

황윤석의 풀이를 현대적인 표기법으로 나타내면 다음과 같다. 먼저 첫 번째 풀이에서 닭의 수를 x라 두면, 다음 비례식을 얻을 수 있다.

$$(4-2):1=(100\times 4-272):x$$

이 식에서 닭의 수는 다음과 같이 하나의 식으로 정리된다.

$$x=\frac{100\times 4-272}{4-2}$$

160 마톤과 부스는 학습을 촉진하기 위하여 변이를 적절히 고려하는 것이 중요하다고 주장하였다. 문제, 해법의 종류, 맥락에 이르기까지 학습에 관련된 여러 요소들을 다양하게 바꾸어나가는 것이 학습의 기회를 제공한다고 보았다(Marton & Booth, 1997, p. 197). 조선산학을 포함한 동양산학에서 다루는 다양한 문제들은 마톤이 말하는 변이를 고려한 것으로 볼 수 있으며, 이를 수학교육에 반영하는 방안을 마련할 필요가 있다.

이 과정은 연립방정식 $\begin{cases} x+y=c \\ ax+by=d \end{cases}$에서 y를 소거하여 $x=\dfrac{bc-d}{b-a}$를 계산하는 것과 같다. 두 번째 풀이 역시 토끼의 수를 y로 두고 비례식을 세워 해결할 수 있다. 마찬가지로 연립방정식에서 x를 소거하여 y를 구하는 방법이다. 결국 차분화합이라는 계산절차는 일반적인 연립방정식 풀이법으로 볼 수 있는 것이다.

요약하자면, 동양수학에서는 공리와 정의 등이 아니라 실생활 문제와 그 풀이를 중심으로 내용을 전개해왔다. 그렇기 때문에 수학의 실용성이 주로 부각되어 왔다. 그러나 문제들을 자세히 분석해보면 일반적인 전략에도 관심을 두고 있으며, 그것을 창의적인 문제 맥락에 담아 제시하는 방식을 따르고 있다. 문제를 해결하는 다양한 방법을 찾는 과정에서 다른 수학적 지식으로 연결되는 사례도 발견할 수 있다. 그러므로 동양수학의 창의성은 연역보다는 귀납에 치중하고, 일반성을 구체적인 맥락에서 다룬다는 점을 특징으로 한다.

다. 동양수학에서의 표현

일반성을 구체적인 맥락에서 다룬다는 것이 동양수학의 창의적인 면 중 하나이며, 이때 매우 구체적인 표현을 사용한다는 점을 확인하였다. 그러나 구체적인 맥락과 구체적인 표현을 따른다는 점은, 저술이나 교육에서의 효율성이나 경제성을 떨어뜨리는 면이 있다. 표현의 비효율성과 비경제성은 한자문화권이 이른바 지식혁명이나 대중교육의 측면에서 지체된 이유이기도 하다. 널리 알려진 바와 같이 세계에서 가장 오래된 금속활자본 《직지심체요절(直指心體要節)》은 구텐베르크 것보다 80년이나 앞선 인쇄기술이 우리나라에서 발달되었음을 입증한다. 그런데 우리나라를 비롯한 동양에서 인쇄술의 발달에 힘입어 지식혁명을 이룬 흔적을 발견하기는 어렵다. 조선후기까지도 수학책을 널리 보급하고 교육에 힘쓴 기록은 없다. 다른 분야와 마찬가지로 수학책도 한자로 이루어졌고, 인쇄에 필요한 기본활자가 너무 많아서 대량으로 인쇄할 수 없었기 때문이다. 한자를 배우는 것 자체가 대중들에게는 어려운 일이기 때문이기도 하였다.

수의 명수법, 곧 수를 이르는 단어와 수를 표기하는 방법인 기수법의 경우에는 매우 이해하기 쉽고 체계적이어서 초기 수학학습에 큰 도움이 된다. 기어리와 그의 동료 연구자들은 한자문화권의 학생들이 수학교육을 받기 이전에 이미 명수법과 기수법을 자연스럽게 알게 되며, 그렇기 때문에 수학교육을 받은 서구의 학생들보다 오히려 우수하다는 점을 확인하였다.[161] 다음 표와 같이 11부터 15까지의 명수법만 비교해보아도 한자가 영어와 프랑스어보다 훨씬 체계적이고 규칙적이어서 수월하게 받아들일 수 있음을 알 수 있다.

표 6-1 ○ 11부터 15까지의 명수법 비교

	한자	영어	프랑스어
11	十一	eleven	onze
12	十二	twelve	douze
13	十三	thirteen	treize
14	十四	fourteen	quatorze
15	十五	fifteen	quinze

그러나 이것은 수학학습의 초기에 해당되는 이야기이다. 수 개념과 수 표기법, 계산을 넘어서서 점차 일반적인 내용을 다루는 단계에 가면 한자문화권의 표현 방법이 불편한 경우가 많다. 서양과 달리 추상적인 기호 체계와 논리 체계를 발전시키지 않았기 때문이다. 특히, 기하의 경우에는 기호 체계와 논리 체계의 면에서 더욱 더 미발달 단계에 머물렀다. 수학자들조차 매우 소박한 방식으로 도형의 이름을 붙이고, 소박한 방식으로 다루었다. 예를 들어, 황윤석은 다양한 형태의 평면도형을 모아 그 넓이를 구하는 방법을 다루면서 새로운 도형들을 생각하고, 각각에 새롭게 이름을 붙였다. 원래 《구장산술》에는 다음 그림과 같이 원 안에 원이 들어있는 도형 '환(環)'이 제시되었는데, 황윤석은 이것을 참고하여 정사각형 안에 정사각형이 들어있는 도형을 만들고 이를 '두(斗)'라고 이름 붙였다. 원 안에 정사각형이 들어있는 '전(錢)'이라는 도형을 변형하여 정사각형 안에 원이 들어있도록 배치한 후 '후(帿)'라고 불렀다. 황윤석은 네 개의

161 Geary, Bow-Thomas, Fan, & Siegler(1993) 참고

도형이 모두 주변의 사물, 즉 고리, 말[162], 동전, 과녁과 모양이 비슷하다는 이유로, 일상의 사물과 동일한 이름을 붙였다.[163]

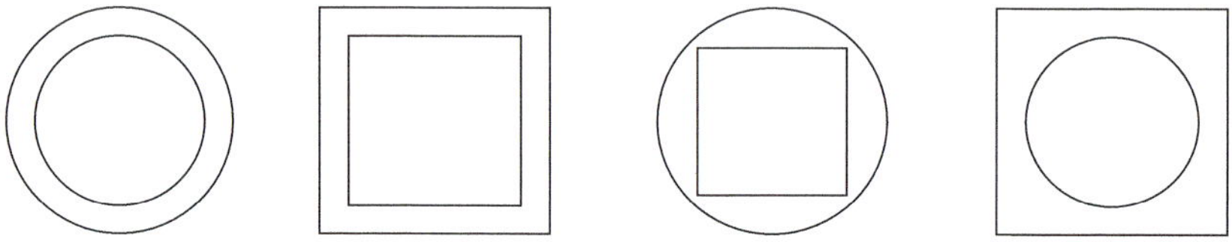

그림 6-2 ◦ 환(環, 고리), 두(斗, 말), 전(錢, 돈), 후(帿, 과녁)

수학적인 대상으로 추상화하고 기호화하여 일반적인 성질을 탐구하기보다는 구체적인 사물의 이름으로 명명하여 소박한 탐구를 하는 것에 그친 것이다. 이 전통은 오늘날 학교수학에도 이어지고 있다. 가령, 사다리꼴이나 마름모가 그러한 예이다. 해결전략과 대상을 표현함에 있어 주변의 사물과 관련짓거나 일상적인 언어를 활용하는 경향은 한자가 생성된 과정을 생각하면 사실 자연스럽다. 한자가 바로 그렇게 만들어진 글자이기 때문이다. 냇물이 흐르는 모양을 표현하여 '천(川)'자를 만들고, 뜻글자와 소리글자를 조합하여 수많은 글자를 만들었다. 이러한 방법으로 수학적인 대상과 절차도 구체적인 속성을 부여하여 다루었던 것이다.

동양수학의 표현이 수 표기법을 제외하면 대체로 기호와 논리의 측면에서 미분화되었지만, 학습자의 입장에서는 엄밀하고 추상적인 체계로 급속하게 진행하는 서양수학에 비하여 배우기에 더 수월한 면이 있다. 구체적인 맥락과 더불어 학습하기 때문에 다양한 수준의 학생들에게 더 많은 학습의 기회를 제공할 가능성도 있다. 효율적인 수 표기법은 수학학습의 초기 단계에 큰 도움이 되기도 한다. 한자문화권에 속하는 동아시아 학생들이 국제수학성취도 평가에서 좋은 성적을 거두는 이유 중 하나가 이와 같이 폭넓은 학습기회가 제공된다는 점이다. 또, 구체성을 유지하는 표현체계의 속성이 학생들에게 나름의 수학적 표현을 창안하게 하는 기회를 제공하는 면도 있다. 수학적 대상의 이름을 자신에

162 콩 등 곡식의 양을 재는 도구이자 단위

163 장혜원(2010), p. 185 참고

게 더욱 친숙한 것으로 바꾸어보게도 할 수 있고, 해결전략의 핵심적인 부분을 요약하거나 표현함에 있어서도 독자성을 추구하도록 할 수 있다. 요컨대, 수학자들도 일상 언어로 사유하고 주변의 사물과 수학적 대상을 관련짓는다는 것을 소개하고 모방하도록 한다면, 소박한 의미에서 학생들 나름대로 수학적 창의성을 추구하는 기회를 제공할 수 있다.

라. 요약

고대 중국의 수학은 비슷한 시기의 서양수학에 비하여 매우 높은 수준이었다.[164] 예를 들어, 중국의 수학자 조충지(祖沖之)는 π의 근삿값을 아르키메데스가 구한 값보다 더 정밀하게 구하였다.[165] 라이프니츠는 이진법을 창안한 후 이미 중국의 《주역》에 그 기본 원리가 반영되어 있음을 알고 놀랐다고 한다.[166] 동양수학이 서양수학 못지않게 발달되어 있었고 그 나름의 고유한 체계와 색깔을 가지고 있는 것으로 보인다. 그러나 안타깝게도 동양의 수학자들이 수학적 개념과 추론 방식을 창안하고 발전시켜온 과정과 배경에 대한 기록은 매우 부족한 상태이다. 그러므로 수학적 창의성에 대한 동양적 관점을 도출하는 데에 많은 어려움이 있고, 추측과 비약이 불가피하다. 그럼에도 불구하고 간략하게 논의한 내용을 되돌아보면서 수학적 창의성에 대한 동양적 관점을 도출하고자 한다.

첫 번째로 확인했던 바는 수학학습에서 암기의 역할에 대한 관점의 차이였다. 서양에서는 암기에 의한 수학학습을 일관되게 비판해왔으나 동양의 학자들은 입장을 달리하였다. 령은 암기에 의한 수학학습이 불가피하며, 단지 '이해'의 반대어가 '암기'라고만 해석해서는 안 된다고 주장하였다. 수학을 배우다보면 이해할 수 없는 때가 발생하며, 그때에는 이해를 계속 추구하기보다는 암기 또는

164 Needham(2000) 참고

165 Boyer & Merzbach(1968) 참고

166 이진법을 이용하여 서양은 컴퓨터를 만들었고 동양은 사주풀이를 하였다. 동양에서도 먼저 발견한 수학적 원리가 제법 있지만, 이후의 발달 과정은 이진법과 마찬가지로 미진한 경우가 많아서 아쉽다.

반복 연습을 통하여 학습을 지속할 필요가 있다는 것이다. 렁에 의하면, 수학을 배운다는 것은 이해, 암기, 반복 연습 사이의 상호작용을 통하여 가능하다.

조선산학서에 제시된 가결들은 암기를 적극적으로 활용하여 수학을 학습하도록 하는 도구이다. 산대로 수를 나타내는 방법이나 문제를 해결하는 과정 등을 운율이 맞는 시나 노래처럼 기술하여 외우는 것이 수학을 배우는 전략 중 하나였다. 오늘날까지도 서구와는 달리 수학을 공부한다고 하면 구구단을 외우고, 근의 공식과 인수분해 공식 등을 외우는 것이 우리나라를 비롯한 아시아 국가들에서는 당연한 과정이다. 마치 경전을 외우고 음미하면서 깨달음을 얻듯이, 수학도 기본이 되는 지식을 외우고 그 의미는 차차 파악하는 것이다. 기본적인 것을 암기한 후에 반복하여 연습하고, 그런 연후에야 깊은 이해를 할 수 있다고 생각하는 관점이다. 달리 말하여, 수학적 창의성은 암기와 반복 연습을 거친 학습자가 자신만의 생각을 덧붙여 깊이 이해하려고 할 때 추구하고 발휘할 수 있다고 본다. 그러므로 동양적 의미에서 수학적 창의성은 암기와 반복 연습에 의하여 새로운 수학적 개념과 법칙을 익히면서 새로운 이해를 추구하는 성향과 태도이다.[167]

두 번째로 확인했던 바는 동양의 수학책들이 제시하고 있는 문제의 성격에 대한 것이었다. 그동안 널리 논의된 바는 동양의 수학이 실용적인 지식, 곧 응용 또는 적용만을 추구한다는 것이었다. 동양의 수학책들이 공통적으로 문제와 그 풀이를 제시하는 저술방식을 택하고 있으며, 여기서 문제들은 조세, 측량 등에 관한 실생활 맥락의 것들이 대부분이기 때문이다. 실생활 문제, 특히

167 미국에서는 탐구와 고차적인 사고력을 강조하던 학문 중심 교육과정의 반작용으로 이른바, '기본으로 돌아가자(Back to basics)'라는 운동이 일어났다. 그러나 우드워드는 기본으로 돌아가자는 운동의 결과로 학생들의 기본적인 수학적 능력이 향상되었는지는 의문이라고 하였다(Woodward, 2004). 이와 달리, 중국에서는 가장 중요한 수학학습의 원리로 '두 가지 기본(Two basics)'이라고 하여 기본적인 지식과 기능을 착실하게 익히는 것을 강조해 왔다(Zhang, Li, & Tang, 2004). 우리나라는 미국의 수학과 교육과정 개정을 적극적으로 받아들이는 한편, 중국과 마찬가지로 기본을 중시하는 문화를 유지하고 있다. 우리나라의 수학교육 정체성은 한편으로는 급격한 변화에 대처하려는 서구의 관점을, 다른 한편으로는 기본에 충실하자는 중국의 오래된 입장을 균형 있게 추구하는 것에서 찾을 수 있다.

관료로서 담당업무를 처리하는 데에 필요한 실용수학이 곧 동양의 수학이라고 보아 왔다. 그러나 동양수학에 포함된 문제들이 단지 생활 속에서 만나는 것들이라고만 할 수 없다는 점을 확인하였다. 외형적으로는 실생활 문제처럼 보이지만 다루고 있는 내용은 수학적인 전략이나 구조를 전형적으로 드러내는 상황을 제시하고 있기 때문이다.

예를 들어, 닭의 수와 토끼의 수에 관련된 문제가 그러하였다. 이 문제는 미지수가 2개인 연립일차방정식을 해결할 때 활용할 수 있는 '이율분신'과 '차분화합'이라는 일반적인 전략을 다루기 위하여 만들어낸 맥락이었다. 실생활에서는 닭의 수와 토끼의 수를 구하면 다리의 수도 구할 수 있기 때문에, 다리의 수를 아는 상황에서 닭과 토끼의 수를 구할 이유가 없다. 주어진 문제는 실생활에서 만나는 상황으로서가 아니라 일반적인 전략을 효과적으로 파악하고 익히도록 하기 위한 것이었다. 이와 같은 문제들은 오늘날 '문제해결 교육'이라는 관점에서 그러하듯이 의도적으로 일정한 순서와 난도를 조절하여 제시된 것들로 볼 수 있다. 수학을 개념의 집합이나 지식의 체계로서가 아니라 흥미로운 문제들의 모음으로 체계화하고 전수한 것이다.

동양수학이 문제의 창조와 해결을 중심으로 한다는 점에 비추어볼 때, 수학적 창의성의 동양적 의미는 창의적인 문제를 찾는 것과 창의적인 해결전략을 찾는 것에 관련된다는 것을 알 수 있다. 닭과 토끼의 문제는 매우 간단하지만 창의적으로 생각을 펼칠 수 있는 기회를 제공하며, '이율분신', '차분화합' 등 창의적인 해결전략을 찾는 가운데 새롭고 유용한 수학으로 나아가는 기회를 제공할 수 있다.[168] 이러한 특징은 오늘날의 수학교육에서도 추구해야 할 수학적 창의성 중 하나이다.

세 번째로 확인했던 것은 동양수학에서 사용한 표현이었다. 특히, 한자로 수학을 하는 문제에 대하여 살펴보았다. 한자는 영어의 알파벳과 비교하면 기본이 되는 글자 수가 많고 복잡하여 수학을 하고 저술하는 데에도 어려움을 야

168 11장에서 이 기회를 수학수업의 중심에 두기 위한 방안을 논의한다.

기할 수 있음을 확인하였다. 서구에서와 같은 지식혁명 또는 대중교육 확산이 동양에서 이루어지지 않았고, 수학도 제한된 집단의 학자들 또는 관료들만 배우는 데에 그친 이유가 한자 사용의 어려움에 기인하는 점이 있다고 추측하였다. 그러나 수의 명수법과 기수법에 있어서는 한자가 매우 효율적이어서 수학 학습의 초기 단계를 성공적으로 거치는 데 도움이 된다. 영어를 포함한 서구의 언어들은 불규칙한 변화 때문에 처음 수를 학습할 때 어려움을 야기하는 것에 비하여, 한자로 수를 말하고 기록할 때는 매우 체계적이고 규칙적이어서 배우기 수월하기 때문이다. 점차 일반적인 내용을 다루게 되면서는 기호 체계와 논리 체계에 의존하지 않고 여전히 구체적인 맥락과 표현을 유지하는 것 때문에 불편하고 비효율적이다.

기하영역에서는 기호 체계와 논리 체계 면에서 서구의 수학에 비하여 미발달 단계에 머물렀다. 수학자들까지도 기하적인 대상을 확장하거나 전략을 만들 때 사물이나 구체적인 행동과의 관련성을 유지하면서 소박하게 다루는 경향이 있었다. 황윤석이 동전과 닮은 모양의 도형을 '전'이라고 불렀던 것을 그 예로 제시하였다. 서양수학이라면 '원 안에 그림과 같이 정사각형이 들어 있다.'라고 기술하였을 것이다. 한자가 그렇다는 평가를 받듯이 구체적이고 친숙한 방식을 따르는 동양수학의 표현체계는 비효율적이고 비경제적인 면이 있다. 그러나 구체성과 친숙함을 유지하는 방식으로 수학적 대상과 절차를 표현하고 기술하였기 때문에 수학을 배우는 학생의 입장에서는 학습의 기회가 더 많다. 수학자가 그랬듯이 학생들도 주변의 사물과 연결하거나 일상 언어를 사용하여 수학을 할 수 있기 때문이다. 이와 같은 소박한 표현체계는 학생들이 각자의 수준에 적합한 표현을 보탬으로써 나름의 수학적 창의성을 발휘할 기회를 가지는 계기가 될 것으로 생각한다.

지금까지 수학적 창의성에 대한 동양적 의미를 도출하고자 시도하였다. 동양수학의 발달 과정 그리고 동양의 수학교육에 대한 자료가 워낙 부족하고 창의성과 관련지어 논의한 연구들도 거의 없기 때문에 다소간 무리한 해석도 불가피하였다. 창의성 또는 창의성 교육에 관련된 기존의 논의들과 상충되는 결론을 제시한 점도 있다. 이에 대해서는 고증과 실증을 거쳐 확인하는 후속연구가 필요하다. 이 장에서의 논의를 수학적 창의성에 대한 보완적인 관점을 제공하는 것으로 보기를 희망한다. 무엇보다 위대한 수학자들의 위대한 창조가 아니라 학생들 수준에서의 소박한 창조에 대하여 논의할 때에는 어느 정도 의미 있는 시사점을 제공하는 것으로 볼 수 있다. 프로이덴탈이 말한 역사발생적 원리[169]를 수학교육에서 구현할 때, 수학적 개념과 절차의 초기 발생을 설계하기 어려웠다. 수학자들이 어떻게 해서 특정한 개념과 절차를 창안했는지에 대한 기록이 부족하기 때문이다. 그런데 이 장에서 살펴본 바와 같이, 동양수학에서는 상당한 정도로 발전된 단계에서도 소박한 방식과 표현을 유지하고 있다. 이를 학생들에게 적합한 소박한 창조의 기회로 재구성한다면, 동양의 맥락에 적합한 역사발생을 경험하도록 할 수 있을지 모른다. 동양수학은 이영찬이 다음과 같이 설명한 유교적 지식관이 그러하듯이 서양수학에 비하여 여러모로 미분화된 면이 있다. 그러나 바로 그 점 때문에 서구에서 혁명적인 수학 발달 이후 부딪힌 교육적 딜레마를 극복하는 데에 얼마간의 역할을 할 수 있을지 모른다.[170] 이 장에서 살펴본 몇몇 측면에 덧붙여 추가 연구가 이루어져야 한다. 수학적 창의성의 동양적인 의미는 그러한 노력에 힘입어 점차 드러날 것이다.

서구의 지성사의 관점에서 보면 유교적 지식은 여전히 사실과 도덕, 그리고 가치의 영역이 미분화된 진보의 낮은 단계에 처해 있지만 오히려 계몽의 역설에 빠진 서구의 근대적 지식의 맹점을 보완하는 데 많은 시사점을 주기도 한다.

169 Frudenthal(1991) 참고
170 이영찬(2011), p. 33 참고

07
수학적 창의성의 교육 사례

국내외에서 수학적 창의성은 영재들을 발굴하고 교육하기 위한 모델과 프로그램을 개발할 때 집중적으로 연구되었다. 1장에서 언급한 바와 같이, 이제는 영재들뿐 아니라 일반 학생들에게 수학적 창의성 교육이 필요하다는 데에 합의가 이루어지고 있다. 우리나라 수학과 교육과정에서도 진작부터 이와 같은 관점을 취해왔다. 이는 영재들을 대상으로 했던 수학적 창의성 관련 연구들을 재해석할 필요가 있음을 암시한다. 프로젝트 M^3는 '수학에 재능이 있는 학생을 위한 멘토링(Mentoring Mathematical Minds)'을 뜻하는 영어 표현의 약어이다. 1990년대 중반 미국에서 수학적으로 재능 있는 학생들을 일찍 발굴하고 교육하기 위하여 설계된 프로젝트이다. 국내에서는 대학부설 영재교육센터나 교육청 단위로 운영하는 영재학급 등에서 수학영재 교육을 실행하기는 했으나, 체계적이고 이론적인 근거를 가지고 운영하기보다는 교육 담당자의 개인적인 역량에 의존하는 경향이 있어 왔다. 이들 영재교육 기관에서 수학적으로 재능이 있는 학생들을 얼마나 발굴하고 교육해왔는가에 대한 포괄적이고 체계적인 연구도 거의 이루어진 적이 없다. 그러므로 미국과 상황이 다르지만 수학적 창의성을 교육한다고 할 때 고려해야 할 점이 무엇이고 어떻게 체계화할 것인지에 대한 유익한 시사점을 도출할 수 있기에, 이 프로젝트의 세부적인 설계와 내용을 살펴보고자 한다.[171]

171 이하 프로젝트 M^3의 세부적인 설계와 내용의 배경에 대해서는 Gavin, Casa, Adelson, Carroll, Sheffield, & Spinelli(2007)를 참고하여 서술하였음.

이어서 유럽연합(European Union, EU)의 지원을 받아 수행된 탐구-기반 수학과학 학습 프로젝트(Promoting inquiry-based learning in mathematics and science across Europe, PRIMAS)도 살펴보고자 한다. 2010년부터 2013년까지 4년 동안 진행된 프로젝트이며, 문제해결력 함양, 자기-역량 개발, 새로운 지식의 탐구 등, 수학적 창의성 교육에 관련된 시도를 하였기에 살펴보고자 한다.[172]

가. 프로젝트 M^3에서 시도한 수학적 창의성 교육

1) 프로젝트의 기본목표와 성격

프로젝트 M^3는 수학적 능력이 우수한 초등학생들을 위한 교육과정을 개발하는 데에 주안점을 두었다.[173] 이 교육과정에서는 수학적 능력이 우수한 학생들에게 한편으로는 개념을 깊이 이해하고 다른 한편으로는 수학적으로 사고하는 능력을 기르는 기회를 제공하고자 하였다. 총 5년 동안 추진된 프로젝트였다. 수학적 창의성이나 사고력은 단편적이고 임시적인 조치에 의하여 함양되지 않기 때문에, 이와 같이 장기간에 걸쳐서 교육과 관찰, 효과의 검증이 이루어져야 한다. 프로젝트 M^3는 이 점을 충족시키고 있다는 점에서 귀감이 된다.

프로젝트 M^3 연구팀은 수학자, 수학교육학자, 영재교육 전문가, 교사들로 구성되었다. 수학의 내용적 측면과 교육학적 측면, 교육과정 실행과 관련된 측면을 균형 있게 고려하고 있음을 알 수 있다. 총 12개의 단위 교육과정을 개발했는데, 대수, 자료 분석 및 확률, 기하와 측정, 수와 연산의 네 영역별로 각각 세 수준으로 나누어 제시하였다. 연구팀에서는 상황에 따라 유연하게 적용하기 위하여 전체가 하나로 연결된 교육과정 대신 단위마다 어느 정도의 독립성을 갖춘 교육과정을 개발했다고 밝히고 있다. 가장 큰 특징으로는 학생들이 이미 배

172 이하 프로젝트 PRIMAS의 세부적인 설계와 내용의 배경에 대해서는 www.primas-project.eu의 자료를 참고하여 서술하였음.

173 http://projectm3.org/에 교육과정과 관련된 세부적인 설명이 제시되어 있음.

운 지식을 확장하도록 하는 기회를 제공하는 것이며, 이를 위해 고차적인 사고를 하고 새로운 것을 생산하도록 이끄는 전략을 사용했다고 한다. 배운 지식의 확장과 새로운 지식의 구성은 수학적 창의성 교육에서 추구하는 바이므로, 이 연구에서 개발한 교육과정의 내용과 형식을 세부적으로 파악할 필요가 있다.

보통 영재교육에서는 상위 단계의 수학을 빠른 속도로 학습하는 것에 초점을 두는 '속진'과 이미 가지고 있는 지식을 깊이 탐구하여 확장하게 하는 '심화'를 시도한다. 프로젝트 M^3에서는 속진과 심화, 두 목표를 동시에 추구하여 서로 조화를 이루도록 하였다. 학생들이 서로 소통하고 의견을 공유하도록 하는, 사회문화적인 측면을 반영한 교수설계를 도입하기도 하였다. 이와 같은 단위 교육과정의 세부적인 특징은 각각 이론적인 근거를 바탕으로 하고 있다. 프로젝트 연구팀이 참고한 이론적인 근거들은, 미국수학교사협의회(National Council of Teachers of Mathematics, NCTM)에서 출판한 수학과 교육과정 관련 문헌들, NCTM 주도로 진행한 연구결과들에서 도출한 것이었다. 일반 학생들을 대상으로 하는 논의들을 고려하여 개발한 프로젝트인 것이다. 이로부터 프로젝트 M^3가 극소수의 영재가 아니라 수학에 어느 정도의 관심과 능력을 갖춘 학생들에게 수학적 창의성과 수학적 사고의 힘을 체험하도록 하려는 교육과정이라는 것을 알 수 있다.

이 프로젝트를 이끌었던 셰필드는 학생들이 다음과 같은 역할들을 수행하면서 여러 존재양태를 거치게 되며, 최종적으로는 수학을 창조하는 주체가 된다고 설명하였다.[174]

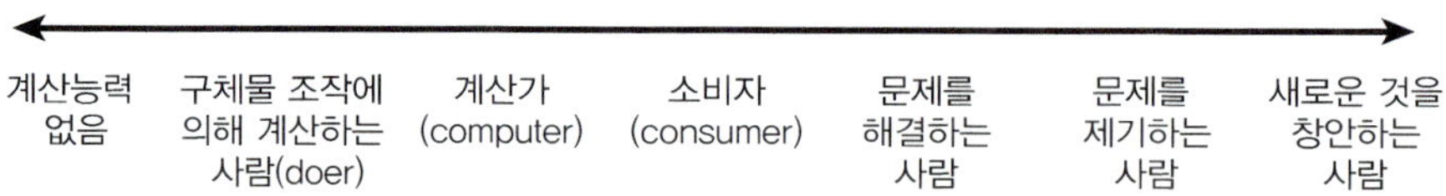

그림 7-1 ◦ 수학학습자의 존재양태

셰필드는 위의 그림에서 연속체의 최종 단계에 이르러서야 수학적 창의성을

174 Sheffield(2006) 참고

발휘하게 되는 것으로 설정하고 있다. 그만큼 수학적 창의성을 발휘하기 위해서는 사전에 갖추어야 하는 지식, 전략, 소양 등이 많다고 보고 있다. 계산을 전혀 못하는 단계에서 출발하여 두 번째 단계에 이르면, 사물이나 손가락 등의 구체물을 직접 셈으로써 계산하게 된다. 구체물을 조작하여 계산하는 단계와 구체물을 조작하지 않고 계산하는 단계를 구분하고 있다. 또, 계산하는 것에 그치는 것이 아니라 계산한 것을 바탕으로 현명하게 판단하는 소비자가 되는 단계를 가정하고 있다는 점도 눈에 띈다. 문제를 해결하는 것에 그치지 않고 문제를 제기하는 단계를 거친다는 것도 주목을 끈다. 이와 같은 일련의 존재양태를 거쳐서 최종 단계에 이르면 비로소 창의성을 발휘하게 되는 것으로 가정하고 있다.[175] 수학적 창의성의 의미를 고차적인 사고와 관련지어 파악하고 있음을 알 수 있다. 다시 말하여, 학생들이 수학의 기초와 기본을 갖춘 후에 고도의 추상성과 복합성을 감당하는 수준에 이르렀을 때 새로운 것을 창안할 수 있다고 보고 있다.

2) 수학적 창의성 개발 전략

프로젝트 M^3의 공동 책임자였던 셰필드는 여러 연구에서 관련짓기, 탐구하기, 평가하기, 공유하기, 창조하기의 다섯 가지 창의성 개발 전략을 강조해왔으며,[176] 이 다섯 가지 전략을 다음과 같이 추구하였다. 관련짓기 활동을 통하여 해결해야 할 문제가 이전에 해결했던 문제와 얼마나 관련되어 있는지를 생각한다. 어떤 점에서 비슷하고 다른지를 분석하여 관련성을 파악한다. 다음으로 탐구하기를 시도한다. 문제를 탐구하여 문제 자체의 특징과 구조를 파악할 수 있다. 이어서 결과를 평가한다. 탐구의 결과로 얻은 것이 해결책인지 또는 원

175 이 책에서 저자는 이와 다른 입장을 제시해왔다. 새로운 것의 창안은 모든 존재양태를 거친 후에야 하게 되는 것이 아니라 그 이전 단계에도 가능하다고 생각한다. 가령, 문제를 해결할 때에도 그리고 문제를 제기할 때에도 새로운 표현과 새로운 개념, 새로운 전략을 창안할 수 있으며 또한 그렇게 해야 문제를 해결하거나 제기하는 것이 가능할 때도 있다(4장 참고). 계산 방법을 학습할 때에도 단순히 그것을 기억하는 것이 아니라 창의적인 직관을 활용해야 한다(3장 참고).

176 Sheffield(1994, 2006)에 의하면 원래 이 모델은 Jensen이 제시하였다.

래 문제에서 요구하는 것이었는지를 판단할 수 있다. 네 번째로 공유한다. 자신의 생각과 탐구 내용을 다른 사람이 이해하기 쉽도록 바꾸어 표현한다. 마지막으로 새롭게 탐구할 문제를 창조한다. 주어진 문제에 관련되어 있으면서 더 알아볼 것을 정한 후, 탐구할 문제를 창조한다. 이와 같이 순차적으로 다섯 가지 활동을 할 수도 있으나, 얼마든지 다양한 순서로 다양한 초점을 유지하면서 진행할 수 있다.

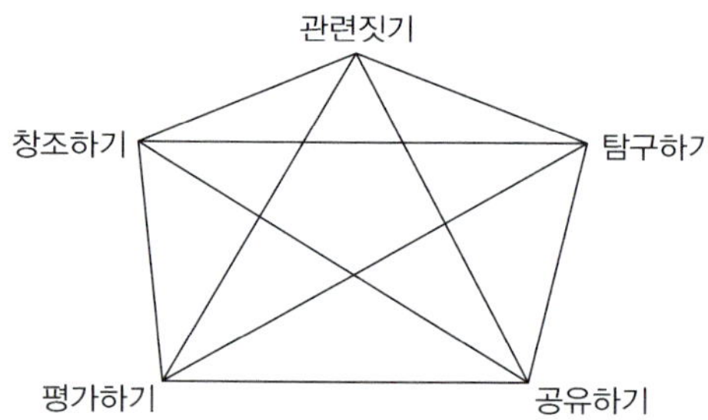

그림 7-2 수학적 창의성 개발을 위한 주요 활동

셰필드는 학생들이 창의성을 발휘하여 새로운 문제를 구성하도록 기회를 주어야 한다고 보았다. 이를 위해서는 다음과 같은 4W1H(What, When, Where, Why, and How) 질문을 활용하라고 제안하였다.[177]

(1) 무엇인지 묻는 질문(What)

이 자료에서 확인할 수 있는 패턴은 무엇인가? 확인한 패턴에서 도출할 수 있는 일반화된 결론은 무엇인가? 증명할 수 있는 방법은 무엇인가? 증명할 수 있는 가능성은 얼마나 되는가? 최선의 답, 최선의 방법에 의한 해법, 도입할 수 있는 최선의 전략 등은 무엇인가?[178] 만약 문제의 일부분을 바꾼다

177 4장에서 폴리아가 제시한 질문과 비교하면, 공통적인 질문들과 그렇지 않은 질문들을 찾아낼 수 있다. 가령, 셰필드가 제시한 질문들 중, "증명할 수 있는 가능성은 얼마나 되는가?", "가능한 해법은 모두 몇 가지인가?", "어디에서 출발해야 하는가?" 등은 폴리아의 질문 목록에 제시되지 않은 것들이다. 문제해결에 직접 관련되기보다는 한 발 떨어져서 메타-인지적으로 문제를 해결하는 자신의 사고과정과 행동을 살펴보게 하는 질문이다.

178 최선의 답을 묻는 것은 하나의 정답만을 요구하는 문제가 아니라 여러 답을 찾을 수 있는 문제

면 어떻게 되겠는가?

(2) 시점(언제)에 관한 질문(When)

언제 성립되는가? 언제 성립되지 않는가?

(3) 장소(어디)에 관한 질문(Where)

어디서 나온 결론인가? 어디에서 출발해야 하는가? 어디에서 도움을 구해야 하는가?

(4) 이유에 관한 질문(Why)

왜 그것이 성립하는가? 왜 그것이 성립하지 않는가?

(5) 방법에 관한 질문(How)

어떤 점에서 이전에 알고 있던 문제나 패턴과 비슷한가? 어떻게 다른가? '실생활' 상황이나 모델과 어떻게 관련되는가? 가능한 해법은 모두 몇 가지인가? 특정한 생각들을 표현하고, 가상으로 실험해보고, 모델화하고, 시각화하는 방법은 모두 몇 가지인가? 특정한 정보를 정렬하고, 조직하고, 제시하는 방법은 모두 몇 가지인가?

한편, 학생들에게는 여러 역할과 책임을 부여했는데, 가령, 다른 학생이 말한 것을 반복하거나 재진술하기, 동의하거나 동의하지 않는 내용을 말하고 그 이유를 찾기, 덧붙일 내용을 찾기, 기다리고, 사고하고, 깊이 천착하기, 동료에게 자신의 생각을 말하기, 추론과 질문을 기록하기 등이 그것이다. 이는 모두 학생들의 적극적인 참여를 요청하는 것이다. 교사의 역할과 책임도 다양한데, 주요한 것은 다음과 같다.

– 질문을 함으로써, 수학적 창의성과 수학적 추론능력을 발휘하도록 한다.

– 각 학생이 생각하는 바를 존중하고, 활용하며, 자극한다.

– 학생들의 생각을 주의 깊게 듣는다.

를 활용할 때에만 가능하다. 여러 방법을 미리 떠올려보고 그중에서 최선인 것을 찾도록 한다는 점도 특이할 만하다. 이와 같은 질문들은 학생들에게 주체적으로 문제해결에 참여하게 할 뿐만 아니라, 자신의 해결과정을 평가하고 모니터링하도록 하려는 것이다.

– 학생들이 자신의 생각을 명확하게 하고 정당화하도록 요구한다.

– 학생들의 생각에 수학적인 기호와 언어를 부여한다.

– 언제 정보를 제공하고, 언제 정보를 명확히 하며, 언제 모델화할지를 결정한다. 언제 학생들이 스스로 모니터하도록 하고 언제 참여하도록 할 것인지를 결정한다.

위에 제시한 교사의 역할과 책임은, 한편으로는 학생들이 적극적으로 참여하도록 분위기를 조성하면서 다른 한편으로는 학생들이 메타-인지적으로 스스로의 학습을 의미 있게 이끌어가도록 하는 것에 집중되어 있다. 수학적인 기호와 언어 활용, 관련 정보의 활용과 모델화 등 수학을 알고 있어야 가능한 활동들은 교사의 몫으로 설정되어 있다.

폴리야의 문제해결 교육이론에서는 문제해결 4단계를 제안했고, 각 단계마다 교사가 할 수 있는 질문과 권고를 제시하였다. 프로젝트 M^3에서는 고정된 문제해결 단계를 따르기보다는, 관련짓기, 탐구하기, 창조하기, 평가하기, 공유하기의 다섯 가지 주요 전략을 다각도로 활용하는 기회를 중시하였다. 이들 전략으로 문제를 해결할 뿐만 아니라, 더 나은 해법과 새로운 문제를 창안하는 것에 주목했기 때문이다. 교사가 하는 질문과 권고도, 고정된 단계에 따르기보다는 주요 전략을 활용하는 모든 과정에서 제시할 만한 보편적인 것들로 이루어져 있다. 프로젝트 M^3에 참여하는 학생들이 이미 가지고 있는 수학적 능력을 극대화하는 것에 관심을 가지고 있으며, 그렇기 때문에 폴리야보다 더 수학적 창의성 발현의 기회를 제공하는 것에 주목하는 질문과 권고를 하는 것으로 보인다. 학생들 사이에 나타나는 여러 수준과 학습경로를 허용하는, 이른바, '분화된 교육과정(differentiated curriculum)'을 따른다는 점도 주목할 만하다. 결국 질문과 권고의 주요 초점은, 학생들이 각자의 지식과 전략, 학습경로를 기초로 새로운 문제를 구성하거나, 새로운 방법으로 주요 전략을 활용할 수 있도록 하는 데에 놓인다.[179]

---

179 Gavin, Casa, Adelson, Carroll, Sheffield, & Spinelli(2007), p. 190 참고

수업전략 면에서 특이할 만한 점은 '힌트 카드'와 '기존의 생각을 넘어서기 카드(Think beyond card)' 등을 만들어 활용했다는 것이다. 학생들 중 일부가 막다른 지점에 이르러 더 이상 생각하지 못하면 '힌트 카드'를 쓰도록 하였다. 이미 문제를 해결했고 적절한 개념을 형성한 학생들에게는 '기존의 생각을 넘어서기 카드'를 사용하도록 하였다. 이를 통하여 매 수업에서 교사는, 학생들이 자신의 생각을 더 심화하고 더 복잡한 추론에 도전하도록 이끌었다고 한다. 정해진 수업 목표를 달성하면 멈추는 보통의 수학수업과 달리, 위의 카드들을 활용하는 수업은 학생 수준에 적합하면서도 도전적인 방법으로 수학적 창의성을 추구하도록 한다.

셰필드는 기존의 문제를 변형하여 창의성을 함양하는 문제로 발전시킬 수 있다고 주장하였다.[180] 예를 들어, 다음과 같은 문제는 오래 전부터 이미 활용했던 것이었다.

기존 문제: 0부터 9까지의 수가 적혀있는 10장의 카드 중에서 4장을 선택하여 다음 덧셈 문제를 완성하고, 해결하여라.

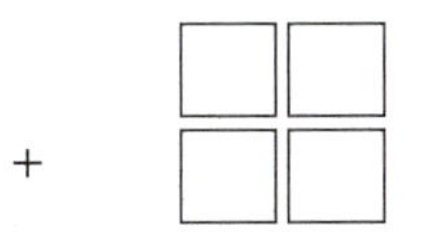

위의 문제는 학생들 나름대로 선택하고 판단하게 한다. 그런데 일단 수를 선택하고 나면 덧셈을 연습하는 기회를 얻을 뿐 다른 의미가 없다. 이 문제의 의의는 스스로 만든 문제로 덧셈 연습을 하도록 한다는 점이다. 셰필드는 이 문제를 다음과 같이 바꾸었으며, 이 문제만이 아니라 이어지는 다른 문제들을 이용하여 창의성을 함양하고자 하였다.

180 Sheffield(2006), pp. 9–11 참고

변형한 문제: 0부터 9까지의 수가 적혀있는 10장의 카드 중에서 4장을 선택하여 두 자릿수로 이루어진 두 개의 수를 만들어 합한 결과가 최대가 되도록 하여라. 동일한 합이 나오는 경우는 모두 몇 가지인지 구하여라.

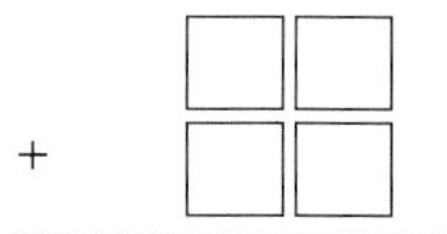

새롭게 바꾼 문제를 해결하기 위해서는 기존의 문제보다 고려해야 하는 조건이 더 많다. 가령, 바꾼 문제에서 더하는 두 수는 모두 두 자릿수여야 한다. 그러므로 0은 십의 자리에 올 수 없다. 두 수를 더한 값이 최대여야 한다는 조건도 추가되었으므로, 십의 자리와 일의 자리에 오는 수가 제한된다. 결국 97과 86 또는 96과 87을 찾아야 한다. 문제는 이렇게 바꾸고 나면 발산적 사고가 아니라 수렴적 사고에 의존해야 한다는 점이다. 정답이 존재하기 때문이다. 셰필드는 이렇게 수렴적 사고에 기반을 두고 이미 알고 있는 지식과 전략을 활용하도록 하는 것이 창의성 함양에서 필요하다고 보았다.

이어지는 활동은 학생들에게 문제를 해결하면서 알게 된 성질을 바탕으로, 비슷한 문제를 만들어보도록 하는 것이다. 그러면 덧셈을 뺄셈으로 바꿀 수도 있고, 곱셈과 나눗셈으로 바꿀 수도 있다. 결과가 최대인 경우 대신 최소인 경우를 구하도록 문제를 바꿀 수도 있다. 이렇게 하는 동안 발산적 사고를 하게 되며, 이미 알고 있었던 자연수의 사칙계산을 새로운 각도에서 살펴보게 된다. 두 자릿수 대신 분수와 소수를 계산하는 문제로 바꿀 수도 있다. 계산 대상이 바뀌었을 때 최대, 최소 등의 조건을 고려하는 방식이 달라진다는 것을 확인하도록 할 수 있다. 이렇게 다각도로 주어진 조건을 바꾸어 새로운 문제를 만들고 해결하는 과정에서 창의성을 발휘할 수 있게 된다.

셰필드는 마찬가지 방식으로 다음과 같이 변형하였다.

기존 문제: 다음 그림에서 가로방향에 놓인 수들의 합과 세로방향에 놓인 수들의 합을 각각 구해 보아라. 알게 된 점을 말하여라.

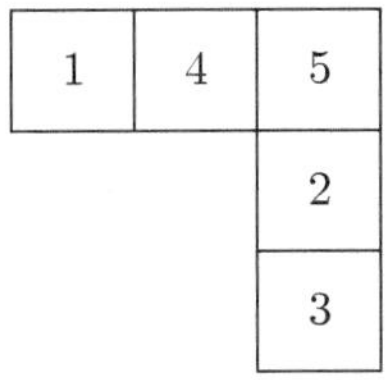

변형한 문제: 다음 그림의 빈 칸에 1부터 5까지의 수를 한 번씩만 넣어서 가로방향에 놓인 수들의 합과 세로방향에 놓인 수들의 합이 같도록 하여라. 가능한 방법은 모두 몇 가지나 될지 생각해보아라.

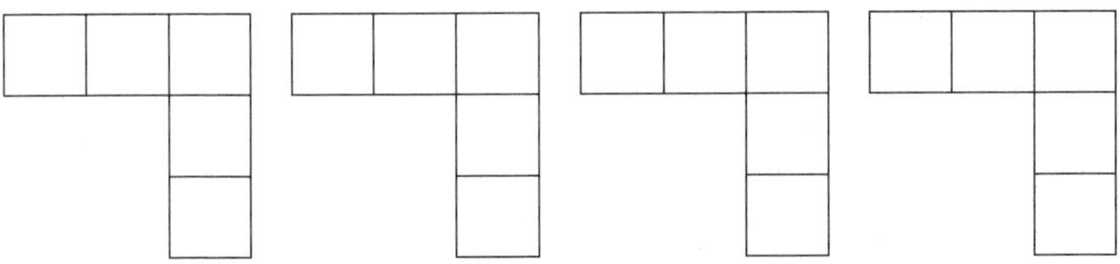

위 문제를 해결한 후 알게 된 점을 바탕으로 새로운 문제를 만들도록 하면 역시 수학적 창의성을 발휘할 기회가 된다. 수의 범위와 종류를 바꿀 수도 있고, 도형의 모양을 바꿀 수도 있다. 가령, 아래와 같이 도형의 모양을 바꾸어 가능한 방법의 수를 찾는 문제를 만들 수 있다. 1부터 100까지의 자연수, 짝수, 홀수 등으로 수의 범위를 바꾸어 새로운 문제를 만들 수도 있다.

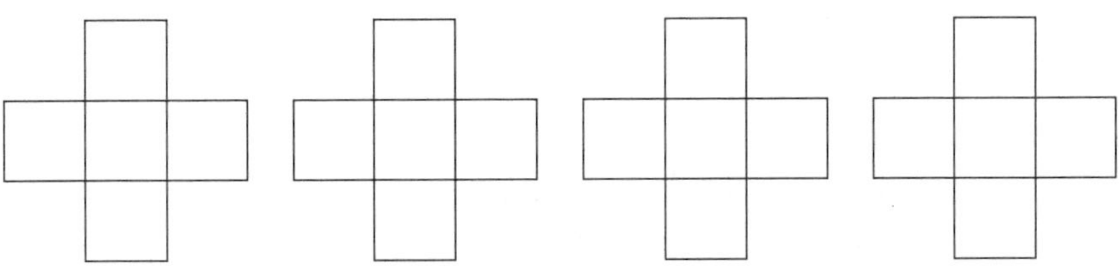

셰필드는 위와 같이 기존의 문제를 변형하여 만든 문제를 '좋은 문제' 또는 '수학적 창의성을 개발하기 위한 문제'라고 명명하였다. 이 문제들은 그 자체로 보면 수렴적 사고에 의하여 해결되지만, 문제를 해결한 후에 새로운 문제를 만

들면서 창의성을 함양할 수 있다. 이 방식은 관련 문제에 먼저 익숙해지고 필요한 전략과 지식을 학습하도록 한다는 점에서, 학습 결손이 있는 학생들에게도 적용할 수 있다는 장점이 있다. 한편, 셰필드는 기존 문제를 변형하여 새롭게 만들 때 다음 기준을 만족하도록 하는 것을 원칙으로 하였다.[181]

(1) 비록 간단한 개념에 대한 것일지라도 학생들 스스로 깊게 생각하도록 하는 질문을 포함시킨다. 학생들 자신이 아니라 교사가 무슨 생각을 하는가를 추측하게 하는 질문은 배제한다.[182]

(2) 모든 학생들이 나름대로 해결을 시도할 수 있어야 하며, 가장 수준이 높은 학생에게도 도전적인 과제여야 한다.

(3) 이전에 알고 있는 지식을 바탕으로 하되, 이전에 알지 못했던 수학적 원리와 개념을 발견하도록 해야 한다.

(4) 핵심적인 학습내용과 학습목표를 반영한 것이어야 한다.

(5) 학생들이 탐구하고, 성찰하고, 확장하며, 새로운 영역으로 확장하도록 하는 폭넓은 기회를 제공해야 한다.

(6) 언어적으로, 기하적으로, 그래프로, 대수적으로, 수량적으로 해결하면서 다양한 능력을 발휘하는 기회를 제공해야 한다.

(7) 질문하고, 추론하며, 공유하고, 해결하는 능력을 사용하도록 해야 하며, 다른 교과와 '실세계' 문제 그리고 수학의 다른 영역에 관련짓도록 해야 한다.

---

181 셰필드는 문제를 가리키는 problem 대신 종종 task라는 용어를 사용하였다. 문제와 과제는 교환 가능한 용어이지만, 대체로 과제가 문제보다 더 넓은 범위에 적용된다. 다양한 학습 활동의 경우 문제보다는 과제로 표현할 때 더 자연스러운 경우가 많다. 이 책에서는 문제와 과제를 혼용하였으며, 원래 연구자가 사용한 용어를 최대한 준수하였음을 밝혀둔다.

182 김도한 외(2010)에서 제시한 우리나라의 수학수업 사례에서는, 학생들이 교사가 어떤 생각을 하고 있는가를 추측하게 하는 질문을 하고 있다(김도한 외, 2010, pp. 42–43). 교사가 학습 목표를 부연 설명하고, 그 설명을 학생들이 기억하고 있는지를 확인하는 장면에서 그렇다. 우리나라의 수학수업에서 종종 이런 현상이 나타나는데, 이는 학생들의 수준에서 찾아내기 어려운 생각을 전하면서 보다 많은 학생들이 기억하도록 하려는 전략으로 보인다. 모든 수학적인 아이디어를 학생들로부터 이끌어낼 수 없으므로, 이런 전략을 활용하는 것도 필요하다. 그러나 셰필드는 이것이 바람직하지 않다는 생각을 가지고 있다.

(8) 수학 교구와 모델은 물론이고, 계산기와 컴퓨터 등 기술공학적인 도구들을 모두 활용하도록 해야 한다.

(9) 모둠을 이루어 탐구하고 발견하는 시간뿐만 아니라 개별적으로 성찰하고 과제를 해결하는 시간을 허용해야 한다.

(10) 과제가 흥미로워야 하고, 학생들이 다양한 사고유형과 학습스타일을 구축하도록 하는 것이어야 한다.[183]

(11) 하나의 답이 아니라 여러 해를 허용해야 하고, 한 가지 방법이 아니라 여러 가지 방법으로 해결할 수 있도록 해야 한다.

(12) 답을 찾는 것에 그치는 것이 아니라 자신이 얻은 답에 대하여 질문을 제기함으로써 깊이 있는 수학적인 감각을 개발하도록 해야 한다.

셰필드는 기존의 문제를 위와 같이 변형하고 학생들에게 새로운 문제를 제기하도록 하면, 수학적 창의성 함양의 기회를 제공한다고 보았다. 특히, 유창성, 유연성, 독창성을 적극적으로 발휘하도록 기회를 제공한다고 생각하였다.

앞에서 언급한 바와 같이, 프로젝트 M^3에서는 초등학교 3학년부터 5학년까지의 3개 학년에서 다룰 수 있는 총 12개의 단위 교육과정을 개발하였다. 이 중 3학년 학생들을 위한, 수와 연산 영역의 교육과정은 중국, 이집트 등에서 사용했던 기수법을 탐구하는 것을 주요 내용으로 한다. 단위 교육과정의 제목은 '몰리 스톤의 신비 탐구: 자릿값과 기수법(Unraveling the Mystery of the MoLi Stone: Place Value and Numeration)'이다.[184]

183 어떤 과제가 흥미로운가(interesting)에 대해서는 다시 설명이 필요한데 셰필드는 이에 대하여 특별히 언급하지 않았다. 단순히 연습을 위하여 제공하는 과제는 흥미롭다고 할 수 없을 것이다. 적절한 정도의 도전과 긴장감을 유발하고 과제를 해결한 후에 깨닫게 되는 내용이 많을 때 흥미롭다고 할 수 있을 것이다. 히버트 외에서는 이와 같은 특징을 '발전 가능성(residue)'을 갖춘 과제라고 불렀다(Hiebert, Carpenter, Fennema, Fuson, Wearne, Murray, Olivier, & Human, 1997).

184 http://projectm3.org/ 참고

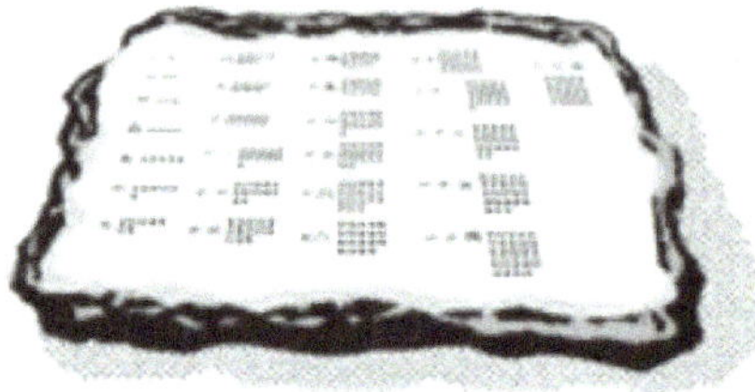

그림 7-3 ○ 몰리 스톤

국내에서 최근 들어 주목받고 있는 이른바, '스토리텔링 기법'을 사용하여 문제 상황을 제시하고 있다. 몰리 스톤에 현재와는 다른 표기법에 따라 숫자가 적혀 있는데, 그 의미를 탐구한다는 설정이다. 학생들은 대개 십진기수법에 의하여 수를 명명하고 표기하는 것에 익숙하며, 이에 대해 의문을 품지 않는다. 그런데 돌에 새겨진 이상한 표기법을 탐구하는 과정에서 이미 알고 있는 십진기수법과 비교하게 되면서 익숙한 십진기수법을 낯설게 볼 수도 있다. 이때, 십진기수법의 근저에 감추어진 구조와 성질을 심도 있게 파악할 수 있다. 가장 핵심적인 구조는 위치에 따라 자릿값이 결정된다는 것이다.

앞서 제시한 프로젝트 M^3의 기본 목표와 성격을 고려하여 수업을 설계할 때, 학생들의 주요 활동은 다음과 같다.

(1) 십진기수법에서 성립하는 패턴 찾기

(2) 다른 종류의 기수법에서 성립하는 패턴 찾기

(3) 앞의 두 활동에서 얻은 결과를 비교하고 대조하기

(4) 위치적 기수법과 진법의 구조에 대하여 깊게 이해하기

(5) 위치적 기수법과 진법을 동시에 고려한 십진기수법이 왜 효율적인지 파악하기

Student Resources - Level 3

Unraveling the Mystery of the MoLi Stone: Place Value and Numeration

links

- Links to Information on Number Systems

- Dig - the archaelogical magazine for kids. Published with The Archeological Institute of America.

articles

- Cotterrell, A. (2000). Eyewitness: Ancient China. New York: DK Publishing.

- Williams, S. (1997). Made in China: Ideas and inventions from ancient China. Berkeley, CA: Pacific View Press.

- Cork, B. & Reid, S. (1986). The usborne young scientist archeology. Boston, MA: EDC Publications.

- Duke, K. (1997). Archeologists dig for clues. New York: Harper Trophy.

- McIntosh, J. (2000). Eyewitness: Archeology. New York: DK Publishing.

그림 7–4 ○ 프로젝트 M^3에서 학생들에게 제공하는 참고자료

프로젝트 M^3의 공식 홈페이지[185]에서는 학생들이 위와 같은 활동을 하면서 참고할 만한 다른 웹사이트를 링크하여 제시하고 있다. 이를 통하여 학생들은 다른 문명에서 사용했던 기수법에 대한 정보를 확인할 수 있다. 또, 제한된 자료를 토대로 추론하여 과거의 역사와 문명을 연구하는 방법에 대해서도 알 수 있으며, 학생들이 읽고 이해할 만한 논문자료까지도 제시하고 있다.

한편, 우리나라에서 기수법은 중학교 1학년의 학습내용이었으나, 〈2009 개정 수학과 교육과정〉에서 삭제되어 현재 다루지 않는다. 중학생들의 학습 부담을 고려하여 삭제한 내용인데, 프로젝트 M^3에서는 초등학교 3학년 학생들이 탐구하도록 하고 있다는 점에서 비교가 된다. 특히, 서구 문명보다 효율적으로 수 표기법을 발전시킨 인도와 중국 문명에 대하여 스토리를 만들어 접근할 수 있는 기회를 잃은 것이 아쉽다. 수학교육의 내용을 결정할 때 우선적으로 고려

185 http://projectm3.org/

하는 기준과, 수학교육의 방법을 개선할 때 우선적으로 제시하는 기준의 차이에서 비롯된 것으로 보인다. 이진법은 학습 부담을 경감시키는 차원에서 삭제된 '내용'이다. 그런데 이진법을 다루게 되면 위에서 살펴본 바와 같이 십진법을 새로운 눈으로 보게 한다는 점에서 '방법'의 개선을 도모할 수 있다. 이를 감안할 때, 수학적 창의성을 교육목표로 삼으면 내용의 측면과 방법의 측면 모두를 고려하여 새롭게 개선안을 마련해야 한다는 것을 알 수 있다. 현재의 내용을 그대로 두면서 단지 수학적 창의성을 함양하는 방법만 찾으려고 하면 곤란하다는 뜻이다. 수학교육의 내용과 방법의 측면을 동시에 고려하면서 접근할 때, 수학적 창의성을 함양하려는 의도를 실현할 가능성이 높아진다. 프로젝트 M^3에서 새로운 교육과정을 설계하여 내용과 방법을 동시에 고려하면서 수학적 창의성 함양에 적합한 모델을 개발하였다는 점을 눈여겨볼 필요가 있는 이유이다.

앞서 언급한 바와 같이, 프로젝트 M^3에서는 심화와 속진을 모두 고려하여 교육과정을 설계하였다. 셰필드는 이와 같은 교육과정 특성을 고려하여 다음과 같이 한편으로는 깊이 있는 이해를 다른 한편으로는 수학적 창의성의 함양을 시도하고 평가하는 것으로 설명하였다. 이 기준은 수학적 창의성 관련 연구에서 택하고 있는 것과 거의 일치하며 다만 이해의 깊이와 확장성이라는 평가항목만 추가한 것이다. 이해의 깊이와 확장성은 프로젝트 M^3가 교육과정과 수업자료를 개발하여 적용하고 그 효과를 분석하는 데에 주안점을 두었기 때문에 적절한 것으로 보인다. 수학적 창의성 평가에 쓰이는 기준들은 주로 산출물을 대상으로 하는 것인 반면에, 교육과정과 수업자료를 개발하여 적용하는 과정에서 창의성이 얼마나 함양되는가를 평가할 때는 학습 행동에 관련된 것을 별도로 파악할 필요가 있기 때문이다.[186] 이해의 깊이와 확장성은 지속적으로 몰입하여 탐구하는지 여부와 그로부터 의미 있는 성과를 얻어내는지를 평가할 때 필요한 요소로 보인다.

186 2장과 8장의 창의성 평가 기준 참고

표 7-1 ○ 프로젝트 M^3의 평가 기준

평가 항목	판단 기준
이해의 깊이	핵심개념을 이해하고 탐구하며, 발전시킨 정도
유창성	제시한 답의 개수, 해법의 개수, 새로 만든 문제의 개수
유연성	답, 해법, 질문을 범주화했을 때, 범주의 개수
독창성	독특한 답, 해법, 질문의 개수 또는 통찰을 보여주는 답, 해법, 질문의 개수
정교성 또는 우아함	차트, 그래프, 그림, 모델, 언어적 표현 등의 명확성과 사고표현의 수준
확장성	이유와 조건을 적절히 다루면서 질문하고 탐구한 문제의 개수

나. 프로젝트 PRIMAS에서 시도한 수학적 창의성 교육

1) 프로젝트의 기본목표와 성격

프로젝트 PRIMAS는 EU의 지원을 받아 수행한 탐구-기반 수학과학 학습 프로젝트(Promoting inquiry-based learning in mathematics and science across Europe)의 약자이다. 2010년부터 2013년까지 유럽의 12개 국가(사이프러스(Cyprus), 덴마크, 독일, 헝가리, 몰타(Malta), 네덜란드, 노르웨이, 루마니아, 슬로바키아, 스페인, 스위스, 영국)의 수학교육과 과학교육 연구자들과 교사들이 참여한 대규모 연구이다. 수학과 과학을 각각 지도하기 위한 자료와 방법, 융합하여 지도하기 위한 자료와 방법들을 개발하고 적용하는 것을 목표로 하였다.[187] 이하에서는 수학학습 관련 자료에 중점을 두고 논의한다.

프로젝트 PRIMAS의 목표는 수학수업을 탐구-기반 학습 모델에 따라 개선하는 것이다. 이 목표를 추구하기 위한 세 하위목표는 다음과 같다. 첫째, 학생들의 수학적 탐구를 촉발하는 적절한 과제를 설계한다. 학생들이 다양한 상황에서 실제로 부딪힐만한 질문들을 제기하면서 접근할 수 있도록 하되, 너무 쉽지는 않은 과제를 개발한다. 둘째, 학생들의 수학적 탐구를 촉진하는 교육방법을 도출한다. 사전지식을 적절하게 활용하도록 지도하는 방안, 효과적이고 의

187 www.primas-project.eu 참고

미 있는 질문들을 제기하도록 지도하는 방안, 소집단 토론과 학급전체 토론을 활성화하는 방안, 이미 알고 있는 지식 사이의 관련성을 파악하도록 지도하는 방안 등을 도출하여 이론화한다. 셋째, 학생들의 수학적 탐구를 지원하는 학습 환경을 조성한다. 학생들의 생각을 존중하고, 다른 학생이 무엇을 근거로 어떤 생각을 하였는지를 확인하여 그 생각을 수용하는 분위기를 조성한다. 실수를 통하여 배울 수 있도록 하고, 지적책임과 지식에 대한 소유권, 목표의식을 고취하는 학습 환경을 구축한다.

프로젝트 PRIMAS에서는 수학교사의 전문성 향상에 매우 큰 비중을 두었다. 국가별로 연수 프로그램을 마련하여 수학교사들이 탐구–기반 학습의 의미와 원리를 이해하도록 지원하였다. 수학교사들이 참고할 만한 자료를 담은 지침서도 별도로 개발하여 공식 홈페이지[188]에 탑재하였다. 프로젝트 PRIMAS에 참여한 국가별로 그리고 총괄팀이 미국의 학교나 박물관 등지에서 제공한 교사연수 프로그램의 주요 내용은 다음과 같다.

(1) 모듈 1: 학습자–주도 탐구의 의미와 구현 방안

(2) 모듈 2: 구조화되어 있지 않은 문제를 설계하고 지도하는 방법[189]

(3) 모듈 3: 탐구–기반 학습 관점에 따라 개념 학습을 촉진하는 방법

(4) 모듈 4: 추론을 촉진하는 질문 방법

(5) 모듈 5: 협력학습 환경의 조성[190]

(6) 모듈 6: 학생들이 이미 알고 있는 지식을 활용하여 탐구하도록 지도하는 방법

---

188 www.primas-project.eu 참고

189 여기서 구조화되어 있지 않은 문제는, 문제를 이루는 요소 중 일부가 생략되어 있거나 명확하지 않아서 해결방법을 찾기 어려운 것을 가리킨다(Jonassen, 1997). 실생활에서 만나는 문제나 수학자들이 수학을 연구할 때 부딪히는 문제는 종종 구조화되어 있지 않다(Leikin, 2009). 학생들에게도 이와 같은 문제를 제공하여 스스로 불완전한 요소를 채우고 문제를 완성하여 해결하도록 한다면 창의성을 함양할 수 있다. 예를 들어, 2개의 삼각형을 그리고 그 2개의 삼각형에 관련된 문제를 만들어 보도록 할 수 있다. 구조화는 학생의 몫이며, 어떤 삼각형을 어떤 위치에 그리고 서로 어떤 관계에 놓이도록 하는가에 따라 다양한 문제를 만들 수 있다.

190 앞서 셰필드는 협력 학습과 더불어 개별적으로 과제를 해결하는 기회도 강조하였다. 이와 달리, 프로젝트 PRIMAS에서는 기본적으로 협력 학습을 전제로 하고 있음을 알 수 있다.

(7) 모듈 7: 자기-평가와 동료-평가 활용 방법

위의 일곱 개 모듈로 이루어진 연수 프로그램에 참여한 교사들에게는 탐구-기반 수업의 운영 자격을 부여하였다. 어떤 국가에서는 2년 넘는 기간 동안 교사연수를 운영하였다. 어떤 국가에서는 3일 정도의 짧은 기간 동안 연수 프로그램을 제공하였다. 국가마다 다소간 차이는 있지만, 대체로 자발적인 참여를 원칙으로 했다고 한다. 수학교육 개혁의 성공 여부는 전적으로 교사의 실천의지와 전문성에 좌우된다는 것이 프로젝트 PRIMAS의 명확한 입장이다.

수학교사들이 탐구-기반 수학수업을 준비하면서 고민하고 준비해야 할 교육적 측면을 다음과 같이 다섯 개의 질문으로 요약하여 제시한 것에 프로젝트 PRIMAS의 기본 취지가 잘 반영되어 있다.[191]

(1) 학생들이 어떻게 스스로 질문하도록 그리고 그 질문을 탐구하도록 할 수 있을까?
(2) 학생들이 스스로 제기한 질문을 효율적으로 다루도록 돕는 방법은 무엇인가?
(3) 학생들이 더 이상 진전을 이루지 못할 때, 답을 알려주는 것이 아니라 도움을 주는 방법은 무엇일까?
(4) 학생들이 다른 학생들과 협력하면서 서로에게서 배우도록 하는 방법은 무엇인가?
(5) 학생들의 힘으로는 재발명할 수 없을 것 같은 수학적 개념들을 지도하는 방법은 무엇인가?

프로젝트 M^3에서는 연구팀이 학교에 가서 방과 후 수업이나 동아리 활동을 이끌었는데, 프로젝트 PRIMAS에서는 수학교사의 전문성을 개발하여 자신의 수업을 개선하도록 하였다. 공식 홈페이지에서 제공하는 참여교사들의 소감을 보면, 매우 긍정적으로 프로젝트에 참여하고 성찰하였음을 알 수 있다. 이것이 프로젝트 PRIMAS의 대표적인 성격이며, 강점이다. 그러나 유럽에 속해

191 Maaß & Artigue(2013) 참고

있다고 해도 각기 다른 수학교육 환경에서 지엽적인 이슈와 맞서면서 프로젝트에 참여했기 때문에, 12개 참여 국가들의 수행결과는 다채롭고 복합적인 성격을 띤다. 가령, 엥겐 외가 분석한 결과에 의하면, 탐구-기반 수업에 대한 교사들의 지향과 이를 수업루틴으로 채택하고 있는지 여부가, 12개 국가마다 다소 간 차이가 있었다.[192]

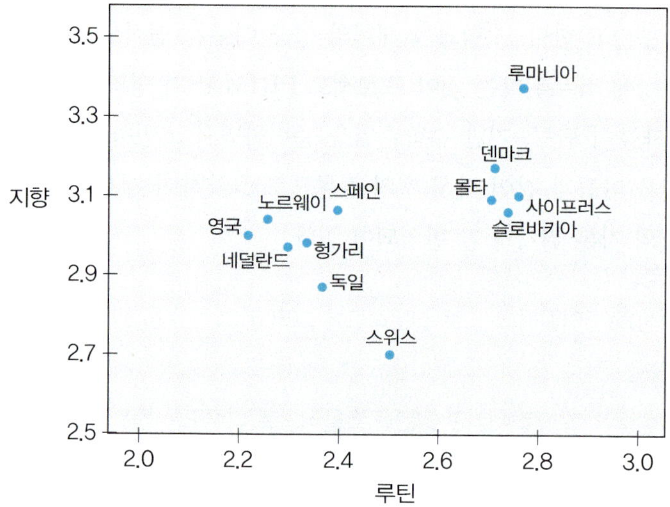

그림 7-5 **참여 국가별 교사들의 신념**

위의 그래프에서 루마니아의 교사들은 탐구-기반 학습 관점을 적극적으로 지향할 뿐만 아니라 수업루틴으로도 활용하고 있음을 알 수 있다. 이에 비하여 스위스의 교사들은 상대적으로 낮은 탐구-기반 학습 지향을 보이고 있으며, 수업에서는 중간 정도의 활용도를 보였다. 영국과 네덜란드는 매우 일찍부터 탐구-기반 학습 관점을 이론화한 국가인데, 교사들이 수업루틴으로 활용하는 비율은 뜻밖에도 다른 국가들에 비하여 매우 낮은 편이었다. 이 점에 있어서는 독일도 비슷한 경향을 보였다. 수학교육 이론이 발전한 국가라고 해서 실제로 그것을 구현하고 있는 것은 아니라는 점을 알 수 있다. 교사들이 탐구-기반 학습 관점에 따라 수학을 지도하기 어려운 원인으로 제시한 것은, 수업환경,

192 Engeln, Euler, & Maaß(2013), p. 828 참고

수업전통, 평가, 사회문화적 요인 등이었다. 이들 요인들은 수학적 창의성 교육을 실시할 때에도 마찬가지로 도전적인 상황의 원인으로 제기될 만한 것이었다.

2) 수학적 창의성 개발 전략

프로젝트 PRIMAS의 기본적인 입장은 다음과 같은데, 이들은 모두 수학적 창의성 연구에서 제안한 것들이기도 하다. 첫째, 학습자 중심의 탐구를 지향한다. 마치 수학자가 미지의 대상을 탐구하듯이 학습자도 스스로 떠오르는 생각을 자유롭게 펼치고, 기존의 지식을 활용하여 무엇인가 새로운 생각을 하도록 한다. 둘째, 구조화되지 않은 문제를 해결하도록 한다. 단 하나의 정답을 찾게 하는 닫힌 질문이 아니라, 부족한 정보가 있어서 채워야 하는 질문을 포함한 문제를 제시한다. 무엇이 문제인지 생각해야 하고, 문제를 만드는 것부터 시작해야 하는 경우도 있다. 간단한 알고리듬이나 알려진 법칙으로 쉽게 해결되지 않는 문제를 제시한다. 셋째, 관찰, 추측, 정의생성, 표현생성 등 창의적인 활동에 의하여 수학을 탐구하도록 한다. 넷째, 질문과 실수를 통해 수학을 배우도록 한다. 다섯째, 학생들이 이미 알고 있는 것을 활용하여 수학을 탐구하도록 한다. 여섯째, 자기평가와 동료평가를 거친다.

프로젝트 PRIMAS에서는 실세계 상황이나, 자연현상, 사회현상, 등 맥락이 있는 문제 상황에서 수학을 탐구하는 것을 장려하였다. 과제 상당수가 이러한 형태를 띠고 있다. 예를 들어, '커피가 더 많을까? 우유가 더 많을까?'라는 제목의 다음 문제를 살펴보자.[193]

[문제] 크기가 같은 컵에 같은 양의 우유와 커피가 들어 있다. 사진과 같이 국자로 커피를 담아 우유가 담긴 컵에 붓고, 잘 섞는다. 섞인 잔에서 동일한 양을 담아 커피가 담긴 잔에 붓고, 잘 섞는다. 우유가 있던 잔에 있는 커피와 커피가 있던 잔에 있는 우유 중 어느 것이 더 많을까?

193 Maaß(2013), pp. 40-43 참고.

4장에서 살펴본 영화 속 수학 문제와 마찬가지로 수학적인 조건 자체는 매우 간단하다. 수학적인 기호도 없고, 계산할 양적인 자료도 없으므로 알고 있는 수학적인 지식과 어떻게 연결해야 할지 파악하는 것부터 도전이다. 교사를 위한 자료에는 예상 반응과 대처 방안이 제시되어 있다. 이를테면, 많은 학생들이 문제를 파악하기 어려울뿐더러, 우유가 있던 잔에 있는 커피의 양이 커피가 있던 잔에 있는 우유보다 많을 것이라는 잘못된 추측을 할 것이라는 점을 제시하고 있다. 문제를 이해하고 해결의 단서를 찾도록 할 때, 그래프 표현, 대수적 표현, 등 다양한 방법으로 문제 상황을 나타내어 탐구하도록 하는 것이 필요하다는 점도 제시하였다.

연구팀에서는 문자와 대수를 이용하여 해결하는 것이 가장 일반적일 것이라고 예측했고, 수학적으로 가장 우아한 방법은 아무런 계산을 하지 않고 논증하는 것으로 간주하였다. 6장에서 살펴본 어빙의 연구에서 제시한 창의적 문제해결 수준과 일맥상통하는 입장이라는 것을 알 수 있다. 학생들 사이의 논쟁을 장려하고, 다양한 논거를 비교하도록 하거나 보다 나은 해법에 대하여 토론하는 것도 바람직하다고 보았다. 학생 중에는 다음 사진과 같이 직접 실험해 보고 측정하여 힌트를 얻는 경우도 있고, 모델링을 통하여 창의적인 추론을 함

그림 7-6 ◦ 직접 실험하는 경우

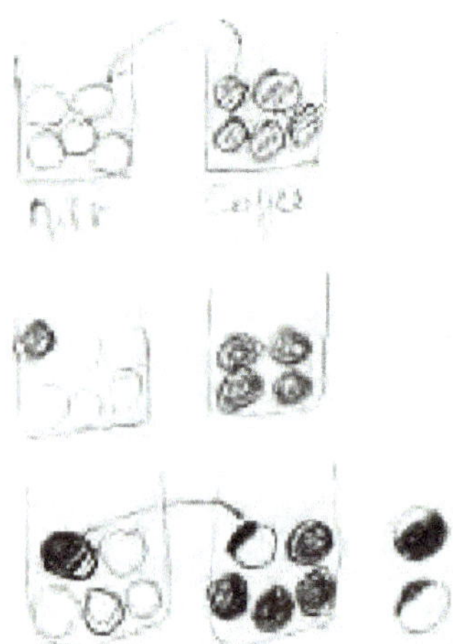

그림 7-7 ◦ 시각적으로 문제의 구조를 표현한 경우

으로써 아무런 계산 없이 명확한 증거를 찾아 제시하는 경우도 있다. 특히, [그림 7-7]은 매우 창의적인 방식으로 문제의 핵심을 표현하고 있다. 원래 문제에서는 용액을 옮긴 후 섞어주는데, 그림에는 마치 섞이지 않는 것처럼 표현되어 있다. 이는 우유가 있던 잔에 들어 있는 커피의 양과 커피가 있던 잔에 들어있는 우유의 양이 핵심적인 정보라는 것을 간파하고, 그 양과 전체 양 사이의 관계를 표현한 것으로 매우 창의적이다.

다음과 같이 문자와 대수를 이용하여 해결하는 것이 가장 일반적이고 예측 가능하다. 처음에 커피가 들어있는 잔을 A, 우유가 들어있는 잔을 B로 나타내고, 처음 커피와 우유의 양을 Q로, 국자로 담아낸 커피의 양을 q로 나타낸다. 대수적인 소양이 있는 학생들이라면 이렇게 대수적으로 표현하여 양을 비교하는 것을 당연한 해법으로 활용한다. 이것은 창의성의 측면에서는 그리 높은 수준의 해법이 아니다.

표 7-2 ○ 문자와 대수를 이용하여 표로 나타낸 경우

	A의 우유	A의 커피	B의 우유	B의 커피
0단계	0	Q	Q	0
1단계	0	$Q-q$	Q	q
2단계	$\frac{Qq}{Q+q}$	$\frac{Q^2}{Q+q}$	$\frac{Q^2}{Q+q}$	$\frac{Qq}{Q+q}$

가장 창의적인 해법은 극단적인 경우를 고려하여 추측하는 것이다. 가령, 국자가 충분히 커서 정확히 처음에 있던 커피 전체를 담을 수 있다고 가정할 수 있다. 그러면 모든 절차를 마쳤을 때, 각각의 잔에 커피와 우유가 절반씩 섞여 있다는 것을 쉽게 짐작할 수 있다. 그러므로 양쪽에 있는 커피와 우유의 양이 같다. 역시 극단적인 경우로, 국자에 담을 수 있는 양이 0이라고 가정하면, 양쪽에 있는 커피와 우유의 양이 변하지 않으므로 역시 두 양은 동일하다. 이렇게 극단적인 두 가지 경우를 고려한 후, 커피와 우유의 양이 동일할 것이라고 추측한다. 연구팀에서는 이와 같이 생각하는 것을 '훌륭한 이해'의 증거로 보았다. 폴리야도 이와 같이 극단적인 경우를 생각하는 것을 일반적으로 말하는 귀

납과 동일한 사고로 보았고, 매우 유용하다고 하였다.[194] 왓슨과 메이슨은 극단적인 경우를 살펴봄으로써 가능한 범위를 매우 효율적으로 파악하는 것은, 단지 귀납추론이 아니라 일부 예를 이용하여 일반성을 파악하는 방법이라고 보았다.[195] 커피와 우유 문제의 경우, 왓슨과 메이슨의 주장에 보다 가깝다.

지금까지 프로젝트 PRIMAS에서 개발한 수업자료와 수업전략을 살펴보았다. 이로부터 수학적 창의성을 개발하기 위한 다양한 시도를 확인하였다. 먼저 다양한 해법이 존재하는 문제를 택하였다는 점이 그러하다. 다양한 표현을 사용하도록 한다는 점과 창의적인 직관을 활용할 기회를 제공한다는 점도 창의성 개발에 직접 관련된다. 관점의 전환과 독창적인 생각을 장려한다는 점도 확인할 수 있었다. 위의 예시를 포함하여 프로젝트 PRIMAS에서 개발하여 적용한 수업자료에는, 학생들이 본래 가지고 있는 수학적 창의성을 발휘할 기회가 풍부하게 담겨 있다. 특히, 유창성보다는 유연성에, 정교성보다는 독창성에 초점을 두고 있는 것으로 보인다. 다양한 해법을 찾을 수 있는 문제를 제시하되, 굳이 가능한 해법을 모두 찾도록 하지는 않으며, 사고의 전환, 기존 관점을 넘어서기 위한 도전을 강조한다는 점에서 이러한 추측이 가능하다. 또, 알고리듬과 대수적 사고에 의한 체계적인 해법보다 새롭고 직관적이며, 통찰을 활용하는 해법을 더 창의적인 것으로 인정한다는 점에서도 역시 그러하다.

다. 요약

프로젝트 M^3와 프로젝트 PRIMAS에서는 수학적인 탐구, 수학적인 사고, 수학적인 추론, 개념 학습, 수학적인 구조와 관계의 통찰, 학습자-주도의 수학학습 등을 구현하고자 하였다. 프로젝트의 기본 목표와 성격을 분석한 결과, 두 프로젝트 모두 수학적 창의성의 개발에 초점을 두고 있는 것으로 나타났다. 프로젝트 M^3는 수학적 재능이 있는 학생들을 대상으로 하며, 프로젝

194 Polya(2005)의 14장, 15장 참고
195 Watson & Mason, 2005, pp. 194–196 참고

트 PRIMAS는 일반 학생들을 대상으로 한다는 점에서는 차이가 있었다. 또, 프로젝트 M^3는 NCTM이 제안한 수학교육과정의 내용목표와 일관성을 유지하려고 했으나, 프로젝트 PRIMAS에서는 유럽 12개국의 교육과정이 모두 다르기 때문에 고정된 내용목표를 따르지 않았다는 점도 달랐다. 프로젝트 M^3에서는 수학교사들의 참여를 독려하였으나 주로 연구팀에 참여하고 있는 교사들이 방과 후 시간에 프로젝트 수업을 운영하였다. 이에 비해, 프로젝트 PRIMAS에서는 수학교사의 전문성 개발에 큰 비중을 두었고 가능한 많은 교사들의 참여를 꾀했다는 점에서도 차이가 있었다. 프로젝트 M^3에서는 초등학교 3, 4, 5학년 학생들을 위한 12개의 단위 교육과정을 개발했으나, 프로젝트 PRIMAS에서는 연령 제한을 두지 않았다. 참여 학생들의 평균 연령은 13.4세로 우리나라로 생각하면 중학생들이었으나, 국가에 따라서는 고등학생들도 참여하였다. 이와 같은 차이를 포함하여 두 프로젝트를 전반적으로 비교하면 다음 표와 같다.

표 7-3 두 프로젝트의 비교

	프로젝트 M^3	프로젝트 PRIMAS
연구 기간	2002–2007(총 5년)	2010–2013(총 4년)
참여 국가	미국	독일을 포함한 유럽의 12개 국가
교육 대상	초등학교 3, 4, 5학년 수학 성취수준이 높은 학생	초등학교 고학년부터 고등학교까지의 일반 학생(평균 연령 13.4세)
교육 내용	NCTM 규준에 따르되, 심화와 속진 조합	탐구–기반 학습 관점에 따른 심화
교육 방법	방과 후 수업	보통의 수학수업
참여 교사	연구팀 소속	일반 학교 희망교사

프로젝트 M^3와 프로젝트 PRIMAS에서 전면에 내세운 목표와 운영계획은 차이가 있었지만, 다음과 같은 공통적인 시도를 통하여 수학적 창의성을 개발하였다. 첫째, 구조화되어 있지 않은 문제를 활용하였다. 문제의 조건 일부를 채워 넣거나 바꾸어 보도록 하였으며, 학생들이 문제해결 이전에 문제 자체에 주목하도록 권장하였다. 둘째, 다양한 해법, 다양한 증명, 다양한 표현, 다양한 설명을 장려하였다. 이는 유창성, 유연성, 정교성, 독창성 발휘의 기회로 이

어지는 계기가 되었다. 셋째, 학생들이 나름대로 생각할 수 있는 충분한 시간과 기회를 제공했고, 학생들이 산출한 것들을 존중하였다. 덕분에 학생들은 단편적이고 피상적인 이해에 그치지 않고 깊게 이해하고 탐구하면서 수학을 학습하게 되었다. 넷째, 교사는 답이 아니라 적절한 질문에 의하여 학생들의 탐구와 창조를 도왔다. 교사의 권위에 기초하여 고정된 내용을 지도하는 것이 아니라, 학생이 제시한 것을 명확히 하거나 발전시키도록 질문하는 방식으로 지도하였다. 다섯째, 학생들의 생각과 산출물을 공유하고 협력하면서 수학을 탐구하도록 지도하였다. 이와 같은 공통적인 시도는 우리나라에서 수학적 창의성 교육을 기획하고 실행함에 있어 참고할 만한 유용한 것으로 보인다.

08

수학적 창의성의 평가

수학적 창의성 교육을 가로막는 가장 큰 장애요인 중 하나는 평가의 어려움이다. 2장에서 언급했던 것처럼 창의성 그리고 수학적 창의성을 문제해결 과정에 나타난 유창성, 유연성, 독창성, 정교성 등을 분석하여 평가하는 연구가 이루어져 왔다. 이와 달리 5장에서 살펴본 어빙의 연구에 의하면, 여러 해법이 아니라 직관이나 통찰을 기초로 하는 하나의 해법만으로 수학적 창의성이 매우 높다고 평가하기도 하였다. 이와 같이 서로 다른 견해를 두루 살펴보고, 수학적 창의성의 평가에 관련된 시사점을 도출한다.

가. 다중해법과 수학적 창의성의 정량화

수학적 창의성을 평가하는 가장 일반적인 방법은 다중해법을 허용하는 문제를 제시하고 그 응답을 분석하는 것이다. 이와 관련하여 레이킨의 연구를 참고할 수 있다. 그는 전형적인 다중해법 문제로 바빈스카야(Babinskaya, I. L.)가 만든 '절반의 시간–절반의 거리' 문제를 제시하였다. 레이킨 외는 이 문제에 대하여 5개의 해법이 있으며, 학생들이 이 중 어떤 해법을 어떻게 제시하는가에 따라 수학적 창의성을 평가할 수 있다고 보았다.[196]

---

196 Leikin(2009), Leikin et al.(2009) 참고

[절반의 시간-절반의 거리 문제]

댄과 모쉬가 기차역에서 동시에 출발하여 호텔까지 걸어간다. 댄은 총 시간 중 절반을 속력 v_1으로, 나머지 절반을 속력 v_2로 걷고($v_1 > v_2$), 모쉬는 총 거리 중 절반을 속력 v_1으로, 나머지 절반을 속력 v_2로 걷는다고 하자. 호텔에 먼저 도착하는 사람은 누구인가?

첫 번째 해법은 $v_1 > v_2$라는 것을 이용하여 추론하는 것이다. $v_1 > v_2$이기 때문에, 모쉬가 총 거리의 절반을 속력 v_1으로 걷는데 걸리는 시간은 총 시간의 절반보다 짧다. 댄은 총 시간의 절반을 속력 v_1으로 걷게 되므로 모쉬보다 속력 v_1으로 걸은 거리가 더 길다. 그러므로 댄이 먼저 호텔에 도착한다.

두 번째 해법은 아래와 같이 그림으로 나타내어 해결하는 것이다. 모쉬가 절반의 거리를 v_1, v_2 두 속력으로 간 것과 댄이 절반의 시간 동안 v_1, v_2 두 속력으로 간 것을 나타낸 것이다. 걸린 시간을 전혀 몰라도 댄이 더 빠른 속력인 v_1으로 걸은 거리와 모쉬가 속력 v_1으로 걸은 거리 중 어느 것이 더 긴지를 한눈에 파악할 수 있다.

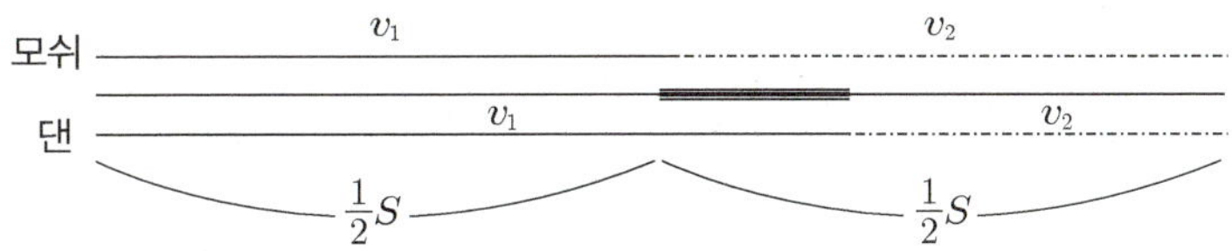

그림 8-1 ○ **그림에 의한 해결**

세 번째 해법은 그래프를 그려서 해결하는 것이다. 가로축을 시간, 세로축을 거리로 정하면, $v_1 > v_2$이므로 v_1을 뜻하는 선의 기울기가 v_2를 나타내는 선의 기울기보다 크다. 댄이 절반의 시간 동안 속력 v_1으로 간 거리는 모쉬가 속력 v_1으로 간 거리보다 더 길다는 것이 그래프

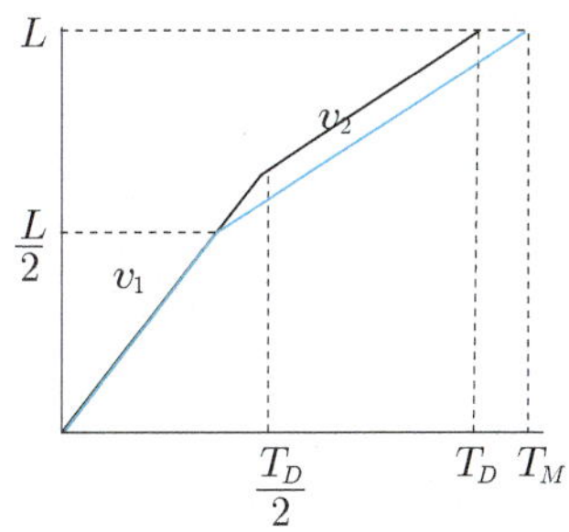

그림 8-2 ○ **그래프에 의한 해결**

에 나타나 있다. 두 사람이 속력 v_2로 가는 것을 나타내는 두 선의 기울기는 같다. 그래프에서 T_D는 댄이 걷는 시간을 뜻하며, T_M은 모쉬가 걷는 시간이다. $T_D < T_M$이므로, 댄이 호텔에 먼저 도착한다.

네 번째 해법은 대수적으로 해결하는 것이다. 기차역에서 호텔까지의 거리를 L, 댄과 모쉬가 걷는 시간을 각각 T_D, T_M이라고 하자. 그러면 다음과 같이 생각할 수 있으므로, 댄이 호텔에 먼저 도착한다는 것을 알 수 있다.

$$v_1 \cdot \frac{T_D}{2} + v_2 \cdot \frac{T_D}{2} = L \text{ 이므로, } T_D = \frac{2L}{v_1 + v_2}$$

$$T_M = \frac{\frac{L}{2}}{v_1} + \frac{\frac{L}{2}}{v_2} = \frac{L(v_1 + v_2)}{2v_1v_2}$$

$$\text{그러면, } \frac{T_M}{T_D} = \frac{(v_1 + v_2)^2}{4v_1v_2} > 1$$

다섯 번째 해법은 다음과 같이 나타내어 넓이의 차이를 확인하여 해결하는 것이다. 가로축에 시간, 세로축에 속력을 나타내면, [그림 8-3]에서 음영 부분이 댄이 모쉬보다 같은 시간 동안 더 많이 걸어간 거리를 나타낸다. 그러므로 댄이 모쉬보다 호텔에 먼저 도착한다는 것을 알 수 있다.

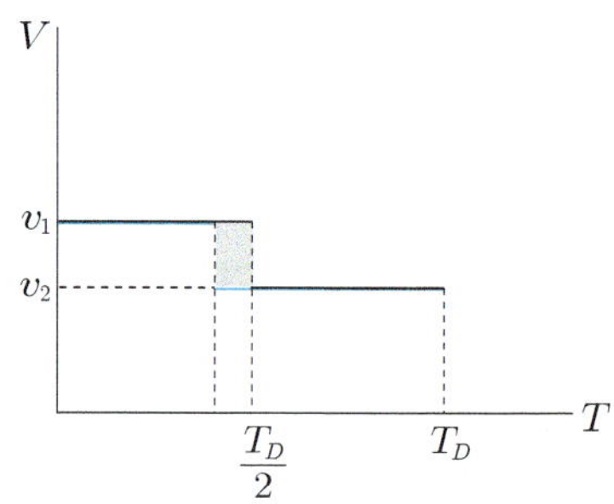

그림 8-3 ○ **넓이를 이용한 해결**

레이킨은 위와 같이 다중해법이 존재하는 문제를 이용하여 수학적 창의성을 평가할 때, '해법 공간(solution space)'을 파악하는 것이 필요하다고 하였다.[197] 수학자들의 해법 공간, 개인별 해법 공간,

197 뉴웰과 사이먼은 문제를 해결하는 사람이 가지고 있는, 문제와 관련된 정보들의 모음을, '문제 공간(problem space)'이라고 명명하였다(Newell & Simon, 1972). 주어진 문제와 유사하거나 대조적인 문제, 조건을 추가하여 만들어지는 문제 등 다양한 정보가 모두 문제 공간에 포함된다. 유사하게 왓슨과 메이슨은 예와 관련된 정보들의 모음을 '예 공간(example space)'으로 이름 붙였다. 예 공간이 넓고 잘 구조화되어 있으면 개념 이해와 문제 해결에 도움이 된다

어떤 학급 전체의 해법 공간, 현재 가능한 해법 공간, 잠재적으로 가능한 해법 공간 등 누가, 언제, 어떻게 문제를 해결할 수 있는가에 관련된 정보를 해법 공간으로 요약하여 나타낼 수 있다. 수학적 창의성 평가를 위해서는 수학자들 또는 수학교육학자들이 생각할 수 있는 해법 공간과 학생 개인의 현재 또는 잠재적으로 가능한 해법 공간을 비교할 필요가 있다. 찾아낸 해법의 수를 비교하여 유창성을, 단지 해법의 수가 아니라 종류가 다르다고 할만한 해법을 얼마나 찾아냈는지 파악하여 유연성을, 다른 학생들의 해법과 비교할 때 상대적으로 낮은 빈도로 나타난 해법인가를 판단하여 독창성을 평가할 수 있다. 레이킨은 이들 평가를 다음과 같이 종합적으로 정량화하여 수학적 창의성에 대한 지표로 나타내는 방법을 제안하였다.

표 8-1 ○ 수학적 창의성의 정량화

	유창성	유연성	독창성	창의성
해법1	1	$Flx_1 = 10$	$Or_1 = 1$	10×1=10
해법2	1	$Flx_2 = 1$	$Or_2 = 1$	1×1=1
		…		
종합	$Flu = n$	$Flx = \sum_{i=1}^{n} Flx_i$	$Or = \sum_{i=1}^{n} Or_i$	$Cr = \sum_{i=1}^{n} Flx_i \times Or_i$

표에서 알 수 있듯이, 서로 다른 해법마다 유연성과 독창성을 독립적으로 평가하여 창의성 평가에 반영한다. 유창성은 해법으로서 적합하다면 1점씩 부여하고, 이를 합한 것이 총 유창성 점수가 된다. 유연성에 대한 평가는 다음 절차에 따라 진행한다.

(1) 첫 번째 해법에 대해서는 유연성을 10점으로 정한다. 위의 표와 같이 모든 학생의 창의성 평가표에서 $Flx_1 = 10$으로 나타낸다.

(2) 두 번째 해법부터는 이전의 해법과 비교하여 완전히 다른 종류의 해법이거나

(Watson & Mason, 2015). 레이킨이 도입한 해법 공간이라는 용어는 정보처리 이론, 최적화 이론 등 여러 분야에서 이미 사용되어 온 것이다. 레이킨은 동일한 문제라도 누가 언제 해결하는가에 따라 해법 공간이 다를 수 있다는 점에 주목하였다.

깊은 통찰력을 드러내는 해법일 경우 10점, 비슷한 종류인데 사소한 수정을 시도한 경우 1점, 거의 동일한 종류일 때 0.1점을 부여한다.

(3) 개별 학생의 총 유연성 점수는 각 해법에 대하여 위와 같이 판정하여 부여한 점수를 합한 것이 된다.

독창성에 대한 평가는 개별 또는 10명 미만의 집단을 대상으로 할 때와 10명 이상의 집단을 대상으로 할 때 달리 진행한다.

(1) 10명 미만의 학생들을 대상으로 평가할 때는, 통찰에 기초한 해법이나 교육과정 외의 해법 또는 통상적이지 않은 해법을 10점으로, 교육과정 내의 해법 또는 통상적인 해법을 1점으로, 교육과정 내의 해법 중에서도 매우 전형적이거나 통상적인 해법을 0.1점으로 계산한다.

(2) 10명 이상의 학생들을 대상으로 평가할 때는, 평가대상 학생이 속한 집단에서 제시한 해법 공간을 파악하여, 각 해법의 빈도를 P_i%로 나타낸다. 평가하려는 학생의 해법이 15% 미만의 빈도로 제시되었다면, 즉 $P_i < 15$(%)라면 독창성 점수를 10점으로 한다. $15 \le P_i < 40$이면 1점으로, $40 \le P_i$이면 0.1점으로 한다.

(3) 개별 학생의 총 독창성 점수는 각 해법에 대하여 위와 같이 판정하여 부여한 점수를 합한 것이 된다.

각 해법에 유연성 점수와 독창성 점수를 부여한다. 이제 유연성 점수와 독창성 점수를 곱하면 해당 해법에 대한 창의성 점수가 된다. 유연성 점수와 독창성 점수가 각각 10점, 1점, 0.1점 중 하나이기 때문에, 두 점수를 곱한 값은 0.01점부터 100점까지 가능하다. 각 해법에 대한 창의성 점수만 보고도 대략 그 해법의 유연성과 독창성을 짐작할 수 있다. 가령, 어떤 해법에 대한 창의성 점수가 0.1점이었다면, 유연성 점수와 독창성 점수를 순서쌍으로 나타낼 때, (1, 0.1) 또는 (0.1, 1)이다. 유연하게 사고했다거나 독창적으로 접근한 해법은 아니라는 것을 알 수 있다. 창의성 점수가 100점인 해법만 골라서 분석하면, 문제를 해결한 사람의 유연성과 독창성을 집중적으로 파악할 수도 있다. 독특한 점수 체계 덕분에 각 해법의 창의성 점수만 보고도 대략적으로 창의성 수준을 파악할 수 있다.

각 해법에 대한 창의성 점수를 구한 후, 그 점수의 합을 구하면 일차 창의성 점수, 거기에 다시 유창성 점수를 곱하면 최종 창의성 점수가 된다. 일차 창의성 점수가 높은 해법들이 많으면 최종 창의성 점수는 당연히 높아진다. 일차 창의성 점수가 높지 않으면 여러 해법을 찾았다고 해도 최종 창의성 점수는 높지 않다.

$$\text{일차 창의성: } Cr = \sum_{i=1}^{n} Flx_i \times Or_i \ \Rightarrow \ \text{최종 창의성: } n \cdot Cr$$

(n은 유창성 점수)

앞서 제시한 '절반의 시간–절반의 거리' 문제의 경우, 어떤 학생이 2개의 적합한 해법을 찾았고, 각각 유연성 10점, 1점, 독창성 10점, 0.1점을 받았다고 하자. 그러면 유연성과 독창성 점수의 곱은 100점과 0.1점이 되어 일차 창의성 점수는 100.1점이고, 최종 창의성 점수는 200.2점이 된다. 다른 학생의 경우, 역시 2개의 적합한 해법을 찾았는데, 유연성과 독창성 점수가 모두 10점이라고 하자. 그러면 일차 창의성 점수는 200점, 최종 창의성 점수는 400점이 된다. 똑같이 2개의 해법을 찾았는데, 유연성과 독창성에서 어떤 평가를 받았는가에 따라 최종 창의성 점수가 상당히 다르다. 그러므로 유창성을 중요하게 고려하면서도 유연성과 독창성에 적절히 비중을 두는 평가 모델이라고 할 수 있다.

나. 수학적 창의성 정량화 적용 사례

레이킨과 레브는 앞 절에서 제시한 정량화 방법에 따라 수학적 창의성을 평가하고 생각해볼 점들을 도출하였다.[198] 이하에서 이 연구의 결과를 살펴본다. 수학적 창의성이 복잡한 요인들에 좌우되고 그 특성도 애매모호한 점이 있다는 지적이 제기되어 왔는데, 레이킨과 레브의 시도는 이러한 지적에 대처하면

198 Leikin & Lev(2013) 참고

서 비교적 합리적인 평가 방법을 제안했다는 점에서 의의가 있다. 특히, 지능지수가 130 이상이면서 수학 성취 수준이 높은 수학영재들(G), 선행학습을 통하여 상위수준의 수학을 배운 학생들(HL), 보통의 학급에서 수학을 배운 학생들(RL)이 다중해법에 의하여 해결되는 문제에 대하여 어떻게 반응하는지 살펴보았다는 점에서도 흥미로운 연구이다. 수학 영재성과 수학적 창의성, 속진 학습 사이의 관계를 파악할 수 있는 기회를 제공하기 때문이다.

연구에 사용한 문제 중 하나는 다음과 같다.

[문제] 다음을 가능한 한 여러 가지 방법으로 해결하여라.

말리는 상점에 내다 팔기 위하여 딸기잼을 만들고 있다. 큰 항아리에 잼을 담아서 상점으로 운반하게 되는데, 처음에는 80리터의 잼을 여러 항아리에 같은 양씩 담아서 운반했었다. 그러다가 항아리 개수가 너무 많은 것 같아서 그 중 네 개를 빼내고 남은 항아리들에 잼을 담아 운반하기로 하였다. 그러기 위해서는 운반해야 하는 잼의 $\frac{1}{4}$을 남은 항아리 개수만큼 똑같이 나누어 각각의 항아리에 추가하면 된다. 처음에 몇 개의 항아리로 잼을 운반했었겠는가?

표 8-2 ○ **집단별 해법 공간과 해법별 학생들의 반응**

해법 유형	해법	내용	해법별 학생 수와 비율		
			G(N=6)	HL(N=6)	RL(N=6)
A	1	연립방정식을 이용한 해법 1	2(34%)	5(19%)	1(6%)
	2	연립방정식을 이용한 해법 2	0	1(4%)	0
B	3	방정식을 이용한 해법 1	5(83%)	8(30%)	0
	4	방정식을 이용한 해법 2	2(34%)	0	0
	5	방정식을 이용한 해법 3	0	0	0
D	6	변수가 2개인 방정식을 이용한 해법	0	0	0
E	7	그림을 이용한 해법	1(17%)	0	0
C	8	통찰에 따른 해법: 분수/백분율	0	0	0
F	9	통찰에 따른 해법	1(17%)	2(8%)	0
G	10	통찰에 따른 해법	0	2(8%)	0
집단별 해법의 유창성			4	4	1

위의 표에서 집단별 해법의 유창성은 각 집단마다 종류가 다른 해법을 몇 개나 제시했는지를 나타낸 것이다. 영재들과 선행학습을 한 학생들의 경우 모두 네 종류의 해법을 제시하여 집단 유창성은 동일하다. 그러나 일반 학생들로 이루어진 집단의 유창성은 1로 매우 낮은 것을 확인할 수 있다. 다양한 해법을 가진 문제라도 일반 학생들에게는 매우 어려울 수 있으며, 지나치게 어려울 경우 유창성을 평가하는 데에 부적합하다는 것을 알 수 있다.

레이킨과 레브는 개별 해법 공간의 범위와 평균 해법의 수를 계산하였다. 영재들의 경우, 개별 해법 공간의 범위가 1개에서 2개인 반면, 선행학습을 한 학생들의 경우는 0개에서 2개, 일반 학생들의 경우는 0개에서 1개였다. 영재들이 제시한 해법의 평균 개수는 약 1.8, 선행학습을 한 학생들의 경우는 약 0.7, 일반 학생들의 경우는 약 0.1이었다. 집단 유창성이 동일했던 영재학생들과 선행학습을 한 학생들이, 평균 해법의 수에서는 1.8과 0.7로 큰 차이를 보이고 있음에 주목해야 한다. 이는 선행학습이 그 자체로 영재성을 보증하지 않는다는 것을 뜻한다.

레이킨과 레브는 위의 문제를 포함한 5개의 다중해법 문제를 이용하여 세 집단의 수학적 창의성에 차이가 있는지 살펴보았다. 다중해법 문제라고 해서 완전히 새로운 문제는 아니다. 위에 제시한 문제도 전형적인 문장제 문제이다. 레이킨과 레브가 사용한 다른 문제들도 수학교과서에서 다루는 평범한 문제처럼 보이는데, 다중해법이 존재하도록 변형한 것이다. 간단한 계산 문제에서부터 증명 문제까지 다양하다. 이들 문제는 "가능한 한 여러 가지 방법으로 해결하여라."라는 공통의 요구를 담고 있다. 집단별로 수학적 창의성을 정량화한 결과는 [표 8-3]과 같다.[199]

선행학습을 한 학생들과 일반 학생들 사이의 차이도 어느 정도 있었지만, 영재들과 선행학습을 한 학생들 사이의 차이가 상당하다는 것에 주목해야 한다. 이 결과를 보고 레이킨과 레브는 영재성이 선행학습보다 수학적 창의성에 훨

199 표에서 창의성 점수는 최종 창의성 점수를 뜻한다.

표 8-3 ◦ 집단별 수학적 창의성 정량화

	영재	선행학습	일반
유창성(Flu)	1.83	0.67	0.06
유연성(Flx)	15.03	5.30	0.56
독창성(Or)	3.78	2	0.56
창의성(Cr)	37.5	18.63	5.56

씬 직접적으로 관련되어 있다는 결론을 내렸다. 우리나라처럼 선행학습을 거쳐서 수학영재로 성장하는 경우가 많은 상황에서는 어떤 결과를 얻을지 궁금하다. 적절한 표집을 거쳐 우리나라 학생들의 경우에 어떤 시사점을 얻을 수 있을지 파악해야 할 것이다.

흥미로운 점은 검사를 위하여 적용했던 문제의 성격에 따라 세 집단의 차이가 다르게 나타났다는 것이다. 단순 계산 문제의 경우, 선행학습을 한 학생들과 일반 학생들 사이의 차이가 두드러졌다. 영재들과 일반 학생들 사이의 차이도 컸다. 그러나 증명 문제와 절반의 시간-절반의 거리 문제에서는 영재들과 나머지 두 집단의 학생들 사이의 차이가 컸다. 이들 문제에서는 창의적인 사고를 요구했는데, 선행학습을 한 것은 여기에 별다른 영향을 주지 못한 것으로 보인다. 그러므로 단지 선행학습을 통하여 수학을 배운 학생들과 영재성이 있는 학생들을 구분하려면, 단순한 계산 문제로 유창성을 비교하여 창의성을 평가해서는 안 된다는 것을 알 수 있다. 다중 해법이 존재하는 문제라 하더라도 증명 문제나 절반의 시간-절반의 거리 문제와 같은 복합적인 사고 능력을 필요로 하는 것이 아니면, 수학적 창의성을 평가하는 데에 부적합하다.

선행학습을 한 학생들이 일반 학생들보다 창의성 점수가 높았던 점에 대해서도 논의가 필요하다. 수학적 창의성은 선행학습을 통해서는 기를 수 없다는 것이 보편적인 인식이다. 그러나 레이킨과 레브의 연구에서는 선행학습을 한 학생들이 일반 학생들보다 유연성, 유창성, 독창성에서 모두 높은 평가를 받았다. 물론 제시한 문제들에 간단한 계산이나 방정식 해결을 요구하는 것이 포함되어 있었기 때문에 이러한 결과가 나온 것이다. 이러한 문제들은 선행학습만으로 얼마든지 여러 가지 해법을 제시할 수 있다. 오히려 우리나라의 선행학습에서 강조하고 있는 다양한 문제해결 연습이 이러한 측면을 강화할 여지가 있다. 사교육의 조장이라는 사회적인 논란거리와 관련되어 있어서 신중하게 해석해야 하지만, 한 가지 분명한 것은 있다. 복잡도가 높은 문제만으로 수학적 창의성을 평가해서는 안 된다는 것이다. 수학적 창의성은 어느 정도의 지식을 모두 학습한 이후에만 발휘하거나 교육받는 것이 아니기 때문이다. 3장에서 논의한 바와 같이, 보통의 수학학습에서도 수학적 창의성이 중요한 역할을 한다. 또, 수학적 지식은 수학적 창의성이 발현되는 데에 필수적인 조건이다. 선행학습을 통하여 수학적 지식을 학습한 것은 제한된 의미에서의 수학적 창의성 발현에 도움을 준다. 수학을 많이 배우면 수학적 창의성도 향상된다고 볼 수 있는 것이다. 그러나 선행학습을 통하여 함양할 수 있는 수학적 창의성은 한계가 있다. 문제에 따른 반응 차이를 보면 알 수 있다. 결국, 적절한 때에 적절한 방법으로 수학적 창의성을 고루 발전시키면서 수학을 학습하는 것이 중요하다.

다. 관찰에 의한 수학적 창의성의 평가

앞에서 논의한 수학적 창의성 평가의 방안은 합리적이고 유용한 측면이 있다. 그러나 지필평가만으로 수학적 창의성을 평가한다면, 우리나라와 같이 교육열이 높은 상황에서는 제한된 문제세트를 이용하여 연습한 학생들과 수학적으로 창의적인 학생들을 구분할 수 없다. 지필평가 대신 교사추천서와 학부모추천서 등을 수학적 능력의 평가에 반영하는 것도 이런 이유 때문이다. 그러나 아이러니하게도 추천서를 전문적으로 작성해주는 기관이나 개인까지 등장하면서, 수학적 재능이 있는 학생들을 선발하는 일은 점점 더 어려워지고 있다. 신희영 외는 지필평가가 수학적 창의성 평가의 최선이 아니라는 데에 착안하여 관찰평가를 시도하고 수학적 창의성과의 상관관계를 확인하였다.[200] 이하에서 그 일부를 소개하고 추가로 제기되는 논점을 제시한다.

200 신희영·고은성·이경화(2007) 참고

신희영 외는 대학부설영재교육원에서 교육을 받고 있는 35명의 초등학교 5학년(23명), 6학년(12명) 학생들의 여러 평가결과를 비교하였다. 첫 번째 평가는 영재교육 대상자로 선발되는 과정에서 실시한 것이다. 주로 고난도 문제해결 능력을 파악한 것이며, '지필평가'라는 범주로 나타내었다. 두 번째 평가는 영재교육을 받는 과정에서 소그룹마다 배치된 전문가가 실시한 것이다. 인지적인 측면과 정의적인 측면을 5점 척도로 파악하여 나타내었으며, '관찰평가'라는 범주로 표시하였다. 세 번째로 수학적 창의력 검사문제를 이용하여 유창성, 유연성, 독창성, 정교성 등 수학적 창의성의 요소별 평가를 하였으며, '창의력평가'로 표시하였다.

연구팀은 지필평가 결과가 매우 좋았는데 관찰평가 결과는 매우 나쁘거나 그 반대의 경우 등, 지필평가 결과를 바탕으로 기대했던 학생들의 능력과 태도가 영재교육 과정에서 나타나지 않는 점에 주목하였다. 그 원인이나 자세한 상황을 파악하기 위하여, 지필평가 결과, 창의력평가 결과, 관찰평가 결과 사이의 상관관계를 분석하였다. 35명 학생들 전원이 세 종류의 평가에 참여했는데, 놀랍게도 지필평가 결과와 창의력평가 결과 사이 그리고 지필평가 결과와 관찰평가 결과 사이에 상관관계가 거의 나타나지 않았다. 다시 말하여, 영재교육 대상자를 선발할 때 파악한 고난도 문제해결력은 수학적 창의력의 지표가 될 수 없었으며, 영재교육 과정에서의 탁월한 수행에 대한 지표도 될 수 없다는 점을 알 수 있었다. 우리나라의 상황에서 고난도 문제해결력은 사교육에 의하여 집중적으로 길러진 능력이기 때문에, 이와 같은 결과는 놀라운 것이 아닐지 모른다. 이제는 창의력평가를 위한 문제가 공개되어 이에 대한 결과도 신뢰할 수 없는 상황이다. 그러므로 영재교육에 참여하고 있는 동안 실제로 수행하는 바를 관찰하여 평가하는 것이 어느 정도의 신뢰도를 확보하는 방안이 되었다. 물론 관찰자의 주관에 좌우되는 면이 있다는 점은 감안해야 한다. 또한, 수업을 이끄는 교사 혼자 많은 학생들을 관찰할 수 없으므로, 별도로 전문성을 개발하여 확보한 보조연구원이 관찰평가를 담당해야 한다. 경제적으로 그리고 운영 면에서 추가적인 부담을 야기하는 것이다.

신희영 외에서는 지필평가 결과와 관찰평가 결과가 상반된 것으로 나타난 5명의 학생들을 집중적으로 살펴보았다. 이들 학생들이 여러 종류의 평가에서 어떻게 응답했고, 어떤 평가를 받았는지에 초점을 두어 수학적 창의성 평가의 전략으로서 관찰평가의 가능성과 한계를 파악하였다. 5명의 학생들에 대한 기본적인 정보는 다음과 같다.

표 8-4 ◦ 세부 관찰대상 학생들에 대한 정보

아동	반명	성별	학년	지필평가 결과	관찰평가 결과
석이	심화반	남	6	하	상
준이	심화반	남	6	상	하
혁이	기초반	남	5	중	상
민이	기초반	남	5	하	상
철이	기초반	남	5	상	하

관찰평가지의 구성은 [표 8-5]와 같다. 3~4명으로 이루어진 모둠 단위로 탐구하도록 하는 것이 수업운영의 기본 형태였다. 각 모둠마다 전문성을 갖춘 평가자가 개별 학생의 활동을 관찰하며 평가방법에 따라 평가하고, 특이사항을 기록하였다.

평가는 세 범주로 나누어 진행했는데, 그중 첫 번째 범주는 수학과 수학 탐구에 대한 태도이다. 여기에는 5개의 평가 항목이 포함된다. 첫 항목은 흥미와 호기심으로, 수학과 수학을 탐구하는 것에 대하여 내적인 동기를 얼마나 가지고 있는지를 평가하기 위한 것이다. 다음 항목인 적극성과 자신감은 수동적으로 지식을 전달받기보다 스스로 탐구하여 추측하고, 정당화하고, 개념화하는 등의 활동적인 참여 능력을 평가하기 위한 것이다. 과제집착력은 당장 해결되지 않더라도 지속적으로 탐구의욕을 가지는지를 평가하기 위한 항목이다. 완성도는 수학적 창의성 평가에서 정교성에 해당되는 항목이다. 피상적이거나 오류가 있는 채로 탐구를 끝내지 않고 체계적이며 유용하게 탐구 결과를 정리하여 나타내는 능력을 평가한다. 협업능력은 다른 학생들과의 소통과 공동의 탐구에 발전적으로 기여하면서 탐구하는 능력을 평가하기 위한 항목이다.

표 8-5 관찰평가지의 구성

범주	항목평가		방법
태도 (총 5항목)	흥미/호기심		항목별 5점 척도 평가
	적극성/자신감		
	과제집착력		
	완성도		
	협업능력		
문제해결능력 (총 7항목)	이해력		항목별 5점 척도 평가
	방법	구체성, 명확성	
		논리성	
		독창성	
	적용	상황 전이	
		지식 변형	
		새로운 문제 제기	
수학적 인지능력 (총 5항목)	추상화		항목별 5점 척도 평가
	귀납적 사고		
	연역적 사고		
	공간화		
	수리능력		
	일반화		
특이사항	기타 다양한 능력		서술내용에 대한 질적 평가

두 번째 범주는 문제해결능력인데, 그 하위 범주에는 이해, 방법, 그리고 적용이 포함된다. 이해는 문제의 의미와 구조, 조건 등을 적절하게 포착하여 해결의 단서를 찾아내는 능력을 평가하기 위한 항목이다. 방법에는 3개의 세부 평가항목이 포함되어 있다. 방법의 구체성과 명확성이 첫 번째 항목이다. 방법의 논리성이 두 번째 항목이며, 독창적인 방법을 제안하는 능력을 평가하는 것이 세 번째 항목이다. 적용도 3개의 세부 평가항목으로 이루어져 있다. 상황 전이는 문제를 해결한 이후에 다른 상황에 그 결과를 적용하는 능력을 평가하기 위한 항목이다. 기존 지식의 변형은 이미 알고 있는 지식을 재구성하거나 부분적

인 수정과 보완을 시도하여 적절히 활용하는 능력을 평가하기 위한 항목이다. 마지막으로 새로운 문제의 제기 항목은 주어진 문제를 해결하는 데에 그치지 않고 새로운 탐구를 촉발하는 능력을 알아보기 위한 것이다.

세 번째 범주는 문제해결에 직·간접적으로 관련되는 수학적 인지능력을 평가하기 위한 것이다. 여기에는 6개의 세부 평가항목이 포함된다. 첫 번째 항목은 추상화 능력으로, 문제 상황에서 구체적인 대상의 공통적인 특성을 추출하여 표현하는 능력을 평가한다. 귀납적 사고는 여러 예를 기초로 하여 일반적인 성질을 도출하는 능력을 평가하기 위한 항목이다. 연역적 사고는 일반적인 성질과 성질 사이를 연역적 추론에 의하여 연결하는 능력을 평가한다. 공간화는 기하학적 사고능력을 평가하기 위한 항목이다. 수리능력은 계산에 관련된 능력을 그리고 일반화는 다양한 맥락에서 일반성을 추구하는 능력을 평가한다.

마지막으로 태도, 문제해결능력, 수학적 인지능력에 포함되지 않는 특이사항을 기록하여 학생의 수학적 능력을 판단하는 데에 반영하였다. 예를 들어, 어떤 학생은 수학자들의 생애와 성격, 업적에 대한 관심이 매우 높아서, 지속적으로 질문을 하면서 나름의 관점에 따라 자료를 정리하였다. 이 학생이 당장 이해할 수 없고 해결할 수도 없는 내용이지만, 전문적인 용어와 이론을 암기하여 즐겨 말하며 이해하려고 노력하는 모습을 관찰할 수 있었다. 이것은 이 학생의 잠재력을 나타내는 매우 중요한 증거이다.

관찰평가의 항목들에 수학적 창의성 연구에서 언급한 요소들이 포함되어 있음을 알 수 있다. 인지적인 요소는 물론이고 정의적인 요소까지 포함되어 있다. 앞 절에서 살펴본 레이킨과 레브의 연구에서는 지필평가만으로 유창성, 유연성, 독창성을 판단하여 수학적 창의성에 대한 평가를 하는 합리적인 방법을 확인하였다. 그러나 신희영 외는 지필평가에 사용할 수 있는 문제의 유형과 내용이 제한되어 있어서, 사전에 연습한 학생들의 성취도가 높을 수밖에 없으며, 그렇게 되면 수학적 창의성도 그리고 실제 수학적 능력도 아닌 것을 평가한 것이 된다고 주장하였다. 이러한 상황에서는 수학적인 탐구에 직접 참여하는 동안 관찰평가를 통하여 수학적 창의성을 파악하는 것이 바람직하다. 전문성을 갖춘 평가자가 필요하고 시간과 비용이 소요된다는 점은 감안해야 한다. 제반 여건이 갖추어진다면 관찰평가는 수학적 창의성 평가의 한 가지 방법이 될 수 있다.

라. 요약

이 장에서는 수학적 창의성을 평가하는 방법에 대하여 살펴보았다. 많은 연구자들이 수학문제해결 과정에 나타난 유창성, 유연성, 독창성, 정교성 등을 평가하여 최종적으로 수학적 창의성을 평가하는 방법에 대하여 제안하였다. 그 중에서 최근 들어 지속적인 연구를 통해 합리적인 방법을 제안하고 있는 레이킨의 연구를 집중적으로 살펴보았다.

수학적 창의성 평가에서 논란의 대상이었던 것 중 하나는, 유창성, 유연성, 독창성을 어떤 비중으로 평가하여 종합적으로 수학적 창의성 수준을 파악할 것인가 하는 문제이다. 예를 들어, 어빙의 경우, 유창성은 고려하지 않고 독창성과 유연성에 근거하여 수학적 창의성 수준을 판단하였다. 이 입장에 의하면, 여러 해법을 찾는 것보다는 직관이나 통찰에 의한 단 하나의 좋은 해법을 찾는 것이 수학적 창의성 수준을 높게 평가받을 수 있는 방법이다. 레이킨이 제시한 수학적 창의성의 정량화 모델은 어빙의 입장도 어느 정도 반영하면서, 유창성에 대하여 비중을 두어왔던 전통적인 평가 관점도 개선한 것이었다.

레이킨의 수학적 창의성 정량화 모델에서는, 각 해법마다 유창성 점수를 1점씩 부여한다. 비중은 유연성과 독창성에 부여되는데, 최초 해법의 유연성은 10점을, 다음 해법부터는 관점을 전환하거나 통찰에 기초한 것에 10점을, 이전 해법과 유형이 동일한데 표현이 다르면 1점을, 이전 해법과 동일한 유형이고 동일한 표현을 사용했다면 0.1점을 부여한다. 독창성 점수는 개별 또는 10명 이하의 집단을 대상으로 할 때와 10명 이상의 집단을 대상으로 할 때 달리 부여한다. 10명 미만의 집단을 대상으로 할 때는 통찰에 의한 해법인 경우 10점을, 관례적인 해법인 경우 1점을 부여한다. 10명 이상의 집단을 대상으로 할 때는 해법의 상대적인 빈도에 따라 점수를 부여한다. 빈도가 15% 미만일 경우에 10점을, 15% 이상 40% 미만일 때 1점을, 그 외에는 0.1점을 부여한다. 수학적 창의성은 각 해법마다 판정한 유연성 점수와 독창성 점수의 곱을 모두 합한 것을 일차적으로 계산한다. 최종적인 수학적 창의성은 유창성 점수와 일차 수학적 창의성 점수의 곱에 의하여 계산한다. 결국 많은 해법을 찾아서 유창성 점수가 높다고 해도 유연하고 독창적인 해법을 찾지 못하면 높은 수준의 수학적 창의성을 인정받을 수 없다. 그렇기 때문에 레이킨의 방법은 어빙의 이론과 전통적인 창의성 평가 관점을 포괄한 것으로 볼 수 있다.

레이킨과 레브의 연구는 레이킨의 수학적 창의성 평가 모델에 따라 영재학생들, 선행학습을 한 학생들, 일반 학생들의 수학적 창의성을 비교한 것이었다. 연구결과, 영재학생들의 수학적 창의성은 나머지 두 집단의 학생들에 비하여 월등히 높았다. 선행학습을 한 학생들의 수학적 창의성은 영재학생들보다는 낮았지만, 일반 학생들의 수준보다는 높았다. 이는 수학적 창의성이 어느 정도의 수학적 지식을 가지고 있을 때 발현된다는 것을 입증한다. 그러나 선행학습을 한 학생들은 산술문제나 알고리듬을 적용하는 문제에서 높은 점수를 얻었을 뿐, 심층적인 사고력과 창의적 직관을 활용해야 하는 문제에서는 큰 차이를 보이지 않았다. 영재학생들은 산술문제나 알고리듬을 적용하는 문제에서는 선행학습을 한 학생들과 비슷했지만, 사고력과 창의력을 요하는 문제에서는 큰 차이로 높은 수학적 창의성을 보였다. 국내에서는 영재학생들 상당수가 선행학습을 하기 때문에 레이킨과 레브의 연구를 뒷받침할 근거를 찾기가 어려울 것이다. 그럼에도 불구하고 유사한 설정에 따라 연구하여 우리 나름의 상황이 어떠한지를 파악할 필요가 있다.

수학 영재교육에 대한 국가적인 관심과 사회적인 요구, 학부모들의 과도한 교육열 등의 특성을 가진 우리나라에서 수학적 창의성 평가의 문제는 매우 까다로운 연구주제 중 하나이다. 영재교육 대상자를 선발하는 시험문제는 해마다 사교육기관으로 넘어가고, 해마다 다른 문제를 낼 수 없는 기관에서는 고민이 깊어지고 있다. 누가 영재인지, 누가 창의성이 있는 영재인지를 평가하는 것이 매우 어려운 상황이다. 이러한 문제의식에서 신희영 외는 나름대로 독특한 연구를 시도하였다. 연구의 주된 내용은 영재로 이미 선발된 학생들이 영재교육을 받는 동안 어떻게 수학을 탐구하는지, 그들의 수학적 창의성은 어떤지를, 입학과정에서 치른 지필평가결과와 비교하는 것이다. 결과는 지필평가결과와 관찰평가결과, 지필평가결과와 수학적 창의성 평가결과 사이에 거의 상관관계가 없다는 것이었다. 이는 우리나라의 상당수 영재학생들이 선행학습에 의존하여 영재교육 대상자로 선발된다는 통념을 입증하는 것이었다. 다른 중요한 결과는, 관찰평가결과와 수학적 창의성 검사 결과 사이에는 상관관계가 있는 것으로 나타났다는 것이다. 그러므로 우리나라의 상황에서는 관찰평가가 비용과 시간의 문제가 있기는 하지만, 매우 의미 있는 수학적 창의성 평가 방안이 될 수 있음을 알 수 있었다.

수학적 창의성 교육은 영재학생들만이 아니라 모든 학생들에게 필요하다. 그러므로 타당하고 적절한 수학적 창의성 평가 방법을 마련하는 일이 시급하다. 평가하지 않으면 교육도 하기 어려운 것이 우리의 수학교육 현실이기 때문이다. 관찰평가의 경우에는 소수를 대상으로 하는 영재교육에 그리고 레이킨이 제시한 모델은 보통의 수학수업에 적용할 수 있는 것으로 보인다. 다중해법 문제는 이미 우리 수학교과서와 수학수업에서도 다루고 있다. 다만 이를 수학적 창의성 면에서 평가하는 합리적인 절차를 개발할 필요가 있을 뿐이다. 레이킨의 연구는 이와 관련하여 좋은 참고자료가 된다.

09

수학적 창의성 연구의 과제

이 장에서는 8장까지의 논의를 되돌아보면서 수학적 창의성 연구의 주요 성과를 제시하고 앞으로의 과제를 제시한다. 주로 8장까지 논의한 내용에서 수학적 창의성의 의미에 대한 것을 요약하고 종합할 것이다. 수학적 창의성 연구는 결국 수학적 창의성의 의미를 밝히기 위한 것이며, 이로부터 교육에 대한 시사점을 파악할 수 있다. 연구 성과는 풍부하나 여전히 복잡하고 미묘한 측면들이 지속적으로 드러나고 있다. 이는 수학적 창의성이 수학교육은 물론이고 심리학, 철학, 사회학 등 다양한 분야에서 연구되고 있기 때문이다. 결론적으로 수학적 창의성에 대한 많은 연구에도 불구하고, 초기 연구주제부터 최근 연구주제까지 여전히 새로운 관점과 방법에 의하여 연구되어야 할 새로운 측면들을 드러낸다는 점을 확인할 것이다.

가. 수학적 창의성의 의미

수학에서는 어떤 용어를 정의하고 나면, 그 정의를 사용하여 대상을 분류하는 것이 가능하다. 가령, 함수를 정의하고 나면, 어떤 것이 함수이고 어떤 것은 함수가 아닌지 판단할 수 있다. 그러나 지금까지 제시되어온 수학적 창의성의 정의로는 분류 또는 판단을 하는 데에 제약이 따른다. 더욱이 수학적 창의성 연구가 주로 영재교육과 관련하여 진행되었다는 점에서, 이 정의를 일반 수학교육의 맥락에 적용하는 데에는 어려움이 따른다. 예를 들어, 다음과 같은 어빙의 정의를 이용하여 수학적 창의성 여부를 판단한다고 생각해보자.

수학적 창의성이란 (1) 수학 특유의 논리-연역적 특성을 고려하는 한편, (2) 생성한 개념들을 기존 수학에서 중심적이라고 할 만한 것들에 비추어 그 적합성 여부를 고려하는 가운데, (3) 문제를 해결하고, (4) 구조를 개발하는 사고능력을 가리킨다[201].

먼저 수학 특유의 논리-연역적 특성을 고려한다는 말을 생각해 보자. 수학 특유의 논리-연역은 물리적인 세계에서의 논리-사실과 대비되는 것으로 볼 수 있다. 5장에서 손더스가 수학적 추론의 특성을 확실성과 정확성이라고 주장하며 제시했던 예에서 이 말의 의미를 파악할 수 있다. 손더스는 '만약 시럽 $\frac{3}{4}$ 갤런이 90센트라면'이라는 조건이 제시되었다면, '시럽 $\frac{1}{4}$ 갤런이 30센트', '시럽 1 갤런이 120센트', '시럽 $\frac{1}{2}$ 갤런이 60센트' 등 많은 새로운 명제를 도출할 수 있고, 이들이 확실하며 정확하다는 것을 입증할 수 있다고 하였다. 이 명제들이 참이라는 것을 실제 세계에서 확인할 필요도 없고 확인해서도 안 된다. 가령, 근처 상점에서 이 가격과 다른 가격에 시럽을 판매하고 있다고 해서 이들 명제들이 거짓이 아니라는 것이다. 실세계의 논리-사실이 아니라 수학적으로 가정한 조건 하에서 논리와 연역을 통해 새로운 명제를 얻고, 동시에 그 명제의 참과 거짓을 판별할 수 있다. 어떤 사고과정 또는 문제해결 과정이 수학적으로 창의적인가를 판정할 때에는 이와 같은 논리-연역의 성격을 고려해야 한다.

그런데 4장에서 손필드가 제시했던 지향의 문제는 단지 수학 특유의 논리-연역만으로 수학적 창의성을 발휘하는 것이 아니라는 점을 제기한다. 예를 들어, 정확하게 계산했지만 문제에서 요구하는 것은 계산 결과 자체가 아니라 상황에 맞게 그 결과를 해석하는 것일 때가 있기 때문이다. 해결해야 할 문제는 '군용버스 한 대에 36명이 탈 수 있다. 1128명의 군인들이 버스를 타고 훈련장소로 이동하려면, 버스 몇 대가 필요한가?'라는 것이었다. 실제로 70%의 학생들이 1128을 36으로 나누어 '31과 나머지 12'라는 결과를 답으로 제시하였다. 36명씩 태우면 31대의 버스가 필요하고, 나머지 12명을 위해서 추가로 한 대의 버스가 더 필요하다는 것을 파악하여 32대라고 답해야 하는데, 대다수의 학생

201 번호는 설명의 편의를 위하여 저자가 붙였으며, 이하의 논의는 이 순서를 따라 제시한 것임

들이 학교에서 배운 수학 특유의 논리-연역에 따라 정확한 계산 결과만 제시하였다. 실제 세계에서 통하는 사실, 곧, 버스를 다 채울 만큼의 인원이 없더라도 버스 한 대를 추가로 예약해야 한다는 것을 고려할 수 있어야 제대로 문제를 해결할 수 있다. 이렇게 수학 특유의 논리-연역 그 자체가 아니라 고려하는 맥락에 적합하게 해석을 해야 하고, 필요에 따라 새로운 방식으로 적용하거나 변형하는 것에서도 수학적 창의성의 증거를 찾을 수 있다. 변화무쌍한 다종다양의 증거를 찾아야 창의성 판별이 가능하다는 것이다. 달리 말하여, 어떤 문제해결 과정이 수학 특유의 논리-연역만으로 이루어지는 것이 아니라, 논리-사실을 포함한 다양한 측면들을 적절히 고려하고 다루는 것으로 이루어지며, 이 복합적인 과정을 유연하게 제어하는 것이 수학적 창의성의 의미가 된다.

어빙 자신도 어떤 문제해결 과정이 창의적이라고 판단함에 있어 수학 특유의 논리-연역 그대로를 적용하는 것은 최하수준으로 분류하였다. 더욱이 자신이 제시한 수학적 창의성의 정의가 아니라, 별도의 기준을 마련하여 창의적인 문제해결의 수준을 구분하였다. 1수준은 알고리듬에 의한 문제해결, 2수준은 독자적인 기법을 적용한 문제해결, 그리고 3수준은 직관과 통찰을 이용하여 직접 해결한 것이 그것이다. 이 구분은 수학 특유의 논리-연역을 고려하는 방식과 관점의 차이에 따른 것으로 볼 수 있다. 알고리듬을 활용하여 문제를 해결하는 것은, 수학 특유의 논리-연역을 기계적으로 학습하여 적용하는 것만으로도 가능하다. 독자적인 기법을 이용하는 경우는, 수학 특유의 논리-연역을 나름대로 소화하여 맥락에 맞게 재구성하여 적용하는 수준이라고 할 수 있다. 가장 높은 수준의 창의성이라고 설명했던, 직관과 통찰에 의한 문제해결은, 수학 특유의 논리-연역을 초월한 것으로 볼 수 있다. 어빙이 제시한 문제를 해결할 때 사람의 수명이 100세 미만이라고 가정한 것을 직관과 통찰의 예로 설명했는데, 이것은 수학 특유의 논리-연역을 넘어서서 실세계의 논리-사실을 고려한 것에 해당한다.

어빙의 정의에서 두 번째 조건은 기존 수학에서 중심적인 것들에 비추어 그 적합성 여부를 고려한다는 것이었다. 이 기준도 다양한 해석에 열려 있다. 무엇이 중심적이고 무엇은 중심적이지 않은지를 판정하는 원칙이 없기 때문이다. 그것에 비추어 적합성 여부를 고려한다는 말도 해석의 여지가 있다. 그나마 고등수학에서는 중심적인 이론과 그렇지 않은 이론이 있을 수 있기 때문에 어느 정도의 판단이 가능하다. 그러나 학교수학에서는 중심적인 것과 그렇지 않은 수학을 구분할 수 없는 경우가 대부분이고, 구분할 필요도 없다. 수학적 재능이 뛰어난 학생들의 경우, 학교수학을 넘어서서 통찰할 수도 있으나 중심적인 수학이라 할 만한 것에 비추어 적합성을 판단할 필요까지는 없다. 이 기준은 어빙이 수학적 창의성을 고등수학의 맥락 또는 수학 연구의 맥락에서 조명했기 때문에 제안된 것이며, 일반 학생들에게 수학적 창의성을 교육하는 입장에서 고려할 필요는 없을 것으로 생각한다.

기준을 완화하여 중심적이든 그렇지 않든 기존 수학에 비추어 그 적합성을 고려해야 한다는 것으로 바꾸어 생각해보자. 그러면 오일러가 바젤 문제를 해결했던 과정에서 나타난 창의성을 설명하는 데 어려움이 따른다. 기존 수학은 유한개의 항에 대하여 성립하는 성질이었는데, 오일러는 무한개의 항에 대하여 그 성질을 적용했기 때문이다. 기존 수학에 비추어보면 과도하게 일반화하여 적용한 사례이므로 적합하지 않은 경우로 판정해야 한다. 이 사례를 놓고 보면 수학적 창의성을 판단할 때, 기존 수학에 비추어 그 적합성을 고려하기보다는 기존 수학을 과감하게 벗어나는 것 또는 기존 수학과는 대립되는 가정을 해보는 것도 의미 있는 것으로 보아야 한다.

마지막으로 살펴볼 점은, 어빙의 정의에서 수학적 창의성이 문제해결 능력 그리고 구조를 개발하는 능력으로 이루어져 있다는 것이다. 개념을 창안하거나 표현방법을 고안하는 능력은 이 두 가지 능력에 관련되지만 분명히 다른데 이 정의에는 포함되지 않는다. 그러므로 개념 창안과 표현방법 고안이라는 맥락에서의 수학적 창의성은 별도의 정의 또는 판정 기준이 필요하다. 결국, 어빙의 정의는 어떤 과정이나 대상이 수학적으로 창의적인가를 판별하는 기준이 되기는 어렵다. 지금까지 어빙의 정의를 집중적으로 살펴보았지만, 수학적 창의성에 대한 다른 정의들 어떤 것을 보아도 마찬가지 이유로 판별 기준이 되기는 어려움을 알 수 있다. 수학적 창의성 연구의 어려움은 이렇게 수학적 창의성이 무엇인지를 조작적으로 정의하기가 어렵다는 것에서 발생한다.

수학적 창의성을 조작적으로 정의하기 어렵기 때문에, 기존의 연구에서는 거꾸로 수학자들과 수학적으로 재능이 있는 아동들을 연구하여 수학적으로 창의적인 사람의 성격특질, 수학적으로 창의적인 사고과정, 수학적으로 창의적인 산출물의 특성, 수학적 창의성을 촉진하는 환경의 조건을 도출해왔다. 각각의 주제에 대하여 논의할 때 이미 연구 방법에 근본적인 난점이 있음을 확인하였다. 수학적으로 창의적인 사람의 성격특질을 연구할 때는, 어떤 사람이 수학적으로 창의적인 사람인가를 판단하는 기준이 없기 때문에 위대한 업적을 낸 수학자들을 선택하여 공통점이나 특이점을 파악한다. 그런데 연구대상이 누군가에 따라 다양한 특질이 나타나고, 더욱이 상반되는 특질을 동시에 가지고 있는 경우도 많기 때문에 모종의 관점을 도출하는 데에 어려움이 발생한다. 또한 수학적으로 창의적인 사고과정을 연구함에 있어서도 마찬가지이다. 뇌과학 연구가 급속도로 발전하고 있지만, 정작 창조의 순간을 포착할 수 없으므로 아직은 인위적인 상황 또는 지나치게 기본적인 상황을 드러내는 데 그치고 있다. 수학자들의 창조과정에 대한 설명은 애매모호하고 다양하여 이론화하는 데 한계가 있기도 하다. 수학적 산출물의 창의성 여부를 평가함에 있어서의 문제들도 이미 논의한 바 있다. 이와 같이 귀납과 추측에 의하여 수학적 창의성의 의미를 밝히는 과정은 험난했고 앞으로도 그러할 것이다.

결론적으로, 수학적 창의성의 의미는 '새롭고 유용한 수학적 지식이나 수학적 관점을 만들어내는 능력과 과정'이라는 최소한의 정의에 여러 다른 관점들을 추가하여 논의하는 단계에 있다. 수학적 지식의 특성과 학습에 관련해서는 3장에 밝힌 바와 같이, 반영적 추상화, 과정개념, 물화 등의 논의를 추가할 때 수학적 창의성의 의미가 건전하게 고려될 수 있다. 문제해결과 관련해서는 4장에서 제시한 바와 같이, 스스로 즐겨 수학에 주목하고 사고하는 능력과 성향, 일반적인 해법을 추구하는 태도, 통찰에 의한 문제의 이해와 새로운 문제의 제기 등과 관련지어 논의할 때 건전한 의미에서 수학적 창의성을 고려할 수 있다. 추론과 관련해서는 5장에서 살펴본 바와 같이, 정확성과 확실성, 부정확성과 불확실성, 발산적 사고와 수렴적 사고 등 상반되는 측면을 적절하게 제어하고 고려하는 가운데 수학적 창의성의 특성을 파악할 수 있다. 이 밖에도 수학적 창의성의 개발과 평가에 대해서도 고려해야 할 점들을 각각 7장과 8장에서 살펴보았다. 이 책에서는 수학적 창의성의 의미를 여러 맥락으로 나누어 살펴보았으며, 여러 맥락과의 연결 없이 일반적인 의미에서 하는 논의는 의도적으로 지양하였다.

한편, '의미'의 사전적인 의미는 두 가지가 있다. 첫째, 말이나 글, 행위의 뜻을 가리킨다. 이에 비추어보면, 수학적 창의성이라는 용어를 어떤 뜻으로 쓰는지가 바로 수학적 창의성의 의미라고 할 수 있다. 그런데 수학적 창의성이라는 용어는 '수학적으로 창의적인 사람', '수학적으로 창의적인 과정', '수학적으로 창의적인 산출물', '수학적 지식의 창조', '수학 문제해결', '수학적 추론' 등 다양한 용어로 변형되기 때문에, 8장까지 이들에 대하여 다루었다. 이 용어를 얼마나 다양하게 변형하여 사용하고 있는지 알 수 있었고, 때로는 상반되는 것이 이 용어의 의미를 이루는 요소가 된다는 점도 확인하였다. 요컨대, 지금까지 주로 첫 번째 의미에서 수학적 창의성의 의미를 다루었다.

'의미'의 두 번째 사전적인 의미는 행위나 현상의 가치 또는 중요성이다. 8장까지의 논의 중에는 수학적 창의성을 두 번째 의미에서 파악한 것도 포함되어 있다. 특히, 수학자들이 인식하고 있는 수학적 창의성의 가치와 중요성에 대하여 언급하였다. 3장에서 살펴본 바와 같이, 하디는 수학이라는 학문을 하려면 깊이와 창의성을 동시에 추구해야 한다고 하였다. 창의성을 잃는 일이 얼마나 슬프고 두려운지에 대해서도 여러 차례 토로하였다. 수학을 창조하지 않으면서 비평만 하는 사람들을 경멸하기도 하였다. 그러면서 자신이 늙어 더 이상 수학을 창조하지 않고 수학에 대하여 글을 남기게 되었음을 한탄하였다.

> 수학자가 수학에 대한 글을 쓰고 있는 자신을 발견한다는 것은 우울한 경험이다. 수학자의 본분은 무언가 새로운 정리를 증명하면서 수학을 발전시켜 나가는 것이지,

자신이나 다른 수학자들이 이루어 놓은 것에 대하여 왈가왈부하는 것이 아니다.[202]

사실 수학적 창의성의 두 번째 의미, 곧 수학을 창조하는 능력 또는 성향이 왜 중요한가 하는 것은 수학자들에게 의문의 여지가 없는 일이기 때문에 수학자들로부터 이에 대한 이야기를 듣기는 어렵다. 또, 수학적 창의성이 아니라 수학이 왜 중요한가에 대한 이야기 속에 수학적 창조 과정 또는 수학적 산출물의 가치에 대한 논의가 담겨 있으므로, 굳이 수학적 창의성의 가치를 별도의 주제로 하여 논의하지 않는 점도 있다. 수학적 창의성의 중요성 또는 가치는 교육의 맥락에서 크게 부각된다. 수학자들은 수학적 창의성을 갖추고 있다고 가정하고, 이들로부터 무엇을 어떻게 배울지에 주목하면서 본격적으로 수학적 창의성에 대하여 논의하게 되는 것이다. 그러므로 수학적 창의성의 두 가지 사전적인 의미 중에 첫 번째에 강조점이 놓이는 것이 자연스럽고, 이 책에서도 그렇게 하였다.

8장까지의 내용 중 7장은 수학적 창의성의 의미를 파악함에 있어 다소간 동떨어진 접근을 시도하였다. 굳이 동양과 서양이라는 이분법을 따르면서 수학적 창의성의 동양적 의미가 있는지를 살펴보았다. 일반 창의성의 경우, 동양에서는 직관과 영감을, 서양에서는 논리와 언어의 역할을 강조하는 경향이 있다고 알려져 있다.[203] 그러나 수학적 창의성의 의미에 이런 차이가 존재하는지를 확인하지는 못하였다. 다만 동양수학과 동양의 수학교육 환경이 나름대로 고유한 측면들을 가지고 있어서 수학적 창의성의 의미와 교육에 대한 입장도 다를 수 있다는 점을 논의하였다.

결론적으로 수학적 창의성의 의미는, 그것을 '이론적으로' 다루는 개념적인 연구와 실질적으로 다루는 방법적 연구, 그리고 수학적 지식, 문제해결, 추론, 평가, 사회문화 등 다양한 맥락에서 이루어져 온 기존의 논의들과 밀접하게 관련지으면서 파악할 수 있으며, 그 방법이 아니고서는 파악할 수 없다. 새롭고

202 Hardy(2008), p. 15
203 Lubart(1990) 참고

유용하다는 두 가지 기본 조건 또는 개념[204]과 각양각색의 추가 조건 또는 개념 그리고 여러 조건들 또는 개념들 사이의 관계를 고려할 필요가 있는 것이다. 이것이 아이러니하게도 수학적 창의성 연구의 주요 성과이자 주요 과제이다. 간단하게 더 간단하게를 추구하는 수학과 달리,[205] 수학적 창의성의 의미는 복잡하게 더 복잡하게 또는 미묘하게 더 미묘하게 이해하고 다루어야 한다.

나. 수학적 창의성의 원천

수학적 창의성을 개념적으로 연구하는 방안의 하나로 수학적 창의성의 원천이 무엇인가를 파악해볼 수 있다. 그동안 논의되어온 바에 의하면, 타고난 재능, 후천적인 노력, 시대정신, 우연 등이 주요한 원천이다. 2장에서 살펴본 바와 같이, 골튼은 창의성을 포함한 사고능력이 유전되는 것이라는 관점을 제시하였다. 베르누이 일가는 그 관점을 지지하는 근거 중 하나이다. 푸앵카레는 수학자가 타고나는 것이지 만들어지지 않는다고 단언하였다. 심지어 타고난 성향이 기하적인 수학자와 대수적인 수학자가 있다고까지 언급하였다.[206] 그러나 타고

---

204 이 두 가지가 아니라 다른 것을 기본 조건으로 보아도 결국 다른 개념, 이론, 방법, 현상 등을 함께 고려해야만 수학적 창의성의 의미가 드러나고 논의대상이 될 수 있다. 말하자면, 수학적 창의성은 독자적인 사고 단위가 될 수 없으며, 반드시 다른 개념들, 이론들, 맥락들과의 연결 속에서 다루어져야 하는 개념이다.

205 수학에서의 놀라운 성취는 종종 심미성, 곧 아름다움에 밀접하게 관련되고, 심미성은 종종 단순성, 곧 간단한 구조 또는 형식에 밀접하게 관련되는 것으로 설명되어 왔다. 웰스는 〈The Mathematical Intelligencer〉이라는 저널의 독자에게 24개의 수학 정리 중 어떤 것이 가장 아름다운지를 조사한 결과, 오일러가 찾아낸 다음 두 정리가 1위와 2위에 각각 올랐다고 보고하였다(Wells, 1990, p. 37). 첫 번째는 '$e^{i\pi}=-1$', 그리고 두 번째는 다면체에 대하여 성립하는 '$V+F=E+2$'이다. 두 정리 모두 매우 간단한 형태이다.

206 Poincaré(1921), p. 210 참고. 푸앵카레는 리만을 기하적인 성향을 타고난 수학자로 그리고 바이어슈트라스를 해석적인 성향을 타고난 수학자로 보았다. 크루테츠키는 수학적으로 재능이 있는 학생들을 기하적 경향과 대수적 경향, 그리고 두 경향 모두 가진 경우의 세 가지 사고유형을 가진 것으로 분류하였다. 이는 푸앵카레의 구분을 학생들에게 적용하면서, 두 스타일을 조화롭게 결합하여 사용하는 세 번째 경향만 추가한 것이다. 한편, 영어로는 geometer와 analyst로 표현했는데, 이때 analyst는 미적분학 관련 내용을 가리키는 analysis로부터 왔다. 수학자들의 경우는 기하적 사고유형과 해석적 사고유형을 가진 부류로 분류하여 표현할 수 있으나, 학생들의 경우는 대부분 해석적이라고까지 보기 어렵기 때문에 대수적인 사고유형을 선호하는 것으로 번역하였다.

난 재능을 확인하는 방법이 유전적인 조건 외에는 딱히 없고, 그나마도 반대적인 증거들이 많다. 유명한 수학자의 자녀인데 전혀 수학적 재능을 보이지 않거나 수학과 무관한 직업을 가진 부모 아래에서 태어났지만 수학에 재능을 보인 사례가 얼마든지 많기 때문이다. 그러므로 타고난 재능은 수학적 창의성의 원천 중 하나일 뿐, 유일한 것은 아니라고 할 수 있다.

3장에서 살펴본 바와 같이 오일러와 하디처럼 어린 시절에 체계적으로 수학을 학습할 수 있는 환경에 있었던 경우는, 타고난 재능과 더불어 환경적인 요인이 수학적 창의성을 발휘하는 데 큰 영향을 미쳤다. 재능과 환경이 모두 갖추어진 경우에는, 콜의 연구에서 보고하였듯이, 다른 학문 분야보다 수학에서 최초 성과가 매우 이른 시기에 이루어진다.[207] 시몬톤도 이에 관하여 지속적으로 연구하였는데, 위대한 성취를 보인 수학자들의 경우, 20대 후반에 최초 성과를, 30대 후반에 최상의 성과를, 50대 초반에 최후의 성과를 내는 것으로 보고하였다.[208] 40세 미만의 수학자에게 필즈상을 수여하는 것이나 수학자 하디가 나이 들어 더 이상 수학을 할 수 없다고 한탄했다는 것은 모두 시몬톤의 연구 결과와 어느 정도 관련이 있다. 필즈상 수상자가 아직 없는 우리나라에서는 수학적 재능이 뛰어난 학생들을 조기에 발견하여 지원하는 방안에 대한 연구가 필요하다.[209]

3장에서 살펴본 라마누잔의 경우는, 타고난 재능을 명확하게 확인할 수 없고, 환경적인 조건이 잘 갖추어지지 않았으나, 스스로 노력함으로써 수학적 성취를 이룬 사례이다. 영국의 식민지인 인도에서 상당부분 독학에 의하여 수학을 공부한 라마누잔이 하디와 공동 연구를 하면서 보여준 놀라운 성취는 수학적 창의성의 원천이 집념과 의지, 도전 등이라는 점을 입증한다. 우리나라의 수

207 Cole(1979) 참고

208 Simonton(2011) 참고

209 2000년에 제정된 영재교육진흥법이 이와 같은 취지에 따른 것이었다. 그러나 15년의 시간이 흐른 지금, 영재교육은 사교육 조장이라는 사회적 이슈와 얽히면서 복잡한 국면에 처해 있다. 사교육 조장은 부작용 중의 하나이므로 해결하기 위하여 노력해야 할 뿐, 영재를 조기 발굴하여 적절한 기회를 제공하는 문제는 변함없이 중요하며 지속적인 연구를 필요로 한다.

학자 이임학도 비슷한 배경을 가지고 있다.[210] 이임학은 수학적 재능이 있는 집안에 태어난 것도, 수학을 체계적으로 공부할 수 있는 환경에 있지도 않았다. 그는 일제강점기인 1939년, 경성제국대학에 수학과가 없어서 물리학과에 입학하였다. 그러나 1947년, 우연히 얻게 된 미국 수학회지에 제시된 미해결문제를 해결하여 막스 초른(Max Zorn)에게 편지를 보냈고, 막스 초른이 미국 수학회지에 대신 투고한 것이 계기가 되어 캐나다로 유학을 갈 수 있었다. 라마누잔과 마찬가지로 독학에 의하여 수학을 배우다시피 했으나 대단한 수학적 업적을 낼 수 있었던 사례이다. 라마누잔과 이임학의 경우처럼 스스로 수학을 배우며 지속적으로 탐구하는 태도를 가진 경우에는, 부족한 수학적 지식을 얼마든지 스스로 보충하면서 수학적 창의성을 발휘할 수 있음을 알 수 있다.

한편, 2장에서 살펴본 바와 같이, 창의적인 과정에는 '우연'한 계기가 관여하는 것으로 보인다. 예를 들어, 푸앵카레는 다음과 같이 자신이 수학하는 과정에서 우연한 통찰을 하게 되는 것에 대하여 기술하였다.

> 그리고는 언뜻 봐서 별로 대단해 보이지 않는 질문들을 생각해보게 됩니다. 이전에 연구했던 내용과 별로 연결되는 것 같지 않은 그런 질문들 말입니다. 너무 많이 실패해서 좌절한 끝에 해변을 거닐며 시간을 보내다가, 잠시 다른 것을 생각해 보는 것이지요. 그런데 어느 날, 절벽 근처를 걷다가, (1) 의식한 것처럼, (2) 갑작스럽게, (3) 확실한 느낌이 생기면서, 어떤 생각을 하게 되는 겁니다.[211]

수학 연구가 진전을 보이지 않을 때 수학과 멀리 떨어진 행동을 하다가 불현듯 다시 수학을 하게 되고, 우연히 유망한 단서를 찾게 되는 과정을 설명하고 있다. 푸앵카레뿐 아니라 많은 수학자들이 위의 글에 제시한 것처럼, 기대하지 않은 순간에 우연히 통찰을 얻는다고 하였다. 수학은 논리적이고 이성적인 추론에 의해 탐구하는 학문인데, 우연적이고 설명하기 어려운 신비로운 과정에 의

210 한국과학단체총연합회(1996) 참고

211 Poincaré, 1914, pp. 53-54. 번호는 설명의 편의상 저자가 붙였으며, 이하의 논의는 이 순서를 따르고 있음

해 중요한 창조의 순간을 맞이한다는 것이 아이러니하다. 푸앵카레는 바로 이렇게 의도하지 않은 순간에 마음속에서 무한히 많은 가능성 중에서 어떤 것인가를 선택하게 되고, 그 선택은 이전에 이미 알고 있던 것들을 새롭게 조합한 것이라고 하였다. 위에서 '의식한 것처럼'이라고 말한 것에 주목하면, 의식적으로 문제를 해결하려고 하지 않았음에도 불구하고, 마치 의식적으로 계속 문제의 해결을 시도한 것처럼 자연스럽게 해법을 찾아냈다는 뜻이다.

푸앵카레는 위의 글에서 우연한 창조를 '갑작스러운 것'으로 표현하고 있다. 전혀 기대하지 않았던 순간이고 맥락이기 때문에 이렇게 표현하였을 것이다. 논리와 이성에 의해 사고한 결과라면 우연이라고 할 수도 없고, 갑작스럽다고도 할 수 없을 것이다. 추론의 연결고리를 충분히 찾지 못한 상태에서 사고의 불연속적인 비약을 거쳐 창조의 순간을 맞이하게 된다. 이때문에 모종의 창조를, 논리와 연역이 아니라 직관과 감각을 사용한 것으로 그리고 기존의 대상이나 사유와 단절된 무언가를 식별하게 되는 것으로 설명하고 있다. 난해하게도 여기서의 식별은 무의식적으로 이루어지며, 우연한 선택의 전조로 제시하고 있다. 특히, 푸앵카레는 이전에 긍정적이라고 생각했던 것을 부정적인 것으로 그리고 부정적인 것이라고 생각했던 것을 긍정적인 것으로 바꾼다거나, 시각적인 이미지에 의존하여 실험적으로 사고한다거나 하는 식의 전략이 유용하다고 보았다. 이렇게 하여 기존의 대상들을 과감하게 변형하고 재구성하게 되면 새로운 것을 얻을 수 있다는 것이다.

특이한 것은 우연히, 갑작스럽게, 의식적인 것처럼 마주하는 무언가가 '확실하다는 느낌'까지 동반한다는 점이다. 수학적 창조에서 우연의 작용을 말할 때 특히나 난해한 것이 바로 이 부분이다. 어떻게 불연속적인 비약에 의하여 갑작스럽게 얻어낸 것에 대하여 확신까지 얻게 되는 것일까? 루바트가 서양의 창의성을 논리와 언어에 중점을 둔 것이라고 했는데, 지금까지 푸앵카레가 설명한 창조 과정을 보면 신비롭고 영감의 작용을 강조하는 측면도 보인다. 수학적 창의성 연구에서는 초창기 연구부터 직관과 통찰, 신비로운 작용에 주목했는데, 푸앵카레의 고백이 상당부분 영향을 미쳤기 때문이다. 아다마르 역시 부화기를 강조했고, 영감이나 통찰의 중요성에 주목하였다. 그러나 2장에서 논의하였듯이, 창조 과정에서 우연히 떠오른 생각은 문자 그대로 우연히 떠올랐다기보다는 여러 요인들 사이에 복잡한 관계망을 만들었던 이전의 경험과 사유의 결과로 볼 수 있다. 창의적인 과정의 세부적인 메커니즘을 모르기 때문에 우연이나 영감에 의한 것으로 보게 되는 것일 뿐, 실제로는 무의식 또는 전의식 수준에서 지속적으로 사유의 대상이었기 때문에 해결의 단서도 얻고 갑작스런 전환도 할 수 있게 된다고 할 수 있다. 직관, 영감, 무의식, 전의식 등은 명확한 언어적 설명을 기대하기 어려운 개념이다. 뇌과학이 발달한 요즈음에도 이러한 개념들에 대해서는 여전히 많은 설명을 찾기 어렵다. 우연한 창조는 이들 개념들이 과학적으로 명확하게 밝혀지기 전까지는 언제나 가능한 한 가지 과정이다.

헤겔은 아무도 자신이 살고 있는 시대를 넘어설 수 없으며, 개인의 사유는 곧 그 시대의 정신이라고 하였다.[212] 창의적인 성취의 원천으로도 시대정신을 주장하는 연구자들이 있다. 예를 들어, 시몬톤은 개인의 창의적인 능력에 영향을 미치는 요인이 다양하지만, 그 중에서 시대정신, 곧, 어떤 사회적인 환경에 처해 있는가 하는 것이 강한 영향을 준다고 주장하였다. 시대정신은 공중에 돌아다니는 생각과도 같아서, 그것을 누가 포착하는가에 따라 최초 창안자가 결정될 뿐, 반드시 창조될 것이었다는 설명이다.[213] 시대정신의 영향은 수학이 다중창조되었다는 점에서 확인할 수 있다. 동일한 내용을 서로 다른 수학자들이 연구하여 발표한 사례는 수학의 역사에 상당히 많았다. 사이클로이드 곡선은 로베르발(Roberval, G.)이 1640년에 그리고 토리첼리(Torricelli, E.)가 1644년에 각각 발표하였다. 미적분학은 뉴튼이 1671년에 그리고 라이프니츠가 1676년에 발표하였다. 비유클리드 기하는 가우스가 1799년에, 로바체프스키(Lobachevsky, N.)가 1826년에, 보여이(Bolyai, J.)가 1832년에 각각 발표하였다.[214]

흥미로운 것은 16세기에는 다중창조가 평균적으로 86년 정도의 간격을 두

212 박인성(1998) 참고
213 Simonton(2000) 참고
214 Simonton(1999) 참고

고 일어났는데, 20세기에는 2년 정도의 간격을 두고 일어났다는 것이다.[215] 정보의 교환이 거의 실시간으로 이루어지는 오늘날에는 다중창조가 더 이상 일어나지 않는다. 새로운 생각을 하게 되더라도 누군가가 이미 연구결과로 발표했다면 후발주자는 독자적인 창조로 인정받지 못하기 때문이다. 그렇기 때문에 오늘날에는 글을 읽을 줄 모르는 것이 문맹이 아니라, 정보를 읽어낼 줄 모르거나 정보의 흐름을 파악할 줄 모르는 것을 문맹이라고 하는지도 모른다. 오늘날의 시대정신은 쉽게 널리 퍼지기 때문에 다중창조의 가능성은 그 어느 때보다 높다. 그러나 창조적인 업적은 최초 단 한 번만 인정받기 때문에, 연구자들의 압박감은 훨씬 더 크다고도 할 수 있다. 각종 학회와 논문집의 공식 언어가 영어라는 점은 영어권 국가들에 있는 연구자들이 정보를 더 쉽고 빠르게 접하고 생산하는 위치에 놓이게 하는 점도 있다. 그러므로 과거에는 종교가 권력이었지만 이제는 영어가 권력이라는 말도 나오고 있다. 수학은 독자적인 언어 체계를 이루고 있기 때문에 상대적으로 영어의 영향이 덜하지만, 필즈상 수상자가 가장 많은 국가가 미국인 것과 수상자들의 주요 업적을 보아도 영어는 수학의 성취에 필요한 도구로 보인다. 물론 수학자들이 집단을 이루어 연구하고 교류하는 환경에서 시대정신이 개인의 연구에 큰 영향을 끼친다. 연구결과의 발표 과정에서 다른 수학자들의 심사를 거치는 과정도 시대정신이 영향을 미치는 한 가지 사례이다.

요약하면, 수학적 창의성의 원천은 다양하며, 복합적으로 창의성 발현에 기여한다. 특히, 환경을 포함한 후천적인 투자, 직관에 의한 우연적인 통찰, 타고난 재능, 시대정신 등이 주요한 원천이며 이들이 복합적으로 상호작용하면서 수학적 창의성이 발현된다. 이들 중 일부만으로는 더 이상 수학적 창의성의 발현을 설명하기 어렵다.

---

215 Simonton(2011) 참고

다. 수학적 창의성에 대한 통합적 관점

2장에서 일반 창의성 연구의 최근 동향은 통합적인 관점이라는 것을 확인하였다. 앞서 확인한 바와 같이, 수학적 창의성은 다종다양의 요인들이 상호작용하는 가운데 통합적으로 발현된다. 그러므로 수학적 창의성 연구도 통합적인 관점을 구축하고 발전시켜 나갈 필요가 있다. 일반 창의성 연구에서 통합적인 관점은 대체로 비슷한 자원들을 구성 요소로 제시한다. 예를 들어, 스턴버그와 루바트가 제시한 통합적인 관점은 이른바 투자 모델인데, 여기서는 지능, 지식, 사고유형, 인성, 동기, 그리고 환경의 여섯 가지 자원이 통합되어 창의성이 발현되는 것으로 본다.[216] 어반이 제시한 모델에서는 문제, 과정, 산출, 성격, 환경의 다섯 가지 자원이 통합되는 것으로 본다.[217] 박병기(1998)는 동기, 능력, 태도, 기법의 통합으로 그리고 김종안(1998)은 지능, 기법, 사고유형, 성격, 동기, 환경의 통합으로 본다. 이들 연구에서는 공통적으로 서로 다른 자원 사이의 상호작용이 창의성 발현에 영향을 미치므로, 어느 한 요소로 환원시킬 것이 아니라 통합하여 해석해야 한다는 입장을 취한다.

수학적 창의성 연구에서는 아직 독자적으로 통합적인 관점을 정립하기보다는, 일반 창의성 연구의 흐름을 받아들이거나 하위 요소들 중 하나에 집중하는 경향을 보여 왔다. 예를 들어, 크루테츠키(1966)는 형식화하여 인식하는 능력, 일반화 능력, 압축 능력, 사고의 유연성, 경제적으로 사고하는 능력, 수학적인 기억력, 공간 개념 등 인지적인 요소들을 중심으로 수학적 능력과 수학적 창조의 메커니즘을 이해하고 설명하였다. 김선희(2005)는 수학적 사고, 수학적 탐구 기술, 수학적 지식의 세 인지적인 요소가 수학에서의 창의적 산출물 생성에 활용되는 것으로 보았다. 이와 달리 헬슨과 크러치필드는 정의적인 요소에 주목했는데, 창의적인 업적을 낸 수학자들은 유사하게 업적이 뛰어난 과학자들과 비교할 때 상대적으로 자기 확신감(self-assurance)이 낮으나 자율성과 인간애

216 Sternberg & Lubart(1999) 참고

217 Urban(1995) 참고

(humanitarian conscience)는 더 높다고 주장하였다.[218] 수학자들은 과학자들보다 조직화하려는 성향이 높지만 변화를 추구할 필요성의 인식에 대해서는 약하며, 신중하고, 감수성이 높으며, 양심적이고, 관례를 따르려 하며, 극도로 개인적이라는 점도 확인하였다. 골딘[219]은 학생들이 수학적 창의성을 발휘하려는 성향 또는 성격특질을 가지게 되는 정서적 경로가 있다고 주장하였다. 이때 정서에는 전반적인 것과 국소적인 것이 포함된다. 전반적 정서는 장시간 동안 서서히 형성되는 태도나 신념을 가리키고, 국소적 정서는 특정한 활동에 관여하면서 개인적이거나 사회적인 상황에 대응하기 위하여 발전시키는 것을 뜻한다. 메타-인지와 마찬가지로 메타-정서라는 개념도 제시하였다. 이는 자신의 정서에 대한 정서를 가리킨다. 어떤 문제, 가령, 거리-속력 문제만 나오면 염려가 앞서기 때문에 오히려 실수가 많다는 것을 인식하는 것이 메타-정서의 하나이다. 이외에도 다른 일은 그렇지 않은데 유독 수학문제를 해결하는 일에는 열정을 보인다거나, 자신의 정체성을 찾을 때 수학을 좋아한다는 점을 부각시키는 등, 정의적인 요소들을 수학적 창의성의 발현과 관련지어 설명하였다.

수학적 창의성 관련 논의에서 인지적인 요인과 정의적인 요인을 포함한 여러 요인들을 통합적으로 바라보려는 시도가 매우 드물게 이루어져 왔다. 먼저 셰필드 외가 제시한 보고서에 따르면, 수학적 재능은 능력, 동기, 신념, 기회의 네 가지 구성 요소를 통합적으로 그리고 역동적으로 고려하는 가운데 확인하고 발전시킬 수 있다.[220] 레이킨은 이 모델에서 수학적 재능을 수학적 잠재력으로, 동기를 몰입(commitment)으로, 신념을 정서로 바꾸었다.[221] 그리고 수학적인 도전을 하도록 하는 것이 수학적 잠재력을 실현함에 있어 핵심적인 요소라고 주장하였다. 결국 레이킨이 제시한 통합적인 관점은 '능력, 몰입, 정서, 기회, 그리고 도전 사이의 상호작용에 따른 수학적 잠재력의 실현'이다. 앞서 소개한

---

218 Helson & Crutchfield(1970) 참고
219 Goldin(2009) 참고
220 Sheffield, Bennett, Berriozabal, DeArmond, & Wertheimer(1995) 참고
221 Leikin(2009), p. 390 참고

일반 창의성 연구에서의 통합적 관점 중 하나인 김종안의 연구와 수학적 창의성 연구에서의 통합적 관점이라고 할만한 셰필드 외의 연구와 레이킨의 연구에서 통합해야 할 하위 요인들로 제시한 것은 다음과 같다.

표 9-1 ○ **통합적 관점의 비교**

<table>
<tr><th></th><th>김종안(일반)</th><th>셰필드 외(수학)</th><th>레이킨(수학)</th></tr>
<tr><td rowspan="3">인지적 요인</td><td>지능</td><td rowspan="3">능력</td><td rowspan="3">능력</td></tr>
<tr><td>기법</td></tr>
<tr><td>사고유형</td></tr>
<tr><td rowspan="2">정의적 요인</td><td>성격</td><td>신념</td><td>정서</td></tr>
<tr><td>동기</td><td>동기</td><td>몰입, 도전</td></tr>
<tr><td>환경적 요인</td><td>환경</td><td>기회</td><td>기회</td></tr>
</table>

인지적 요인에 대하여 일반 창의성 연구와 수학적 창의성 연구 사이에 차이가 있다. 김종안의 연구에서는 지능, 기법, 사고유형으로 구분했던 것이 셰필드 외와 레이킨의 연구에는 능력으로 뭉뚱그려져 있다. 여기서 능력이 어떤 것을 가리키는지, 지능, 기법, 사고유형으로 구분한 김종안의 연구관점과 어떻게 다르고 같은지 등을 규명하는 후속연구가 필요하다. 일반 창의성 연구에서는 지능과 창의성 사이의 관계에 대하여 다각도로 규명해 왔으나, 수학적 창의성 연구에서는 이에 대하여 별도로 주목한 연구가 거의 없다. 수학자들의 지능과 성취 수준 사이의 비교는 이루어졌으나, 일반 창의성 연구의 맥락에서만 해석되었다.[222] 기법과 수학적 창의성 사이의 관계에 대해서는 비교적 많은 연구들이 이루어져 왔다. 주로 문제해결 전략의 학습 또는 수학적 탐구기법의 학습이 창의적인 성취에 어떤 영향을 주는지에 대한 것들이다. 가령, 베일 외의 연구에서는 규칙을 찾는 전략을 활용하여 문제를 해결한 경험이 학생들의 창의성을 함양하는 데 긍정적인 영향을 미쳤다고 보고하였다.[223] 사고유형과 수학적 창의성 사이의 관계에 대해서는 향후 연구가 필요하다.

222 Helson & Crutchfield(1970) 참고

223 Vale, Pimentel, Cabrita, Barbosa, & Fonseca(2012) 참고

위의 표에서 일반 창의성 연구와 수학적 창의성 연구 모두 정의적인 요인을 적극적으로 고려하고 있음을 알 수 있다. 사용하는 용어와 주안점은 다소간 차이가 있다. 가령, 김종안과 셰필드 외에서는 동기라는 요인을 제시한 반면, 레이킨은 이를 몰입과 도전으로 바꾸어 제시하였다. 동기와 몰입, 도전은 유사한 측면이 있지만 차이점도 있다. 그러나 모두 창조에 대한 적극성을 강조한다는 점에서 비슷하다. 동기의 경우 내적인 것과 외적인 것으로 구분되는 반면, 몰입과 도전은 주로 내적인 것을 가리킨다는 점에서는 차이가 있다. 한편, 김종안과 셰필드 외에서 각각 성격과 신념으로 표현한 것을 레이킨은 정서로 바꾸어 제시하였다. 역시 의미의 유사성과 차이점이 있다. 이번에는 정서가 성격과 신념보다 포괄적인 의미를 가진다. 환경적 요인의 경우, 환경과 기회로 용어가 다르지만 담고 있는 의미는 차이가 없는 것으로 보인다.

스리라만은 일반 창의성 연구에서 제시된 다음 세 가지 통합적 관점을 수학적 창의성의 관점에서 재해석할 필요가 있다고 주장하였다.[224] 첫 번째 관점은 칙센트미하이가 제시한 이른바 '체계 관점(systems perspective)'이다.[225] 두 번째 관점은 그루버와 왈라스가 제시한 이른바 '발생하는 체계의 사례 분석 관점(the case study as evolving systems approach)'이다.[226] 세 번째 관점은 스턴버그와 루바트의 '투자 이론'이다.[227]

칙센트미하이의 통합적 관점인 체계 접근에서는 창의성을 개인의 심리적인 차원뿐만 아니라 사회와 문화적인 차원에서도 고려한다. 칙센트미하이는 개인, 전문가 집단(field)[228], 영역(domain)의 세 차원의 교차에 의하여 창의성이 발현된다고 본다. 수학에서 전문가 집단은 투고되는 논문을 심사하는 수학자들을 가리킨다. 어떤 수학적 산출물이 인정받기 위해서는 전문가 집단의 검토를 거

224 Sriraman(2004) 참고

225 Csikszentmihalyi(2000) 참고

226 Gruber & Wallace(1999) 참고

227 Sternberg & Lubart(1996) 참고

228 field를 단순 번역하면 '분야'이다. 그런데 칙센트미하이가 설명하는 것을 자세히 살펴보면, 분야로 번역해서는 본래 의미를 전달할 수 없을뿐더러 그 다음 차원인 영역과도 유사하게 보일 수 있다. 이런 이유로 본래 용어와는 다소간 차이가 있지만 전문가 집단으로 번역하였다.

쳐야 한다. 와일즈가 페르마의 마지막 정리를 증명했다고 하는 것은 수학자들이 이것을 검토했다는 뜻이다. 일부이지만 수학자들이 증명에 오류가 없는지 검토하여 최종적으로 승인하게 됨으로써 와일즈가 위대한 업적을 낼 수 있었던 것이다. 전문가 집단은 곧 수학자 사회를 뜻한다. 수학자들이 형성한 사회에 입문하여 그 사회가 인정하는 산출물을 낼 때에만 수학적 창의성을 인정받을 수 있는 것이다. 한편, 세 번째 차원인 영역은 기존 수학을 가리킨다. 기존 수학을 전혀 모르는 사람이 수학적 창조를 할 수는 없다. 새로운 수학은 기존 수학이 있기 때문에 가능한 것이며, 기존 수학을 넘어서려는 시도조차 기존 수학에 비추어 적합성, 가치 등을 인정받게 된다. 앞에서 살펴본 바와 같이, 기존 수학에 비추어 판단한다고 해서 기존 수학을 있는 그대로 준수해야 하는 것은 아니다. 오일러가 그랬듯이 기존 수학에서는 오류에 해당하는 시도를 과감하게 하고 그 정당성을 점차 입증하는 방식으로 새로운 수학을 창조할 수 있다. 이런 식으로 칙센트미하이의 체계 접근을 수학적 창의성의 맥락에 맞게 해석할 수 있다. 스리라만은 칙센트미하이의 관점이 수학적 창조를 설명하는 데 매우 유용하다고 보았다. 특히, 영역에서 개인으로 규칙과 실행원리가 전달되고 개인이 그 가운데 일부를 변형함으로써 새로운 것을 창안하면, 전문가 집단이 승인하는 일련의 수학적 창조 메커니즘을 설명하는 적합한 모델이라고 보았다.

칙센트미하이의 관점과 달리 그루버와 왈라스의 관점에서는 개인의 심리적 기제를 거쳐 창의성을 발현하게 되는 것으로 보고 있다. 스리라만은 그루버와 왈라스의 관점이 20세기 초에 널리 받아들여졌던, 이른바, 게슈탈트 심리학을 재조명한 것이라고 보았다. 그루버와 왈라스는 창조가 개인의 의도적인 행동의 결과라고 보았는데, 창의적인 성과를 낼 때에 특별한 행동을 효율적으로 한다는 데에서 그 근거를 찾았다. 가령, 하나의 사례를 상세하게 분석하거나 기술함으로써 그것이 가진 일반성을 포착하는 것이 창의적인 성과를 내는 데에 도움이 된다. 이 관점에서는 창조가 유추, 귀납, 가추, 연역, 직관 등 다양한 추론과 몰입, 열정, 흥분, 감수성 등 다양한 감성을 효과적이고 의도적으로 결합하여 이루어낼 수 있는 것으로 설명한다. 스리라만은 그루버와 왈라스의 설명이 여전히 상당한 설득력을 갖지만 개인의 심리적 기제에만 의존함으로써 수학적 창의성의 의미를 제한하였다고 보았다.

세 번째 통합적 관점으로 제시한 스턴버그와 루바트의 투자 이론은 앞서 살펴본 바와 같이, 지능, 지식, 사고유형, 인성, 동기, 그리고 환경의 여섯 가지 자원이 통합되어 창의성이 발현되는 것으로 본다. 이들 여섯 가지 자원을 이용하여 보통은 생각하지 않는 것, 주목받지 못하는 것을 새롭게 다루어 가치가 높은 것으로 바꾸는 능력을 창의성으로 설명한다. 스리라만은 5명의 수학자를 대상으로 면담한 결과를 해석하면서, 투자 이론은 수학자들의 창조 활동을 설명하는 데에 적합하다는 것을 확인하였다. 면담 당시에 수학자들은 모두 하나 이상의 문제를 해결하려고 노력했는데, 투자 이론에서 지적한 것처럼 적절한 만큼의 시간과 노력을 들이다가 돌파구를 찾지 못하면 다른 문제를 해결하는 것으로 바꾸었다고 한다. 문제해결을 위하여 준비하는 단계에서는 문제를 충분히 이해하여 "문제가 말을 걸어올 때까지" 시간을 보낸다고 표현하기도 하였다.[229] 이때 두뇌에서 직관을 담당하는 부분과 논리를 담당하는 부분이 서로 소통하기 시작하는데, 이 갑작스런 순간을 한 수학자는 다음과 같이 표현했다고 한다.

> 누군가에게 어떤 말을 하고, 상대방은 그저 한 달 전에 말했던 것을 그대로 말하는데도, 만약 준비가 된 순간이라면, 와! 그렇게 할 수 있었는데 그렇게 하지 않았구나! 그런 느낌이 옵니다. 준비가 되면 그렇다는 것입니다. 기회가 문을 두드리는 바로 그때, 문을 열기만 하면 되는 것이지요.

스리라만은 수학자들이 하는 창조 활동을 설명함에 있어 일반 창의성 연구에서 제안한 통합적 관점에 따르는 것이 여러모로 유용하다고 주장하였다. 개인의 심리적 기제와 더불어 사회문화적 차원을 고려하고, 인지적 측면과 더불어 정의적 측면을, 의식적인 사고와 더불어 무의식의 영향을 파악하며, 지능, 지식, 사고유형, 인성, 동기, 그리고 환경이 어떤 방식으로 수학적 창조에 영향

229 Sriraman(2004), p. 32 참고

을 미치는지도 확인하는 것이 수학적 창조를 이해하는 데에 모두 필요하다는 것이다. 수학자들의 창조에 비하면 학생들의 창조는 단순하고 소박하지만, 여전히 학생들의 수학 창조에 미치는 영향들이 다양하고 복잡하다. 그러므로 학생들의 수학 창조도 통합적인 관점에 의하여 파악할 필요가 있다.

라. 수학적 창의성의 평가

앞에서 수학적 창의성은 복합적이어서 간단한 언어로 정의하기 어렵다는 것, 수학적 창의성의 원천이 다양하여 복잡한 상호작용으로 이해해야 한다는 것, 결국 수학적 창의성을 통합적 관점에서 바라보아야 한다는 것을 확인하였다. 이로부터 수학적 창의성을 평가하는 문제가 얼마나 복잡할 것인지를 충분히 짐작할 수 있다. 8장에서는 레이킨이 이 복잡한 문제를 어느 정도 합리적인 방법으로 해결하였다는 것을 확인하였다.

수학적 창의성 평가는 일반 창의성 평가와 매우 유사한 기준에 의하여 이루어져왔다. 가장 널리 적용해온 기준은 길포드와 토렌스가 발전시킨 발산적 사고 능력 평가 방법으로, 유창성, 유연성, 독창성을 정량화하는 것이다. 이 기준들의 의미와 적용 방법 자체만 보면 일반 창의성 평가와 수학적 창의성 평가가 동일한 틀을 따르고 있다고 보아도 과언이 아니다. 수학적 창의성 연구와 일반 창의성 연구가 교차하는 지점이 있지만 상당 부분 독립적인 논의를 구축해왔는데, 동일한 틀에 따라 평가한다는 점이 의아하게 보일 수 있다. 그러나 레이킨의 관점은 일반 창의성 평가의 관점을 상당부분 차용하여 수학적 창의성 평가 방법을 도출한 것이기 때문에 동일한 틀을 따르게 된 것이다. 수학적 창의성 고유의 의미를 강조하여 평가 방법을 제시하는 경우에는 상당히 다른 기준을 따른다. 예를 들어, 어빙(1991)의 경우, 유창성은 전혀 고려하지 않고 독창성과 유연성만을 고려한다. 이 입장에 의하면, 여러 해법을 찾는 것보다는 직관이나 통찰에 의한 단 하나의 좋은 해법을 찾는 것이 높은 수학적 창의성을 인정받는 방법이다. 어빙은 수학적 창의성을 고등수학의 입장에서 고려했기 때문에 이와 같은 입장을 제시한 것으로 보인다. 가령, 와일즈가 페르마의 마지막 정리를 단

하나의 방법으로 해결했다고 해서 유창성이 결여되어 수학적 창의성이 부족하다고 할 수는 없다. 수학자들은 여러 문제를 단시간에 해결하는 것도 아니고, 한 문제를 여러 방법으로 해결하는 것도 아니며, 단지 문제를 해결한다. 이를 감안한다면, 수학적 재능이 뛰어난 학생들에게는 수학적 창의성을 고등수학적 사고로 보고 오랜 시간을 투자하여 직접적이고 직관적으로 통찰하여 문제를 해결하는 것이 창의적이라고 보는 어빙의 관점이 적합할 수 있다.

레이킨은 어빙과 달리 수학적 창의성 평가에서 유창성을 중요한 기준으로 보았다. 어빙이 강조했던 통찰에 의한 해법은 독창성 평가에 반영하였다. 어빙이 다중해법을 가진 문제를 제공하고도 그 중 통찰에 의한 해법을 제시했는지 여부에 따라 창의성 수준을 평가했다면, 레이킨은 통찰에 의한 해법을 포함하여 여러 해법에 각각 점수를 부여하여 최종적으로 창의성을 평가한 것에서 차이가 있다. 여기서 한 가지 연구 문제가 제기된다. 다중해법 문제에서 통찰에 의한 해법이라는 것이 무엇이며, 어떻게 그러한 해법이 존재하도록 다중해법 문제를 설계할 것인가 하는 것이다. 레이킨과 레브의 연구에 사용했던 다중해법 문제에서 통찰에 의한 해법이라고 제시한 것을 살펴보면서 이에 대하여 생각해보자.

먼저 간단한 계산 문제로 다음과 같은 것이 있었다.

$$2\frac{1}{4}\times 1.75 =$$

여러 가지 해법이 있는데 그 중 통찰에 의한 해법으로 저자들이 제시한 것은 다음과 같다.

$$2\frac{1}{4}\times 1.75 = \left(2+\frac{1}{4}\right)\left(2-\frac{1}{4}\right)$$

이것이 왜 통찰에 의한 해법인지 저자들이 설명하지 않았기 때문에 해석이 필요하다. $2\frac{1}{4}$과 1.75는 각각 분수와 소수로 표현되어 있다. 이렇게 분수와 소수가 혼합되어 있을 때에는 둘 다 분수로 또는 둘 다 소수로 바꾸어 계산하는 것이 관례이다. 즉, $2\frac{1}{4}$을 2.25로 고쳐서 1.75와 곱하거나, 1.75를 $1\frac{3}{4}$으로 고쳐서 곱한다. 2.25와 1.75의 곱을 구하는 방법은 결합법칙과 교환법칙을 어떻게 적용하는가에 따라 다양하다. 물론 $2\frac{1}{4}$과 $1\frac{3}{4}$을 곱하는 방법도 마찬가지로 다양하다. 또, 분수를 소수로 또는 소수를 분수로 고치지 않고도 다양한 방법에 의하여 계산할 수 있다. 가령, $2\frac{1}{4}$을 2와 $\frac{1}{4}$로 분리한 후, 1.75를 두 배하고 0.25에 1.75를 곱한 값을 더하여 계산할 수도 있다. 이렇게 다양한 계산방법이 존재하는 것을 알고 찾아내는 것이 이 문제를 해결하는 과정에서 발휘되는 수학적 창의성이라고 본 것이다.

그 여러 방법 중에서 위에 제시한 해법은 특별한 대수적인 형태, 곧, $(a+b)(a-b)$로 표현하여 계산한 것이다. 11학년과 12학년 학생들이 연구에 참여했으므로, 이와 같은 구조를 파악할 것으로 기대할 수 있다. 아무렇게나 수를 변형하여 계산하는 것이 아니라 특별한 대수적 구조를 이루고 있다는 점을 통찰하여 계산에 반영한다면 독창적이라고 평가하겠다는 것이다. 이와 같이 구조를 파악한다면 $2^2-\left(\frac{1}{4}\right)^2$로 바꾸어 매우 간단하고 효율적으로 계산할 수 있다. 결국 문제에 의도적으로 감추어 놓은 대수적인 구조를 통찰하여 조작할 기회를 제공하고, 이로부터 수학적 창의성을 평가하는 방식으로 연구를 설계했다는 것을 알 수 있다. 만약 $(a+b)(a-b)$라는 구조가 감추어져 있지 않은 단순 계산 문제를 제시한다면 상황은 다르다. 가령, '2.13×1.75' 또는 '$2\frac{1}{4}\times 3\frac{1}{7}=$'과 같은 문제를 제시했다면, 여전히 해법은 다양하지만 통찰에 의한 해법이라고 하는 것이 존재하지 않는다. 이런 문제로 수학적 창의성 평가를 한다면 독창성보다는 유창성에 초점을 두게 된다.

계산 문제와 마찬가지로 대수적인 문제의 경우에도 통찰에 의한 해법이 존재하지 않는 경우가 대부분이다. 그러나 레이킨과 레브는 다음과 같이 단순한 연립방정식 풀이가 아니라 그 이면에 내재된 수학적인 구조를 파악하도록 하는 문제를 설계하여 연구에 활용하였다.

$$\begin{cases} 3x+4y=14 \\ 4x+3y=14 \end{cases}$$

연립방정식을 푸는 전형적인 방법을 사용하여 해를 구할 수도 있다. 그러나 한 눈에 매우 특별한 연립방정식이라는 것을 파악하고, '변수를 바꾸어도 동일한 연립방정식이 만들어지기 때문에 x와 y는 같고, 그러면 $x = y = 2$'라고 생각할 수 있다. 이렇게 생각하는 것은 통찰에 따른 것이므로 독창적인 해결 방법이다. 평범한 연립방정식 문제와 이와 같이 특별한 구조를 가지고 있는 연립방정식 문제는, 수학적 창의성을 발휘할 기회를 제공하는 면에서 매우 큰 차이가 있다.

8장에서 살펴본 '절반의 시간-절반의 거리' 문제의 경우, 다섯 가지 해법이 존재한다. 이 중에서 첫 번째로 제시한 다음 해법이 통찰에 의한 것이다.

$v_1 > v_2$라는 것을 이용하여 추론하는 것이다. $v_1 > v_2$이기 때문에, 모쉬가 총 거리의 절반을 속력 v_1으로 걷게 될 때 걸리는 시간은 총 시간의 절반보다 짧다. 댄은 총 시간의 절반을 속력 v_1으로 걷게 되므로 모쉬보다 속력 v_1으로 걸은 거리가 더 길다. 그러므로 댄이 먼저 호텔에 도착한다.

위 해법은 대수적인 식이나, 그림, 그래프를 그리지 않고 직관이나 통찰에 의존한 것이다. 어빙이 수학적 창의성의 의미를 설명하면서 제시한 바에 따르면, 기존의 도구와 전략을 쓰는 것이 1수준과 2수준의 수학적 창의성이고, 위와 같이 통찰에 의하여 직접적으로 해결하는 것이 3수준의 수학적 창의성이다. 이 해법을 찾는 학생들은 매우 드물 것이다. 그러나 일상적인 수학수업에서 통찰에 의한 해법이 있는 문제를 해결한 경험이 없다면 스스로 그 능력을 함양하기는 어려울 것이다. 그러므로 통찰에 의한 해법이 있는 문제의 특성이 무엇이며, 이런 문제를 어떻게 설계할 수 있는가에 대한 연구가 이루어질 필요가 있다.

8장에서 살펴본 바와 같이 레이킨과 레브의 연구에서 세 집단별 응답은 문제의 성격에 따라 매우 달랐다. 간단한 계산문제에 대하여 영재학생들은 평균 23.35개의 방법을 찾았다. 선행학습을 한 학생들은 평균 19.63개 그리고 일반학생들은 평균 14.44개를 찾았다. 물론 예측한 순서대로 유창성이 나타났는

데, 예측보다는 큰 차이가 나지 않았다. 독창성 점수의 평균은 세 집단이 각각 2.20, 1.20, 0.84였다. 역시 어느 정도 차이가 나긴 했지만 예측보다는 큰 차이가 아닌 것으로 생각한다. 유연성 점수의 평균은 2.50, 2.04, 1.44였다. 마찬가지 결과이다. 이에 비해, '절반의 시간–절반의 거리' 문제에 대한 응답 결과는 매우 인상적인 차이를 보였다. 영재학생들, 선행학습을 한 학생들, 일반 학생들의 평균 유창성 점수는 각각 8.01, 2.45, 1.15였다. 독창성 점수의 평균은 각각 2.25, 1.64, 1.15였고, 유연성 점수의 평균은 각각 0.90, 0.24, 0.12였다. 이 문제의 경우, 영재학생들과 선행학습을 한 학생들의 차이가 매우 컸으며, 특히 유창성 점수가 전체적으로 낮은 대신 집단 간 차이는 훨씬 큰 것으로 나타났다. 수학에서 영재성을 갖춘 학생과 단지 선행학습에 의존하여 성취도가 높은 학생을 구분하는 것은 우리나라의 수학교육에서 상당히 중요한 문제이다. 레이킨과 레브의 연구에서 단순 계산문제에 대한 반응과 고난도 문제에 대한 반응이 매우 달랐다는 점을 감안할 때, 문제를 적절하게 설계하는 연구가 이루어질 필요가 있음을 알 수 있다. 특히, 유창성에 의존한 창의성 평가와 독창성에 비중을 두는 창의성 평가가 주로 어떤 문제를 이용하는가에 좌우된다는 점을 감안하여 연구를 계획하고 실행해야 한다.

8장에서 관찰평가를 통한 수학적 창의성 평가의 문제를 논의한 바 있다. 별도의 전문성 개발이 필요하고 시간과 노력이 추가적으로 필요하다는 단점이 있음에도 불구하고, 지필평가에 비하여 수학적 창의성 평가에 적합한 면이 있음을 확인하였다. 그러나 관찰의 초점, 관찰결과 기록의 방법, 점수 부여 방법 등에 대한 연구가 충분히 이루어지지 않은 상태에서 실험적으로 시도한 연구였다. 향후 관찰평가, 특히, 수학수업을 진행하면서 교수–학습과 평가를 통합하는 방식으로 수학적 창의성을 평가하는 방안에 대한 연구가 필요하다.

수학적 창의성을 평가하는 간단한 방법은 없다. 어빙의 수준 구분이나 레이킨과 레브의 방법을 실행하려고 하면 적절한 문제를 설계하는 것부터 채점기준을 정하여 실행하는 것에 이르기까지 고려하고 준비할 일이 많다. 분명히 교사에게는 부담을 가중시킬 것이다. 그러나 평가 방법을 고려하지 않고 무작정 개혁을 시도한 경우들이 얼마나 허무한 결과에 처했는지를 고려한다면 수학적 창의성 교육을 이야기하면서 가장 신경 써야 할 부분 중 하나가 바로 수학적 창의성 평가 방안 마련이다. 앞서 제기한 여러 논점들을 체계적으로 연구하는 것이 중요한 이유이다.

마. 요약

수학적 창의성 연구를 거듭하면서 수학자들과 수학적 재능이 뛰어난 학생들의 문제해결 활동에서, 어떤 성향과 태도로, 어떤 사고전략과 습관에 의하여, 어떤 환경에서 어떤 방식으로 소통하면서, 수학적 창의성을 발휘하는지에 대하여 알 수 있게 되었다. 천부적인 능력을 타고난 사람만이 수학을 할 수 있다거나, 막연히 오랜 시간을 투자해야 수학문제를 해결할 수 있다는 식의 추측에서 벗어나서 체계적인 이론화도 이루어낼 수 있었다. 그러나 수학적 창의성을 어떻게 정의할 수 있는가라는 기본적인 문제에서부터 수학적 창의성을 어떻게 평가할 수 있는가라는 현실적인 문제에 이르기까지 여전히 해결되지 않은 많은 문제들이 산적해 있다는 것도 확인하였다. 이론적인 혼란에도 불구하고 우리나라를 비롯한 대부분의 국가에서 수학적 창의성을 함양해야 한다는 것을 수학교육의 목표, 내용, 방법에 반영하는 데에는 적극성을 보이고 있다. 이에 이미 연구가 이루어졌음에도 추가연구가 필요한 것과 연구가 거의 이루어지지 않았기 때문에 필요한 수학적 창의성 연구의 과제를 질문 형태로 도출하여 제시하고자 한다.[230]

먼저 수학적 창의성의 정의에 관련된 연구 과제를 질문 형태로 나타내면 다음과 같다.

– 수학적 창의성을 (개념적으로) 정의할 수 있는가? 정의할 수 있다면 어떤 형

230 이하의 질문들에 대하여 이 책에서도 어느 정도 다루었으나, 향후 지속적인 연구가 필요하기 때문에 다시 제시한다. 연구하려는 질문을 정한 후, 이 책에서 어떻게 논의하고 있는가를 확인하여 출발점을 정하는 것도 한 가지 방법이다.

태로 가능한가? 수학적 창의성에 대한 (개념적) 정의를 활용하는 방식은 무엇인가?

– 수학적 창의성을 조작적으로 정의할 수 있는가? 정의할 수 있다면 어떤 형태로 가능한가? 수학적 창의성에 대한 조작적 정의를 활용하는 방식은 무엇인가?
– 수학적 창의성에 대한 기존의 정의를 범주화할 수 있는가? 어떤 기준에 의하여 가능하며, 범주별 정의의 의미와 기능에는 어떤 차이가 있는가?

다음으로 수학적 창의성의 원천에 관련하여 논의했었다. 여기서 도출된 연구 과제를 질문 형태로 나타내면 다음과 같다.

– 수학적 창의성의 원천은 무엇인가? 재능, 노력, 시대정신, 우연이 각각 수학적 창의성의 원천이 되는 이유는 무엇인가? 어떤 것이 누구에게 수학적 창의성의 원천이 된다는 것을 어떻게 입증할 수 있는가?
– 수학적 창의성의 원천 사이에 어떤 관계가 있는가? 개인의 수학적 창의성의 원천에 대하여 우선순위를 정할 수 있는가? 수학적 창의성의 원천이 사회와 문화에 영향을 받는가? 수학적 창의성의 원천이 연령, 수학학습 방식, 수학에 대한 태도 등에 영향을 받는가? 받는다면 그 영향을 어떻게 확인하고, 어떻게 긍정적인 것으로 바꿀 수 있는가?

이어서 수학적 창의성에 대한 통합적 관점의 필요성을 제기하였다. 이에 관련된 연구 과제를 질문 형태로 다음과 같이 제시할 수 있다.

– 일반 창의성 연구에서 제시한 통합적 관점을 수학적 창의성의 맥락에서 재해석하는 것이 필요한가? 왜 그리고 어떻게 재해석할 수 있는가? 수학적 창의성을 통합적 관점에서 파악하기 어려운 측면이 있다면 무엇인가?
– 수학적 지식의 고유한 특성을 반영하여 수학적 창의성에 대한 통합적 관점을 구축한다면 어떻게 할 수 있는가? 수학적 문제해결 과정의 고유한 특성을 반영하여 수학적 창의성에 대한 통합적 관점을 구축한다면 어떻게 할 수 있는가? 수학적 추론의 고유한 특성을 반영하여 수학적 창의성에 대한 통합적 관점을

구축한다면 어떻게 할 수 있는가? 수학적 지식, 수학적 문제해결 과정, 수학적 추론의 고유한 특성을 반영하여 구축한 수학적 창의성에 대한 통합적 관점은 일반 창의성에서 도출한 통합적 관점과 어떤 점에서 차이가 있는가?

마지막으로 수학적 창의성의 평가에 대한 논점을 확인하였다. 이를 질문 형태로 다음과 같이 제시할 수 있다.

- 수학적 창의성 평가에서 유창성을 고려하는 이유가 무엇인가? 유창성을 고려해야 하는 경우와 그렇지 않은 경우를 구분할 필요가 있는가? 있다면 언제 그리고 어떻게 구분해야 하는가? 유창성을 항상 평가해야 한다면 그 이유는 무엇인가?
- 수학적 창의성 평가에서 독창성을 고려하는 이유가 무엇인가? 독창성을 고려해야 하는 경우와 그렇지 않은 경우를 구분할 필요가 있는가? 있다면 언제 그리고 어떻게 구분해야 하는가? 독창성을 항상 평가해야 한다면 그 이유는 무엇인가?
- 수학적 창의성 평가에서 유연성을 고려하는 이유가 무엇인가? 유연성을 고려해야 하는 경우와 그렇지 않은 경우를 구분할 필요가 있는가? 있다면 언제 그리고 어떻게 구분해야 하는가? 유연성을 항상 평가해야 한다면 그 이유는 무엇인가?
- 수학적 창의성 평가에서 유창성, 독창성, 유연성 외에 고려해야 하는 기준은 무엇인가? 언제 그리고 어떻게 그 기준을 고려해야 하는가?
- 수학적 창의성 평가에서 하위기준들 사이에 어떤 관계가 있는가? 그 관계를 평가결과에 반영할 필요가 있는가? 있다면 언제 그리고 어떻게 반영해야 하는가?
- 관찰평가는 수학적 창의성 평가의 방안이 될 수 있는가? 있다면 어떤 기준과 절차에 의하여 관찰평가를 해야 하는가? 수행평가, 과정평가 등 대안적인 평가방법에 의하여 수학적 창의성을 평가할 필요가 있는가? 있다면 어떤 기준과 절차에 의하여 평가해야 하는가?

– 평가의 목적과 내용, 방법에서 수학적 창의성 평가와 관례적인 평가가 각각 달라야 하는가? 달라야 한다면 어떤 점에서 달라야 하는가? 수학적 창의성 평가와 관례적인 평가 결과를 종합할 필요가 있는가? 있다면 어떻게 종합하여 개인의 그리고 학급전체의 수학학습에 반영할 것인가?

위에 제시한 과제들에 대해서는 이 장에서 간략하게나마 논의한 내용을 참고하여 연구를 설계하고 추진할 수 있다. 이 장에서는 논의하지 않았지만 앞서 다른 장에서 논의한 내용들과 관련되는 과제들을 추가로 제시한다.

먼저 동기에 대한 연구 과제이다. 흔히 동기는 문제해결 자체에 대한 흥미와 같은 내적 동기와 보상과 칭찬 등의 외적 동기로 구분한다. 아마바일은 영역기술과 창의적 사고과정, 그리고 내적 동기를 창의성 발현의 구성 요소로 보았다.[231] 이에 비하여 칙센트미하이는 내적동기만이 아니라 외적동기도 창의성 발현에 도움이 된다고 보았다.[232] 수학적 창의성의 경우에 이러한 상반된 주장 중에서 어떤 것이 더 들어맞는지 확인해야 한다. 이를 포함하여 동기에 관련된 연구 과제를 질문 형태로 표현하면 다음과 같다. 수학적 창의성 발현에 있어서 내적 동기와 외적 동기는 각각 어떤 영향을 미치는가? 수학적 창의성이 발현되는 과정에서 내적 동기와 외적 동기 사이에 어떤 상호작용이 일어나는가? 수학에 재능이 있는 학생들과 일반 학생들의 경우에 내적 동기와 외적 동기가 수학적 창의성 발현에 미치는 영향은 다른가? 내적 동기를 활성화하여 수학적 창의성 발현을 촉진하는 방법은 무엇인가? 외적 동기 중 수학적 창의성 발현에 효과적인 것은 무엇인가?

수학적으로 창의적인 사람의 성격특질에 대한 연구도 여전히 필요하다. 2장에서 살펴본 바와 같이, 창의적인 사람의 특질에 대해서는 다양한 연구결과가 제시되어 왔다. 그 중에서 수학적 창의성에 관련되는 것으로 보이는 것을 선택하여 제시하였는데, 첫 번째는 이른바 문턱이론 또는 자격요건이론으로 일컫

231 Amabile(1993) 참고

232 Csikszentmihalyi(1988) 참고

는, 얼마간의 지능이다. 지능이 절대적으로 역할을 하는 것은 아니지만 어느 정도의 지능은 갖추어야 한다는 뜻이다. 두 번째로는 하고자 하는 일에 많은 노력을 기울인다는 점을, 세 번째로는 독자성을 추구한다는 점을 제시하였다. 네 번째로는 나이가 들고 경험이 많아지더라도 유연성을 유지한다는 점, 다섯 번째는 효율적이고 경제적으로 사고하고 행동한다는 점이다. 여섯 번째는 사회성이 부족하고 경쟁적이라는 점이다. 이 중에는 상반되는 특질이 포함되어 있기 때문에, 창의성의 패러독스라고 불린다는 것을 확인하였다. 이와 같은 특질 외에도 수학적 창의성을 발휘한 사람들에게서 고유하게 발견되는 특질을 연구할 필요가 있다. 이를 질문의 형태로 나타내면 다음과 같다. 수학적으로 창의적인 사람들이 과학과 예술에서 창의성을 발휘하는 사람들과 성격특질 면에서 다른 점은 무엇인가? 수학적으로 창의적인 사람들의 사고습관이나 행동습관은 무엇인가? 수학적으로 창의적인 사람들의 어린 시절, 가정환경, 부모와 친구와의 관계는 어떤 점에서 차별성을 가지는가? 수학적으로 창의적인 사람들이 이미지, 직관, 상상력을 다루는 방식에서 특이할만한 점은 무엇인가? 수학적으로 창의적인 사람들이 수학 외의 분야에 보이는 관심과 능력은 어떠한가? 수학적으로 창의적인 사람들이 자신의 창의성을 최초로 깨닫게 되는 계기는 무엇인가? 수학적으로 창의적인 사람들이 수학적 창조 활동에 몰입하게 되는 원동력은 무엇인가?

수학적 창의성을 사회문화적 배경에 비추어 파악하는 연구도 필요하다. 특히, 6장에서 살펴본 바와 같이, 동양적 관점 또는 우리나라 고유의 관점에 대하여 파악할 필요가 있다. 이에 관련된 연구 과제를 질문 형태로 다음과 같이 제시할 수 있다. 동양수학의 발달 배경과 과정을 고려할 때, 수학적 창의성의 동양적 의미는 무엇인가? 동양수학 고유의 사고특질이 있다면 무엇인가? 동양수학 고유의 표현이 창의성 발현과 관련이 있다면 어떤 것인가? 동양의 사회문화적 배경 중에서 수학적 창의성 발현을 촉진하는 것은 무엇인가? 저해하는 것은 무엇인가? 우리나라의 교육문화 또는 교육환경 중에서 수학적 창의성 발현에 긍정적인 또는 부정적인 영향을 미치는 측면이 있다면 무엇인가? 우리말의 구조와 형식이 수학적 창의성 발현에 긍정적인 또는 부정적인 영향을 미치는 측면이 있다면 무엇인가?

수학적 창의성 연구의 역사는 매우 짧다. 그런데 그 역사를 부분적으로 살펴본 결과, 앞서 제시한 많은 연구문제들에 도달하였다. 해답보다 질문이 중요하다는 말을 수학적 창의성 연구에도 적용할 수 있기를 희망한다.

10

수학적 창의성 교육의 과제

수학자들과 수학영재들의 고유한 성격특질과 사고특성에 대한 연구가 활발한 반면, 보통의 학생들이 발휘할 수 있는 그리고 발전시켜야 하는 수학적 창의성의 의미와 구체적인 방법에 대한 연구는 매우 부족한 실정이다. 이러한 실정을 감안하여 이 책의 8장까지에서 한편으로는 수학자들과 수학영재들을 대상으로 했던 수학적 창의성 관련 연구의 결과들 그리고 다른 한편으로는 일반적인 수학학습에 대한 연구의 결과들을 살펴보았다. 이하에서는 그 논의들을 요약하여 제시하고 향후 전망과 과제를 제안한다.

가. 수학과 교육과정에서의 수학적 창의성

수학영재들을 대상으로 할 때 수학교육 목표로서의 수학적 창의성은 그 의미가 명확하다. 수학영재들이 수학자처럼 사고하고 행동하도록 교육하면 된다. 예를 들어, 수학자들은 기존의 개념과 원리를 이용하여 새로운 추측명제를 생성한다. 이 명제를 증명하는 것은 이른바, '미해결 문제'가 되며, 문제가 해결되건 해결되지 않건 그것을 공략하는 과정에서 새로운 수학적 개념과 법칙, 원리들을 창조할 수 있다. 수학영재들에게도 이와 같은 문제제기 과정을 경험하도록 하는 것이 수학적 창의성 개발을 목표로 하는 수학교육이 된다. 7장에서 살펴본 프로젝트 M^3도 수학적 재능이 있는 학생들이 수학자들처럼 사고하고 행동하도록 지도하는 데에 주된 목표를 두었다.

이미 언급한 바와 같이 프로젝트 M^3를 이끌었던 셰필드는 다음 그림과 같이 일반 학생들과 수학영재들이 하는 수학학습의 성격을 구분하였다. 여기서 수학영재들은 문제를 해결하는 존재에서, 문제를 제기하고 더 나아가 새로운 것을 창안하는 존재로 발전한다.

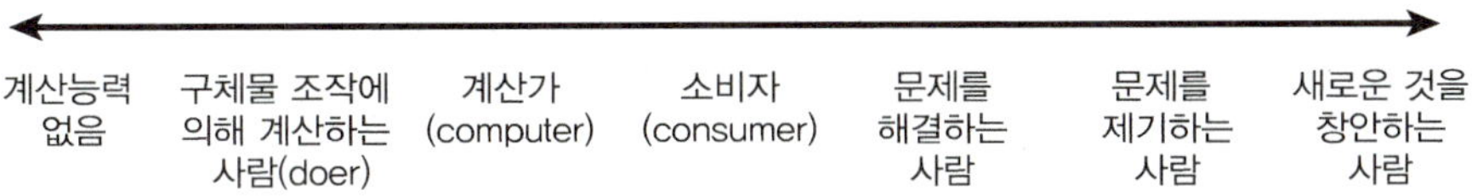

그림 10-1 ○ **수학학습자의 존재양태**

위의 그림에서 학생들은 여러 과정을 거쳐 최종 단계에 도달하게 되며, 최종 단계에서 수학적 창의성을 발휘하게 된다. 출발점에 있는 학생은 계산능력조차 없기 때문에, 계산능력을 기르는 것으로부터 수학적 창의성을 발휘하기에 이르는 긴 여정을 시작할 수 있다. 1장에 제시한 소설 속의 소년은 출발점에 서 있는 상태이다. 칠에서 삼을 빼는 것과 같은 간단한 계산조차 할 수 없었던 소년이 구체물 조작에 의하여 계산을 할 줄 알게 되고, 구체물 조작 없이 계산하다가 수학적 사고에 의하여 현명한 의사결정을 내리는 소비자가 되기까지는 얼마나 많은 노력을 해야 할 것인가. 거기서 멈추지 않고 문제를 해결하며, 문제를 제기하고, 수학적 창조를 하는 단계까지 발전하려면 어떤 지원이 필요할 것인가. 수학적 창의성 교육의 핵심적인 과제는 바로 이렇게 여러 존재양태를 모든 학생들이 무리 없이 거치도록 하는 다양한 기회를 제공하고 필요한 지원을 하는 것이다.

그런데 〈2009 개정 수학과 교육과정〉에서 제시하는 수학적 창의성 교육의 입장은 셰필드가 제시한 모델과 매우 다르다. 다음과 같은 교육과정의 기본 입장에서 그 차이를 확인할 수 있다.

> 〈2009 개정 수학과 교육과정〉이 〈2007 개정 수학과 교육과정〉과 비교하여 내용면에서 주요하게 변화한 부분은 모든 영역에서 총론에서 제시한 창의적인 인간 교육을 추구하면서, 다른 한편으로 기존에 제기되어온 문제점들을 해결하기 위한 부분적인 수정과 보완을 시도하는 것이다. 그 일환으로, 창의적 사고력을 기르기 위해 문제해결, 의사소통, 추론으로 이루어진 수학적 과정 영역을 명시적으로 도입하

여 교수 학습 방법과 평가 방법을 교육과정에 제안하였다. 이러한 변화를 수용하여 수학수업을 변화시키고 학생들의 수학적 창의성과 인성 함양을 도모할 수 있는 방안을 도출할 필요가 있다.[233]

기본입장은 총론에서 제시한 '창의적인 인간 교육'이라는 목표를 수학교육의 맥락으로 가져오는 것, 달리 말하여, 모든 학생들이 수학적으로 창의적인 인간이 되도록 하겠다는 것이다. 위에서 수학적으로 창의적인 인간은 '창의적인 사고력을 갖춘 인간'으로 그리고 문제해결, 의사소통, 추론으로 이루어진 '수학적 과정 능력을 갖춘 인간'으로 바꾸어 표현된다. 수학적 과정 능력은 문제해결, 의사소통, 추론 능력으로 이루어진 것으로 설명된다. 요컨대, 문제해결, 의사소통, 추론을 거치지 않고 수학을 학습하도록 해서는 창의적인 사고력을 기를 수 없고, 결국 수학적 창의성을 개발할 수 없으며, 수학적으로 창의적인 인간을 교육할 수 없다고 보고 있다. 다음 설명에서 그 의미를 좀 더 명확하게 알 수 있다.

수학과목처럼 개념중심으로 구성된 교육과정에서는 학생들이 수학 문제해결 방법을 설명하는 것을 수학적 창의성으로 볼 것인지, 수학적 의사소통능력으로 볼 것인지에 대한 논란이 있을 수 있다. 그럼에도 핵심역량을 기반으로 하는 〈2009 개정 수학과 교육과정〉에서는 문제를 아무리 잘 해결했다하더라도 자신의 해결방법을 제대로 설명하지 못하거나 다양한 형태로 변형하지 못하거나, 다른 동료와 협동하여 과제를 완성하지 못한다면 창의·인성이 부족한 것으로 볼 수밖에 없다.

문제해결 방법을 다른 학생들에게 설명하는 행동은 통상적으로 의사소통 능력에 해당한다고 할 텐데, 이는 수학적 창의성의 한 측면으로 보고, 마찬가지로 문제해결 능력과 추론 능력으로 볼 수 있는 것을 창의성의 발현으로 보겠다는 입장이다. 수학적 창의성은 기존에 없던 새로운 능력으로 이루어진 것이 아니라 이미 오래전부터 다루어온 바를 '제대로' 또는 '강조하여' 실천하는 것으로

233 1장에서 밝힌 바와 같이, 교육과정 관련 자료는 국가 교육과정 정보센터(http://www.ncic.re.kr/)에서 구하여 참고하였다. 인용문에서 강조는 저자가 한 것임.

보고 있다. 이 말의 의미를 다음과 같이 다시 설명하고 있다.

> 학교수학에서 강조하는 수학적 창의성은 주로 문제해결력을 강조한 것으로, 문제를 해결하기 위해서 단순한 공식이나 지식을 적용하기 보다는 추가적인 정보를 찾고 계속적인 탐구의 과정 동안 문제에 대한 다양한 해결책을 상기해내게 하는 특성을 지닌다. 그러나 수학적 창의성은 문제 해결과정에서만 발현되는 것은 아니므로, 학교수학에서의 창의성은 새로운 개념을 배우거나 문제를 해결하려고 할 때 기존에 갖고 있는 개념을 연결·연합하여 새로운 개념을 쉽게 이해하거나 스스로 새로운 개념을 구성하는 능력으로 정의할 수 있다.

요컨대, 단순히 배운 지식을 적용하는 연습이 아니라 수학적 탐구를 위하여 문제를 해결하고, 수학적 창의성 발현의 기회를 제공하는 다양한 해결책이 있는 문제를 해결하는 것, 그리고 새로운 개념을 구성하는 것이 〈2009 개정 수학과 교육과정〉에서 수학적 창의성을 수학교육의 목표로 제시하는 맥락이자 의미이다. 이러한 설명은, 비록 상세한 지침을 담고 있지는 않지만, 수학적 지식, 수학적 문제해결, 수학적 추론의 고유한 측면을 고려하면서 수학적 창의성을 교육하는 것에 대한 명확한 지향을 표현하고 있다. 특히, 수학적 창의성이 이른바 고차적 사고를 필요로 한다는 점을 명시적으로 인정하는 것으로도 볼 수 있다. 단순하게 공식이나 지식을 적용하는 것과는 다르게 수학을 탐구하면서 학습하도록 한다는 것을 지적하고 있기 때문이다. 그러므로 〈2009 개정 수학과 교육과정〉에서는 그동안 수학영재들에게나 강조했던 '고차적인 사고력'으로서의 수학적 창의성, 즉 '수학자들과 수준은 다르지만 성격은 동일한 일'을 일반 학생들에게도 강조하고 있는 것으로 볼 수 있다. 향후 수학과 교육과정이 개정될 때마다, 이 절에서 인용한 핵심적인 측면들이 어떻게 변화되고 유지되는지를 파악할 필요가 있다. 수학과 교육과정에서 수학적 창의성 교육에 대하여 어떤 관점을 취하는가에 따라 수학교과서의 구성과 수학수업의 실제도 달라질 것이기 때문이다.

나. 수학교육 내용으로서의 수학적 창의성

수학자들과 수준은 다르지만 성격상 동일한 일을 하도록 한다는 것은 이른바, '새 수학 운동' 그리고 '학문중심 교육과정'의 취지이자 목표였다. 널리 알려진 바와 같이, 새 수학 운동에 따른 학문중심 교육과정은 성공적이지 못했다. 그 원인 중 하나는 학생들의 수준과 성향을 고려하지 않은 채 지나치게 추상적이고 엄밀한 수학을 지도했다는 것이었다. 여기서 주목해야 할 점은, 학문중심 교육과정에서 추구했던 기본취지, 곧 수학적 지식 자체가 아니라 수학적 사고능력 또는 수학적 안목을 함양하도록 해야 한다는 것이 아직도 수학과 교육과정의 근간을 이루고 있다는 것이다. 문제해결 교육과 추론 교육은 그 취지를 실현하기 위한 세부적인 목표이며, 수학적 창의성 교육도 마찬가지라고 할 수 있다. 더욱이 사고력, 문제해결력, 추론력, 창의력은 서로 밀접하게 관련되어 있어서 때로는 교환 가능한 개념이 되기도 한다. 가령, 문제를 해결하기 위하여 사고하는 능력은 사고력, 문제해결력, 추론력, 창의력 중 어느 것으로 표현해도 무방하다. 이들 여러 능력 사이의 관계를 뚜렷하게 기술하거나 구분할 수 없기 때문에, 수학적 창의성을 정의하는 데에도 그리고 교육목표로 논의하는 데에도 어려움이 있었다. 이런 어려움은 이하에서 수학적 창의성을 교육내용으로 조명함에 있어서도 여전할 것이다. 그러나 점차 논의를 진행하면서 수학적 창의성 교육에 대한 관점이 구체화될 것으로 기대한다.

일반 창의성과 수학적 창의성에 대한 논의를 되돌아보면, 대체로 성격특질, 인지적 능력, 탐구 과정, 산출물이 모종의 조건 아래에서 창의적이라고 판단했었다. 창의적인 사람은 늘 새로운 것을 추구하고 독자적으로 몰입하는 것에 두려움을 느끼지 않는 성격을 가졌다거나, 평균 이상의 지능을 가지고 있으며 추론 능력이 뛰어난 경우에 창의적인 업적을 낸다거나, 직관과 통찰에 의하여 문제를 재정의 하면서 일반적인 구조를 파악하여 탐구한다거나, 독창적이고 유용한 산출물을 만든다거나 하는 등이 그 조건들이었다. 이들 네 가지 하위요소들은 모두 개인이 타고나는 면과 교육을 통하여 개선할 수 있는 면을 가지고 있다.

달리 말하여, 비록 타고나는 면이 있기는 해도, 누구나 유치원에서부터 대학원에 이르기까지, 수학을 공부하기 위해서는 반드시 배워야 할 교육내용이다.

수학적으로 창의적인 사람의 성격특질로는 독자성, 유연성, 과감성, 수학에 대한 흥미와 관심, 몰입하는 태도, 등 다양하다는 것을 확인하였다(2장 참고). 이와 같은 성격특질은 수학학습에 중대한 영향을 미치며, 양의 상관관계가 있다는 결과도 제시되었다.[234] 널리 알려진 바와 같이, 국제 수학 성취도 비교 연구에서 우리나라 학생들은 성취도는 높지만 수학에 대한 태도는 상당히 부정적이다. 그러므로 성격특질에 관련된 교육이 얼마나 가능할지 파악하고 시도할 필요가 있다. 이를 위하여 참고할 만한 사례로, '위대한 수학자 프로젝트(The great mathematician project)'를 제시할 수 있다. 이 프로젝트에서는 수학자의 삶과 수학적 업적을 낸 배경을 교육내용으로 하여 수학적 창의성을 간접적으로 체험하도록 하는 것을 목표로 하였다. 처음에는 수학영재들을 위한 교육 프로그램으로 개발하였으나 수학학습에 실패한 학생들에게 수학에 대한 관심과 흥미를 불러일으키는 데 도움이 된다는 것을 확인하여 모든 학생들을 위한 프로그램으로 확장하였다. 모두 7단계로 이루어졌는데, 대략적인 교수-학습 내용은 [표 10-1]과 같다.[235]

표에서 4단계인 사회적 연결망(SNS) 구축은 요즘 학생들의 생활이나 취미를 고려한 특이할만한 활동이다. 아래 그림과 같이 자신이 조사하는 수학자가 마치 현재 살아 있으면서 사회적 연결망을 구축하여 비슷한 취미를 가진 사람끼리 소통한다는 설정이다. 좋아하는 것, 할 줄 아는 것, 간단한 자기소개 등 관련 정보를 탑재하고, 그 사람의 아바타[236]가 되어보도록 한다. 5단계와 6단계에서 발표와 전시회를 거치게 되면, 수학자에 대한 정보를 단순히 확인하는 정도

234 Goldin(2009) 참고

235 Goldberg(2013) 참고

236 아바타(avatar)는 카메론(Cameron, J.) 감독이 2009년에 발표한 영화의 제목으로 많이 알려졌지만, 원래는 힌두교에서 지상에 강림한 신의 분신 또는 화신을 가리키는 단어이다. 온라인과 같은 가상의 공간에서 자신의 분신을 나타내는 시각적 이미지를 뜻하는 용어로 사용된다. 여기서는 학생들이 수학자를 조사한 후, 자신이 조사한 수학자가 온라인 공간에 살아 있는 것처럼 만드는 활동을 위하여 도입하였다.

표 10-1 위대한 수학자 프로젝트의 교수-학습 내용

단계	학생	교사
1. 사전평가	• 수학설문지, 수학학습 배경[237], 수학에 대한 흥미도 검사지 작성	• 검사지 확인 • 각 학생이 조사하기에 적합한 수학자 검색(1~2주)
2. 프로젝트 참여 동의	프로젝트 참여 동의서 작성	• 개별 학생과 상의하여 서로 다른 수학자를 조사할 수 있도록 배정(1~2주)
3. 개별 탐구	책, 인터넷, 기타 자료조사 • 생물학적 배경(출생지, 가족배경, 형제 등) • 교육 배경(공식적인 그리고 비공식적인 교육 경험, 친척이나 멘토 중에서 중요한 영향을 미친 사람, 실습 장소 등) • 수학자로서의 삶 • 수학에 끼친 영향 • 실세계에 적용되는 사례	• 제출한 일차 보고서 검토 및 의견 제안(4주) • 개별 조사 과정에 대한 기록(4~6주) • 일차 보고서 모음(4주) • 이차 보고서와 최종 보고서 모음(필요하면 전문가의 협조 구함, 4주)
4. 사회적 연결망 구축	• 학생들 사이에 사회적 연결망을 구축하고 자료 입력 • 개념도 작성 • 조사한 수학자의 아바타가 되기 • 연결망 내에서 결과물 사이의 관계 찾아 연결하기 • 정보안내도 작성(선택사항)	• 사회적 연결망 개념 소개(1~2일) • 사회적 연결망 구축을 위한 기술 및 정보지원팀 구성(2~3일) • 정보안내 설계 검토(1~3차시) • 개념도, 블로그, 정보안내도 평가(1~2주) • 기술팀, 직원 또는 교사 협조 체계화
5. 발표 및 수학활동	• 발표 연습 • 발표내용 설계 • 전시회에서 제시할 조작활동 설계 • 생산적인 비판, 칭찬, 동료 지원	• 2~3분 동안의 발표에 대한 평가(3차시)
6. 전시회	• 전시회에서 연구결과 발표 • 조작에 의한 문제해결 활동 전시 • 방문자들로부터 피드백 얻기	• 학급 전체 돌아보며 전시 활동에 대한 비공식적인 평가(오후 반나절)
7. 종합평가	• 최종보고서, 블로그, 정보안내도 제출 • 자기 평가	• 미리 마련한 기준에 따라 개별 활동 평가(2주)

가 아니라 비교하고 관련짓는 활동까지 하게 된다. 수학자의 성격특질은 고립된 사실이 아니라 정서와 행동에 구체적으로 관련되는 방식으로 다루어지며, 학생들이 공감하거나 따를 수 있도록 활성화된다. 전시회에서는 수학자를 조사

237 누군가의 생애자료를 biography로 기술한 것을 모방하여, 이 프로젝트에서는 수학자의 수학학습 관련 생애자료를 mathography로 표현하였다.

하여 얻은 수학적인 지식이나 사고방법을 체험활동에 포함시켜 공유하는 기회도 가진다. 수학자의 성격특질은 수학적인 사고과정에 반영되며, 생동감 있는 공유 활동에 의하여 내면화된다. 위대한 수학자 프로젝트는 한 학기 내내 또는 최소한 한 달 이상의 기간 동안 진행되는 프로그램이다. 우리나라의 상황적 특수성을 적절하게 고려하여 도입한다면, 수학적으로 창의적인 성격특질을 이해하고 포용하며 체험하는 기회를 제공할 수 있을 것이다.

그림 10-2 ◦ **사회적 연결망을 구축한 사례**

4장에서 살펴본 바와 같이, 우리나라 학생들은 여유가 없어서 수학에 대한 흥미와 관심을 개발할 기회가 많지 않다. 여러 문제에 대한 '풀이'를 모방할 뿐, 문제해결 경험도 매우 부족하다. 수학자들이 오랜 기간 동안 아무런 성과를 내지 못하면서도 몰입하여 깨달음을 얻고 새로운 것을 창안하여 좌충우돌했던 일화를 확인한다면 수학에 대한 흥미와 관심, 창의적인 업적을 내는 데에 필요한 노력과 태도를 배우는 기회가 될 것이다. 수학적으로 창의적이기 위해서는 무엇보다 오랜 시간 동안 꾸준히 노력하는 것이 필요하다는 것을 알 수 있을 것이다. 이와 관련하여 참고할 수 있는 개념으로 시몬톤이 제시한 '동일 확률 법칙(equal-odds law)'이라는 것이 있다.[238] 과학 분야에서 큰 업적을 낸 연구자와 그렇지 못한 연구자가 무엇인가를 창조할 확률은 동일하다는 뜻이다. 업적을 많이 내는 과학자는 그만큼 많이 시도했기 때문이며, 위대한 업적은 가장 활발하게 가장 많은 연구 성과를 내는 시점에서 만들어진다는 뜻이기도 하다. 이렇게 위대한 업적이 수없이 시도한 결과로 얻은 창의적인 성과라는 것을 학생들에게 설명한다면, 수학학습의 과정에서 수학적 창의성을 발휘하는 일이 매우 큰 도전이며 쉽게 포기하지 말아야 할 일이라는 점을 깨닫게 될 것이다.

한편, 인지적 능력도 성격특질과 마찬가지로 얼마간의 유전과 후천적인 노력에 의하여 형성되는 것으로 보고 있다. 수학적 창의성과 관련된 인지적 능력은 발산적 사고와 수렴적 사고가 있으며, 연구자마다 다소간 다른 종류의 하위능력들이 제안되고 있음을 확인하였다. 5장에서는 [표 10-2]와 같이 일반 창의성 연구자인 크로플리와 수학적 창의성 연구자인 발카가 제안한 하위능력 요소를 비교하기도 하였다.

표 10-2 **크로플리와 발카의 이론에서 사고유형별 역할 비교**

사고유형	크로플리	발카
수렴적 사고	인지, 학습, 기억, 문제 확인, 목표 수립, 정당화	기존 사고체계 깨기 패턴 파악
발산적 사고	연상, 이연연상, 네트워킹, 새로운 구성	질문에 따른 정보 보충 하위 문제로 분할 가설 형성 결과 이용하여 사고하기
수렴적 사고와 발산적 사고	확증, 의사소통	

표에 제시된 바와 같이, 즉각적인 인지와 학습, 문제를 확인하는 것은 물론이고, 기존의 사고체계를 벗어나는 것이나 가설을 형성하는 것, 결과를 이용하여 사고하며, 의사소통을 통하여 창안한 바를 공유하는 등의 인지활동을 수학교육의 내용으로 택할 수 있다. 예를 들어, 학교수학의 범위에서 기존의 사고체

238 Simonton(1999) 참고

계를 벗어나도록 하는 것이 가능하다. 자연수의 범위에서는 어떤 수에 다른 수를 곱하면 더 큰 수를 얻게 되는데, 음수와 유리수로 수체계를 확장하면 이와 같은 성질이 성립하지 않는다. 지수법칙, 근과 계수와의 관계 등 수체계의 확장과 더불어 기존과는 다른 관점을 창안해야 하는 경우들에 대하여 적절하게 수업을 설계하면 기존의 사고체계를 벗어나는 경험을 하도록 할 수 있다. 기존의 사고체계를 벗어나는 것은 수학적 창의성의 핵심이며, 수학학습에서도 핵심적이다. 이 과정에서 가설을 형성하는 활동도 수학적 창의성의 함양과 수학학습에서 핵심적인 역할을 한다.

5장에서 살펴본 바와 같이, 수학적 추론은 확실성과 정확성을 추구하는데, 그 출발점은 가설을 만드는 것이다. 여기서 가설은 아무렇게나 생각하여 얻어내는 추측이 아니라, 푸앵카레가 표현한 것처럼, 당장 설명할 수는 없지만 확실하다는 것을 느낄 수 있는 추측을 뜻한다(5장 참고). 오일러가 바젤 문제를 해결할 때, 단지 부주의하여 유한에서 성립하는 성질을 무한에 적용한 것이 아니라, 확실하다는 직감을 바탕으로 했던 것도 같은 맥락에서 이해할 수 있다. 어빙이 문제해결 수준의 창의성을 설명하면서 직관과 통찰에 의한 해법을 가장 높은 수준으로 보았던 것도, 알고리듬이나 복잡한 절차가 아니라 간단하고 직접적인 추측을 만들어 사고하는 능력이 수학적 창조에서 중요한 역할을 하기 때문이다. 이외에도 7장에서 살펴본 수학적 창의성 개발 프로젝트들에서 수학적 창의성을 수학교육의 내용으로 택하여 추진한 구체적인 방식을 확인할 수 있다.

수학적 창의성의 하위요소 중 탐구 과정과 산출물의 경우는 수학교육의 내용과 방법에 모두 관련이 있다. 가령, 문제해결과 의사소통은 수학적 탐구 과정의 요소인데, 이들을 교육내용으로 그리고 교육방법으로 하면서 수학을 지도할 수 있다. 교육내용으로 할 때에는 문제해결 전략 그리고 의사소통 규칙, 특히 표현 형식과 증명 방법 등을 지도할 수 있다. 이에 대해서는 4장, 5장, 7장에서 논의하였다. 창의적인 탐구 과정과 창의적인 산출물 구성을 수학교육의 방법으로 고려한다는 것은, 과제설계와 수업설계에 이들을 반영한다는 뜻이다. 다음 절에서 이에 대하여 살펴본다.

다. 수학교육 방법으로서의 수학적 창의성

수학교육의 내용과 방법을 분리하여 논의할 수는 없다. 수학을 가르치는 일반적인 방법이 있지도 않거니와, 만약 있다고 하더라도 내용의 특수성을 적절하게 고려하면서 그 방법을 사용하지 못하면 방법이 되지 못한다. 그러므로 가르치는 내용을 떠나서 논의하는 가르치는 방법, 이를테면, 자기-주도적 학습, 수학화 학습, 반성적 사고에 의한 학습, 문제해결, 개념 이해, 탐구기반 학습, 발견 학습, 구성주의적 학습 등은 모두 그 자체로 의미가 있다기보다는 가르치는 내용을 적절하게 고려할 때에야 효과를 발휘하는 것으로 보아야 한다. 이하에서 논의하려는 수학적 창의성 기반 학습도 마찬가지이다.

수학적 창의성 기반 학습은 창의적인 탐구 과정과 창의적인 산출물 생성에 의하여 수학학습이 일어난다고 보는 관점이다. 3장에서 계산능력이 없는 소년이 계산능력을 갖추기 위하여 감당해야 하는 과정을 살펴보았다. 피아제의 반영적 추상화, 톨의 과정개념 형성, 스파드의 물화가 이 과정의 주요 사고활동이었다. 세 가지 사고활동 모두 모종의 창조가 필요하다는 점을 확인하였다. 대상의 개수를 헤아렸던 구체적인 경험과 맥락을 기억해내어 새로운 관점에서 종합하거나, 재해석 또는 재구성하거나, 다른 방식으로 표현하는 것이 모두 창조활동이라는 점을 확인하였다. 간단한 계산 방법을 이해하거나 배우는 일도 기억력만으로는 불가능하며, 창조적이고 적극적인 사고활동에 기초해야 한다. 만약 구체물의 조작에 의하여 계산하는 수준에 있다면, 그 과정을 내면화하고 반성하는 단계부터, 그리하여 물화를 이루어내는 단계에서 모종의 창조활동을 시작하게 된다. 구체물의 조작에 의하여 계산하는 수준을 한 번 넘어섰다가도 계산 방법이 떠오르지 않으면 다시 조작에 의하여 계산할 수 있는 맥락과 대상을 창조하여야 한다. 톨은 이 활동을 과정으로의 회귀로 설명했었다. 결국 반성적 사고, 물화, 과정으로의 회귀에 모종의 창조 활동이 관련된다는 것을 감안하여, 과제를 설계하고 수업을 계획하는 것이 수학교육 방법으로서의 수학적 창의성을 고려한다는 뜻이다.

여기서 '문제'가 아니라 '과제'라는 용어를 사용한 것은 다음 두 가지 이유 때문이다. 첫 번째는 문제보다 과제가 넓은 적용 범위를 가지기 때문이다. 과제의 사전적인 의미는 처리하거나 해결해야 할 문제이다. 그러므로 문제해결을 포함한 여러 활동에 따른 수학교육을 설명함에 있어 더 적절할 때가 많다. 예를 들어, 나름대로의 용어나 개념, 표현을 이용하여 수학적인 현상을 기술하는 활동은 문제가 아니라 과제로 보는 것이 더 적절하다. 두 번째는 문제보다 과제가 학생들의 수준에 따른 유연한 접근을 허용하기 때문이다. 예를 들어, 학생들이 알고 있는 지식으로는 해결할 수 없는 현상을 탐구할 때, 실제로 그 현상에 관련된 문제를 해결하지는 못하지만 필요한 정보를 모으거나 나름대로의 가설을 설정하는 것을 과제로 제시하는 것은 가능하다. 평가의 경우에도 평가문제 또는 평가문항보다 평가과제가 더 넓고 유연한 의미를 가진다.

수학적 창의성의 지도를 위해서든 평가를 위해서든 과제를 설계해야 하는데, 이때 핵심적인 고려사항은 다중해법의 존재성 그리고 통찰에 의한 해법의 존재성이다. 레이킨의 연구에서 다중해법 과제는 수학적 창의성, 특히, 유창성을 평가함에 있어 핵심적인 역할을 하였다. 통찰에 의한 해법은 유연성과 독창성을 평가하는 기준이 되었다. 어빙이 문제해결 수준의 창의성을 평가할 때도 마찬가지였다. 수학적 창의성 개발을 위한 프로그램의 예로 제시했던 프로젝트 M^3와 프로젝트 PRIMAS에서 개발한 과제들도 다중해법 그리고 통찰에 의한 해법을 감안한 것이었다.

다중해법, 특히 통찰에 의한 해법이 있는 과제를 설계하려면, 여러 내용영역을 통합적으로 고려하거나, 비형식적인 표현과 추론에 의해서도 다룰 수 있는 내용을 선택해야 한다. 예를 들어, 대수적 사고와 기하적 사고를 통합하여 적용하도록 한다거나, 시각적인 이미지 또는 동작에 의하여 과제의 핵심적인 질문을 다루도록 할 수 있다. 또한, 구체적인 양을 대상으로 하기보다는 자료의 구조 또는 패턴을 활용하도록 과제를 설계할 필요도 있다. 가령, 7장에서 살펴본 프로젝트 PRIMAS의 예시과제에서, 두 잔에 담긴 커피와 우유가 구체적으로 얼마나 되는지는 제시되지 않았거니와 문제를 해결하는 데에도 전혀 영향을 미치지 않았다는 점에 주목할 필요가 있다. 마찬가지로 옮기는 커피의 양도 정해져 있지 않았다. 이때문에 학생들은 '나름대로' 사고실험을 할 수 있고, 구조와 변화에 주목할 수 있다. 특히, 가상의 경우들을 고려하면서 통찰을 얻을 수 있다. 예를 들어, 커피를 전혀 옮기지 않는다면 또는 전체를 다 옮긴다면 어떤 결과를 얻을 수 있을지 추측해볼 수 있다. 왓슨과 메이슨은, 학생들이 가상의 경우들을 고려함으로써 개념이나 성질의 핵심과 경계를 확인하게 되고, 그때 일반성을 포착할 수 있기 때문에 통찰의 기회가 생긴다고 보았다.

무엇인가를 구성하게 하는 과제는 이미 알고 있던 개념이나 기능을 다른 각도에서 바라보게 한다는 점에서 수학적 창의성을 개발하는 데 도움이 된다. 왓슨과 메이슨이 제시한 과제를 예로 들면 다음과 같다.[239]

- 육각형을 하나 그려라.
- 수렴하는 수열을 하나 제시하여라.
- 0부터 9까지의 숫자를 한 번씩만 써서 1과 2 사이의 수를 만드는데, 최대한 1.5에 가까운 것을 제시하여라.

위의 과제처럼 학생들이 알고 있는 지식을 이용하여 나름대로 구성하게 하면, 학생들의 학습 경험과 수준에 대한 정보를 제공할 수 있다. 이미 알고 있는 지식을 넘어서게 하는 기회도 제공할 수 있다. 가령, 위에서 세 번째 과제의 경우, 주어진 조건이 1.5로 소수의 형태이기 때문에, 대부분의 학생들은 소수에 관한 지식만을 이용한다. 그리하여 1.498765320이나 1.502346789와 같은 답을 제시할 것이다. 이때, 소수가 아니라 분수의 형태로 다음과 같이 답을 제시한다면, 통찰에 의한 해법으로 볼 수 있을 것이다.[240] 소수로만 표현하려고 했던 것에서 벗어날뿐더러, 정확하게 1.5이기 때문이다.

$$\frac{9+8+7+2+1+0}{3+4+5+6}$$

239 Watson & Mason(2015) 참고

240 실제로 손필드(Schoenfeld, A.)가 이렇게 답하였다고 한다(Watson & Mason, 2015, p. 109).

분수로 표현할 때, 0부터 9까지의 합이 45이므로, 분자에 27 그리고 분모에 18이 되도록 하여 정확하게 1.5가 되도록 하였다면 매우 뛰어난 통찰과 수감각을 가지고 있다는 증거가 된다. 마찬가지로 육각형이나 수렴하는 수열의 경우에도, 기존의 범위 또는 전형성을 벗어나서 새롭고 유용한 생각을 하는지 여부에 따라 창의성을 결정할 수 있다. 과제를 설계할 때, 이와 같은 모험과 통찰의 기회를 제공하도록 배려하는 것이 가능하며 필요하다.

창의성 기반 수학수업을 설계함에 있어서는, 2장에서 살펴본 창의적인 과정, 4장에서 살펴본 문제해결 과정, 5장에서 살펴본 수학적 추론 과정을 참고할 필요가 있다. 먼저 창의적인 과정의 4단계 중에서 부화 단계에 대한 연구가 집중적으로 이루어져왔다. 토랜스가 제시한 부화 수업 모형[241]의 경우, 다음 3단계로 이루어진다. 1단계에서는 학습의욕을 고취시키기 위하여, 주의를 집중하게 하고, 목표를 명확하게 하며, 호기심을 유발하고, 상상력을 자극한다. 2단계에서는 더 깊이 탐구하도록 하는 것으로, 처음 찾아낸 것을 다시 한 번 살펴보고, 잘못된 부분을 수정하며, 더 나은 방법이 있는지 알아보고, 막힌 부분을 해결하려고 노력한다. 3단계에서는 창의적으로 사고하기 위하여, 자신만의 방법으로 생각하고, 탐구를 즐기며, 미래를 예측한다. 부화는 주로 3단계에서만 이루어지지만, 1단계와 2단계의 활동들이 3단계를 가능하게 한다. 수학수업을 설계할 때 이 모형을 참고할 수 있다. 1단계에서 하는 일종의 준비활동은 논리적이거나 합리적인 것이 아니라, 다양한 감각을 깨우고 무의식과 전의식을 활성화하는 것이다. 수학수업에서도 노래, 율동, 이완, 호흡, 시각적 이미지를 활용하여 상상력을 활성화함으로써 1단계를 실행할 수 있다. 2단계에서는 1단계에서 했던 자유로운 탐구 활동을 심화시키는데, 문제가 무엇인지 정확하게 인지하거나, 주어진 조건을 파악하거나 변형하는 것, 관련이 없어 보이는 요소들을 통합하는 방안을 찾도록 할 수 있다. 필요에 따라 새로운 개념과 기술을 익히도록 지원할 수도 있다. 시각적인 이미지 활용도 장려한다. 3단계는 수업 내에서 했

241 Torrance(1979) 참고

던 활동을 넘어서서 스스로 탐구를 이끌어가도록 지도하기 위한 단계이다. 학생마다 독특하게 가지고 있는 잠재력을 일깨워 활용하도록 하고, 생산적인 행동을 장려하며, 자명해 보였던 것들의 이면에 들어 있는 깊은 뜻을 헤아리도록 한다. 수학적 개념 또는 원리를 장기적으로 탐구하도록 하며, 새로운 가설 또는 역설을 즐겨 제시하도록 한다.

부화는 알에서 새 생명이 탄생하도록 하는 과정이다. 연구자들은 이 비유를 통하여 학생들이 새로운 지식을 창조하는 현상을 적절히 표현해왔다. 2장에서 언급한 바와 같이, 의식, 무의식, 전의식 등 심리학 개념들과 관련되어 꽤 난해하고 적용하기 어려운 개념이기도 하다. 그럼에도 불구하고, 그 역할이나 효과에 대하여 긍정적으로 보는 연구자들이 많다. 그러므로 수학수업을 설계할 때도, 부화 단계를 적절히 고려하고 반영할 필요가 있다. 토랜스의 3단계 모형도 수학수업 설계에 중요한 시사점을 제공하는 것으로 이미 확인하였다. 부화 과정 자체를 직접 수학수업의 설계에 반영하는 것도 가능하다. 가령, 보어와 동료 연구자들의 연구[242] 그리고 스미스의 연구[243]에서 그랬듯이, 장기간에 걸쳐서 관련된 기억내용들을 조합하는 것, 특히, 개념들을 서로 연결하여 새로운 개념을 생각해내고, 통찰에 의한 해법을 도출하는 등의 무의식적인 문제해결 과정에 의하여 새로운 지식을 이끌어내는 과정을 장기적인 수업 계획으로 설계할 수 있다. 무의식적인 문제해결은 통상적으로 의식적인 문제해결 이후에 일어나는 것으로 가정하며, 장기간에 걸쳐서 스스로 관련된 개념이나 내용들을 조합하는 가운데 해결의 단서를 찾는 기회를 장기 수업 계획에 포함시키는 것을 뜻한다.

스미스에 의하면, 선택적으로 잊는 것도 창조 활동에서 매우 중요하며, 부화의 한 기능으로 볼 수 있다. 초기에 전략이나 사고방향을 잘못 선택하는 일이 종종 발생하는데, 이것에 한 번 사로잡히면 다른 전략이나 사고방향을 생각하기 어렵다. 부화기에 이렇게 잘못 시작하여 방해가 되는 측면들을 적절하게 줄

242 Bowers, Regehr, Balthazard, & Parker(1990) 참고
243 Smith(1995) 참고

이거나 망각하는 것이 필요하다. 왓슨과 메이슨은 초기에 형성한 잘못된 개념이나 측면을 '형상적인 이미지(figural image)'로 명명하고, 이것에 사로잡히면 새로운 생각을 도출하기 어렵다고 하였다. 예를 들어, 사각형을 처음 배울 때 직사각형으로 도입하는 경우가 있는데, 이때 네 개의 직각과 서로 평행한 두 쌍의 대변 등 특수한 성질들이 사각형에 대한 잘못된 형상적인 이미지를 형성하여 일반적인 추론을 하지 못하게 한다. 이때, 다음과 같이 과제를 설계하고 수업을 진행한다면 학생들의 형상적인 이미지를 수정하거나 극복하게 할 수 있다.[244]

> **과제 9: 사각형**
>
> 다음 사각형들을 차례로 그려라.
> - 사각형
> - 한 쌍의 변의 길이가 같은 사각형
> - 한 쌍의 변의 길이가 같고 한 쌍의 변이 평행한 사각형
> - 한 쌍의 변의 길이가 같고 한 쌍의 변이 평행하며 한 쌍의 대각의 크기가 같은 사각형
>
> 각 단계에 그린 사각형이 그 다음 단계의 조건을 만족하는지 확인해보고, 만약 만족한다면 그 다음 단계의 조건을 만족하지 않는 다른 사각형을 그려라.

함수, 분수, 도형, 곱셈 등 다양한 수학적 대상에 대하여 학생들이 가지고 있는 형상적인 이미지를 파악하고, 부화기를 제공하여 형상적인 이미지를 망각하도록 하는 수업을 설계할 수 있다.

부화기의 세 번째 기능은 과제 또는 개념을 재구조화하는 것이다. 이와 관련하여 세이퍼와 그의 동료들이 했던 연구[245] 그리고 4장에서 살펴본 폴리아의 연구[246]를 참고할 수 있다. 먼저 세이퍼와 그의 동료들은 문제해결의 초기에 종종 잘

244 Watson & Mason(2015), pp. 56–57 참고
245 Seifert, Meyer, Davidson, Patalano, & Yaniv(1995) 참고
246 폴리아의 연구에서는 과제가 아니라 문제라는 용어를 사용하였기 때문에, 이에 관하여 언급할 때는 문제라고 표현하였다.

못된 시도를 하게 되는데, 관련 정보를 추가하거나 기존의 정보를 재배열하여 문제를 재구조화할 수 있게 되면, 초기의 오류를 극복할 수 있다는 것을 확인하였다. 이때 부화기는 주어진 문제를 다른 형식과 내용의 문제로 재구조화하는 과정에서 더 심층적인 이해를 꾀하기 위하여 필요하다. 폴리야도 주어진 문제보다 더 간단한 문제, 전에 해결했던 문제와 비슷한 구조의 문제, 조건을 생략하거나 추가한 문제 등으로 기존의 문제를 재구조화하는 것이 매우 중요하다고 주장하였다. 주어진 문제를 해결하는 것이 목표가 아니라, 주어진 문제로부터 출발하여 다양한 문제들을 연이어 만들어낼 수 있는 능력과 성향을 기르는 것을 목표로 해야 한다고 주장하기도 하였다. 이런 점에서 부화기는 임시방편적인 지식이 아니라 체계적이고 구조적인 지식을 형성하는 데에 필수적인 역할을 하는 것으로 볼 수 있다.

셰필드는 수학적 창의성 교육에서 가장 중요한 것은 문제를 해결하는 것이 아니라 질문을 얻는 것이 중요하다는 것을 깨닫게 하는 것이라고 하였다.[247] 4장에서 문제해결과 수학적 창의성의 관계에 대하여 알아볼 때도, 결국 핵심적인 사고능력은 질문을 제기하는 능력이라는 점을 확인하였다. 질문을 제기하는 능력은, 주어진 과제를 해결하는 가운데 기존의 질문을 변형하거나 재구조화하는 기회를 통하여 기를 수 있다. 그러므로 부화기의 세 번째 기능이 생략되거나 간과되지 않도록 유의하면서 수업을 설계하고 진행하는 것이 필요하다.

라. 수학적 창의성 교육의 전망과 과제

이제 이 책에서 가장 도전적인 지점에 도달하였다. 수학적 창의성의 의미를 개념적으로 분석한 연구들 그리고 수학적 창의성 교육의 실천적인 방법에 대한 연구들을 살펴본 결과를 일별하고 결론을 제시해야 한다. 어떤 교육연구도 확정적이고 희망적이기만 한 결론을 제시하지는 않지만, 수학적 창의성 연구는 유독 열린 마음과 유연한 태도를 요청하면서 불투명하고 난해한 결론을 내리

247 Sheffield(2009) 참고

는 경우가 많았다. 이를 종합하여 제시하는 수학적 창의성 교육의 전망과 과제는 당연히 복잡 미묘한 것일 수밖에 없다.

먼저 수학적 창의성 교육의 전망을 단도직입적으로 말한다면 그리 밝지 않다. 1장과 9장에서 언급한 바와 같이 우리나라의 수학과 교육과정에서 매우 이른 시기부터 현재까지 지속적으로 수학적 창의성 교육을 강조해왔음에도 불구하고 여전히 뿌리내리지 못하고 있기 때문이다. 그 한 요인으로 평가에 지나치게 민감한 사회문화적인 배경을 꼽을 수 있다. 부수적으로는 더 넓은 의미에서의 사회문화적 배경, 가령, 김경희[248]가 지적한 유교문화권의 특징에서 비롯된 다음과 같은 장애 요인들도 생각해볼 수 있다. 먼저 권위자에게는 복종을 해야 하기 때문에 새로운 생각을 섣불리 말하거나 지속적으로 주장하지 않는다. 남·여 차별이 있고 성(性) 역할이 고정되어 있기 때문에, 창의성을 발휘할 때 필요한 좌충우돌 또는 도전하는 과감한 태도를 여학생들에게 기대하기 어렵다. 수다스러운 것보다 과묵한 것을 선호하기 때문에 다양하게 표현하도록 권장해도 최소한으로만 표현하는 경향이 있다. 이상의 특징들이 수학수업을 이끄는 교사가 창의성을 발휘하는 환경을 조성하려고 할 때 암암리에 방해가 될 수 있다는 것이다. 아직까지 이와 같은 폭넓은 의미에서의 사회문화적 배경이 수학적 창의성 교육에 얼마나 장애가 되는지에 대한 연구는 이루어진 바가 없다. 6장에서 살펴본 바와 같이 동양적 의미에서 수학적 창의성을 이해하고 교육할 때의 이점과 더불어 가능한 제약에 대해서도 파악하고 이론화하는 노력이 필요하다.

수학적 창의성 교육의 전망을 어둡게 하는 다른 요인으로 불명확한 정의와 이론, 체계화되지 않는 실천 방안을 들 수 있다. 이에 대해서는 3장부터 9장까지 다각도로 논의하였기 때문에 더 이상 논의할 필요는 없다. 다만 여기서 다시 한 번 강조할 것은, 그럼에도 불구하고 수학적 창의성은 수학의 본질이며, 수학교육의 본질적인 목표, 내용, 방법이라는 점이다. 수학교육의 전망이 어둡다고 하여 수학교육을 포기할 수 없는 것과 마찬가지로, 수학적 창의성 교육에 대

248 Kim(2009) 참고

한 전망이 도전과 난관으로 흐릿하다고 해도 여전히 포기할 수 없는 이유이다.

이제 수학적 창의성 교육의 과제를 살펴볼 차례이다. 먼저 수학적 창의성 교육의 목표, 내용, 방법을 분명히 해야 한다. 앞에서 살펴본 바와 같이 수학과 교육과정에서 어느 정도 언급하고 있지만, 해석하기에 따라 논란의 여지가 많으며, 기본적으로 아직은 이에 대한 체계적인 논의가 부족한 실정이다. 주요 논점을 질문 형태로 제시하면 다음과 같다.

- 왜 그리고 어떤 의미에서 수학적 창의성을 교육해야 하는가? 수학적 창의성 교육을 통하여 창의적인 인간을 기른다는 뜻은 무엇인가? 수학교육 철학과 수학적 창의성 교육 사이의 관계는 무엇인가? 수학교육 인식론과 수학적 창의성 교육 사이의 관계는 무엇인가?
- 수학적 창의성을 수학교육의 내용으로 기술할 수 있는가? 있다면 어떤 형태로 가능한가? 학교수학의 내용영역과 수학적 창의성 교육의 내용 사이의 관계는 무엇인가?
- 수학적 창의성을 수학교육의 방법으로 기술할 수 있는가? 있다면 어떤 형태로 가능한가? 수학교육 심리학과 수학적 창의성 교육 사이의 관계는 무엇인가? 수학교육 공학과 수학적 창의성 교육 사이의 관계는 무엇인가? 수학 교수·학습 이론들과 수학적 창의성 교육 사이의 관계는 무엇인가?
- 수학적 창의성 교육을 고려한 수학교과서와 수학수업은 어떤 특징을 가지는가? 수학적 창의성을 고려하면서 개념학습을 촉진하는 방안은 무엇인가? 수학적 창의성을 고려하면서 문제해결학습을 촉진하는 방안은 무엇인가? 수학적 창의성을 고려하면서 추론학습을 촉진하는 방안은 무엇인가? 수학적 창의성을 고려하면서 수학에 대한 긍정적인 태도를 기르는 방안은 무엇인가?
- 학교수학에서 수학적 창의성의 평가 기준은 무엇이며, 어떻게 실행할 것인가? 수학적 창의성 평가의 객관성과 타당성 확보를 위한 방안은 무엇인가? 수학적 창의성 평가결과를 어떻게 피드백할 것이며, 어떻게 활용할 것인가?

7장에서 살펴본 프로젝트 PRIMAS는 일반 학생들을 대상으로 수학적 창의성을 함양하는 데 필요한 수학교사의 전문성 향상에 주안점을 두었다. 수학적 창의성 교육의 과제 중 두 번째로 제시할 것이 바로 수학교사의 전문성 개발 체제 구축이다. 김도한 외의 연구[249]에 참여한 우리나라의 수학교사들은 창의적인 수업에 대한 필요성과 중요성을 깊이 깨닫고 실천하고 있다. 그러나 수학적 창의성의 의미와 교육에 대한 안목을 향상시켜줄 기회와 자료가 매우 부족하다고 한탄하였다. 문제해결 교육이 우리나라에 제대로 뿌리내리지 못한 것도, 수학적 창의성 교육을 오래 전부터 추구했으면서도 여전히 답보 상태에 머물러 있는 것도 수학교사들의 전문성과 자료에 관련된 지원이 부족하기 때문이다. 상황이 이러할 때 나타나는 현상은 과거가 차라리 나았다는 자괴감과 막연한 비판을 근거로 개혁안을 거부하는 것이다. 이렇게 나쁜 전통은 그 어떤 분야보다 교육에서 오래 유지된다. 창의성 연구자 토랜스도 창의성 교육에 대한 비판에 다음과 같이 한탄하며, 교사의 역할이 중요하다는 점을 다양한 연구에서 강조하였다.[250]

> 나는 다음과 같은 말들을 평생 거의 매일 들었다. 창의성에 대하여 충분히 몰라서 창의적으로 행동하도록 지도할 수가 없다. 창의적으로 지도하면 피상적이고 쓸모없는 것만 배우게 된다. 창의적으로 지도하면 읽고, 쓰며, 셈하는 기본적인 능력도 기르지 못한다. 학생들은 그저 엄하게 다루어야 하며, 학교생활도 엄격하게 관리해야 창의적인 인간을 기를 수 있다.

수학적 창의성 교육을 위한 수학교사의 전문성 개발 체제 구축에 관련된 논점을 질문의 형태로 제시하면 다음과 같다.

- 수학적 창의성 교육을 위한 수학교사의 전문성은 무엇인가? 수학교사 지식, 곧 교수학적 내용 지식(Pedagogical content knowledge, PCK) 또는 수학을 지도하기 위한 수학지식(Mathematical knowledge for teaching, MKT) 등

249 김도한 외(2010) 참고

250 Torrance(2005), pp. 72–73 참고. 가독성을 위하여 번역서의 문장을 일부 수정하였음

과 수학적 창의성 교육을 위한 전문지식은 어떻게 관련되는가? 수학적 창의성 교육을 위한 수학교사의 전문성을 개발하는 모델은 무엇인가? 적절한 절차는 무엇인가?

- 수학교사의 전문성 개발에 활용할 수학적 창의성 교육 이론에는 어떤 것이 있는가? 관련 이론을 어떤 방식으로, 어느 정도의 기간 동안 연수할 수 있는가?
- 현재의 예비교사 및 현직교사 교육프로그램에서 수학적 창의성 교육을 위하여 수정하거나 보완해야 할 점은 무엇인가? 전문성 향상 프로그램에 참여한 교사들이 수학적 창의성 함양에 미치는 영향을 어떻게 파악할 수 있는가? 전문성 향상이 수학적 창의성 교육의 실제에 미치는 영향은 무엇이며, 이를 어떻게 파악할 수 있는가?

11

결론을 대신하여

지식기반 사회, 정보화 사회, 고도 정보화 사회, 지식정보화 사회, 평생학습 사회, 스마트 사회 등 온갖 종류의 타이틀을 달고 불어닥치는 사회적 변화와 더불어 수학적 창의성 교육에 대한 논의가 활발하게 이루어지고 있다. 그러나 지금까지 살펴본 바에 의하면, 수학적 창의성의 의미와 교육은 새로운 사회의 도래에 따라 갑자기 요구되는 것이라기보다는 수학과 수학교육의 근간을 이해하고 건전하게 유지하기 위하여 오래 전부터 주목해왔던 것이다. 문제는 수학적 창의성의 의미가 다차원적이고 통합적이어서 다루기 어렵다는 점에서 발생한다. 더욱이 종종 고차적인 사고를 필요로 하기 때문에 지도하기 어렵고, 단기간의 교육으로 그 효과를 확인할 수 없으며, 평가를 위해서도 준비할 것이 많아서 수학적 창의성 교육에 대한 오랜 역사에 비하여 성공적인 사례를 찾기 어려웠다. 결론적으로, 9장과 10장에서 제시한 다양한 논점들을 다양한 방식으로 다루면서 지속적인 노력을 기울여야 수학적 창의성 관련 연구에서도 그리고 교육에서도 소기의 성과를 얻을 수 있다.

수학적 창의성의 정의가 명확하지 않지만, 명확한 정의로 설명되는 수학교육 현상이란 존재하지 않으며, 명확하지 않다는 점이 오히려 다양한 시도를 가능하게 한다고 생각할 필요가 있다. 우리나라의 수학과 교육과정에서도 수학적 창의성의 의미와 교육에 대하여 명확하게 설명하지는 않고 있다. 그러나 매우 긍정적으로 그리고 야심차게 추진하는 목표라는 점은 분명하다. 이러한 수학과 교육과정의 기조를 반영하여 개발한 수학교과서에서도 과거에 비하여 수학적 창의성 함양을 위한 다양한 시도를 하고 있지만 안타깝게도 평가는 아직도 이러한 변화를 충분히 반영하지 못하고 있다. 이때문에 수학수업에서의 수학적 창의성 교육은 소극적으로만 시도되거나 교사 개인의 재량에 맡겨지는 경우가 많다. 연구수업 또는 특별한 이벤트가 아닌 일상적인 수업에서 수학적 창의성을 함양할 수 있어야 하는데, 아직은 현실적인 여건이 마련되어 있지 않아서 기대하기 어려운 상황이다. 여건이 갖추어지지 않았음에도 많은 교사들이 수학적 창의성 교육에 관심을 가지고 있다는 점은 매우 고무적이다.[251]

수학적 창의성을 함양한다는 목표를 제시하고는 있지만 실제로 수학수업에서 다루는 내용 그리고 방법은 수학적 창의성과 동떨어진 경우가 있다. 그와 반대로, 수학적 창의성을 함양한다는 목표를 제시하지는 않았지만 실제로는 그 기회가 충분히 제공되는 경우도 있다. 이 두 가지 경우를 포함하여 다양한 수업상황에서 수학적 창의성 교육에 대한 감수성을 기르고자 할 때 고려해야 하는 바를 제안하는 것으로 이 책의 결론을 대신하고자 한다.

가. 분수의 종류를 지도하는 수업에 대한 대화[252]

분수의 종류는 초등학교 4학년 때 다루는 내용이며, 심층적인 개념을 지도하는 것도 아니고, 문제해결 능력을 기르는 것도 아니어서, 수학적 탐구를 유도하기가 매우 어렵다. 그러므로 수학적 창의성을 함양하기에는 매우 난감한 내용이라고 할 수 있다. 그런데 이 내용을 지도하는 것이 창의 중심의 수학수업 사례로 제시되어 저자의 눈길을 끌었다. 수업의 개요는 다음 그림과 같다.[253]

---

251 김도한 외(2010) 참고

252 김도한 외(2010)에서는 창의 중심의 수학수업을 실행하고 있는 교사들을 찾아 수업을 참관하고 기록하여 분석하였으며, 어떤 관점에서 수학적 창의성 교육을 시도하고 있는지에 대하여 수업을 진행한 교사와 면담한 내용을 제시하였다. 이 자료는 우리나라의 수학적 창의성 교육이 실제로 어떻게 진행되고 있는지를 파악하는 데에 매우 유용하다. 이하의 대화는 이 연구에 참여한 한 교사가 진행한 수학수업 사례와 연구진의 수업에 대한 분석, 교사와의 면담 내용(연구보고서 pp. 41–59 참고)을 대상으로 저자가 두 명의 현직교사와 나눈 대화를 수정하고 각색한 것이다. 기꺼이 진솔한 의견을 나누어준 두 교사에게 지면을 빌어 감사의 마음을 전한다.

253 김도한 외(2010), p. 42 참고

이 수업에 대하여 현직교사들은 어떻게 생각하는지 궁금하여 김 교사(교직경력 18년), 최 교사(교직경력 5년)와 저자가 나눈 대화를 부분적으로 소개한다.

	도입	전개	정리 및 적용
수업 내용	• 전시학습 상기 • 동기유발 • 그림을 통한 공통점 찾기 • 학습문제 확인	• 분수의 종류 알기 • 같은 종류의 분수끼리 모으기 • 3행시 짓기	• 같은 종류의 분수끼리 모으기 • 3행시 짓기 • 차시 예고
활용 교구	– 프로젝션 TV – ppt 자료 – 캔버스 타블렛	– 프로젝션 TV – 학습지, 분수막대 – 골든벨판	– 골든벨판 – 학습활동 카드

그림 11-1 ○ 수업개요

1) 수학적 창의성과 수학적 창의성 함양의 의미

저　자: 이런저런 분수가 있다는 것을 지도할 때 수학적 창의성이 어떻게 함양된다는 것이죠? 어떤 의미에서 수학적 창의성이 함양된다는 것일까요?

김 교사: 진분수, 가분수, 대분수 같은 용어들이 생소하니까 그 뜻을 생각해보고 주변의 사물들과 관련지어보도록 하는 것 같은데요. 애들이 자유롭게 그 뜻을 상상하게 되잖아요.

최 교사: 저도 그렇게 생각해요. 한자로 이루어진 수학용어가 많은데, 그냥 약속하는거다 하지 않고 함께 그 뜻을 알아보는 것이지요. 수학용어를 주변의 사물과 관련지어 이해한다고 할까요?

저　자: 그러면 용어의 의미를 창조하는 것으로 보아야 할까요? 이 상황에서 주목하고 있는 수학적 창의성이 무엇인지를 생각해보는 중이에요. 너무 지나친 시도일지 모르지만, 여기서 창조하는 것이 있는가, 있다면 무엇인가를 생각해보고 싶어서요.

김 교사: 글쎄요. 그렇게까지 생각해본 적은 없지만, 굳이 구분한다면 용어의 의미가 맞겠네요. 용어는 수학자들이 창조한 것이지만 그 의미는 학생들이 창조해야 하는 것이니까요. 만약 그 의미를 따져보지도 않고 외워라

이렇게 지도한다면 수학적 창의성을 고려하지 않은 것이겠지요.

저 자: 아, 그러니까 수학용어나 기호의 '의미'를 아이들 수준에서 창조하도록 기회를 제공한다는 의미에서 수학적 창의성 교육이 이루어지고 있다는 것이군요. 잘 알겠습니다. 그런데 이 수업에서 정말 학생들이 의미를 창조하고 있는 것이긴 할까요? 학생들은 한자를 몰라서 의미는 주로 교사가 설명하고 있는 것으로 보이는데요.

김 교사: 그렇기는 해도 여전히 저는 학생들이 의미를 창조하는 것으로 볼 수 있다고 생각해요. 교사가 설명한 것을 외우는 것이 아닌 이상, 각자 새롭게 느끼고 깨닫는 바가 있을 테니까요.

저 자: 그렇군요. 교사가 설명한 용어의 의미는 정말 재미있었습니다. 학생들이 답한 것도 재미있었어요. 특히, 한 학생이 분수는 분모와 분자로 이루어져있으니 마치 엄마가 아들을 업고 있는 것처럼 보인다고 말한 것을 보고 엄마 미소를 지었지요. 학생 수준의 창의성을 생각해야 하는데 제가 너무 거창하게 생각한 것 같습니다.

최 교사: 그런데 가끔 생각하면 학생 수준의 창의성이라는 것이 너무 아전인수격으로 해석한 것이기도 해요. 지금 논의하는 수업에서 보이는 학생들의 반응도 엄밀하게 말하여 '수학적'으로 창의적이라고는 할 수 없을 것 같아요. 일반적인 창의성이라고는 볼 수 있겠지요.

저 자: 바로 그 점을 제가 고민하고 있거든요. 자유로운 상상의 나래를 펼치고 즐겁게 공부하는 것은 좋은데, 그러다보면 수학이 어디론가 가고 없거든요. 수학적 창의성 면에서 만족스러운 수업을 하는 것이 가능하긴 할까요?

최 교사: 가능하죠. 문제해결을 다룰 때는 가능해요. 이 수업처럼 용어를 소개할 때는 이 정도가 최선인 것 같아요. 수학수업에서 매번 문제해결을 할 수는 없고 용어를 소개하거나 새로운 개념을 다루어야 할 때가 많잖아요. 그럴 때는 이렇게 하는 것이 창의성 교육이죠.

김 교사: 개념을 소개할 때는, 아니, 소개하는 것이 아니라 탐구할 때는 수학적

창의성을 추구할 수 있는 것 아닌가요? 분수를 처음 다루는 수업에서 등분할하여 전체에 대한 부분의 비율로서의 분수를 탐구하도록 하면 수학적인 창의성을 기를 기회가 많아요. 등분할 방법도 여러 가지라서 유창성도 기를 수 있고, 독창성이나 유연성도 좀 관련되는 것 같아요.

최 교사: 아, 그렇겠네요. 개념 학습에서는 수학적 창의성을 기르는 것이 맞을 것 같습니다. 계산 알고리듬 학습은 어떻지요? 아, 이것도 수학적 창의성과 관련될 수 있겠네요. 여러 가지 방법으로 계산할 수 있고, 독창적이고 유연한 생각도 유도할 수 있으니까요.

저　자: 제 생각에도 개념과 절차의 학습 과정에서는 수학적 창의성을 추구할 수 있을 것 같습니다. 오히려 수학적 창의성을 고려해야만 개념과 절차를 제대로 학습할 수 있다고 말해야 할 것 같아요. 그런 점에서 보면 이 수업은 수학적 창의성의 교육을 위해서는 매우 도전적인 내용을 다루고 있는 것 같네요. 그럼에도 불구하고 학생들과 소통하면서 활발하게 수업을 이끌고 있는 모습이 참 인상적입니다.

2) 수학적 창의성 교육에서 교사의 역할

저　자: 이 보고서에 따르면, 수학적 창의성 교육에서 교사의 역할이 매우 중요하다고 하는데요. 창의성 연구자들도 같은 이야기를 하고 있어서 선생님들 생각이 궁금합니다.

김 교사: 절대 공감입니다. 교사가 창의적인 생각을 즐기지 않으면 창의성 교육은 안 됩니다. 교사부터 창의적으로 바뀌어야 해요. 최근에 오신 선생님들이 창의적인 수업을 하는 것도 예전에 비해 선생님들 자체가 창의적이라 수업도 그렇게 하는 것 같아요. 저 같은 사람은 아무래도 걱정이 많고 다양한 반응을 열어 놓으면 수업이 산으로 갈 것 같아서 꺼리는 경우가 많아요.

최 교사: 저는 경력이 얼마 되지 않았는데도 '창의성' 그러면 중구난방에 정신없는 장면이 떠올라서 걱정부터 되는걸요. 사실 수학시간에는 그렇게 하

는 것에 한계가 있는데, 요즘은 너무 한쪽으로만 몰아가는 것 같아요.

김 교사: 그런 점도 있기는 해요. 이 수업에서도 교사가 주도권을 가지고 수업을 이끌면서 학생들이 이런 저런 생각을 하도록 하고 있는 것이지, 아무렇게나 하도록 내버려 두는 것은 아니거든요. 창의성 교육 그러면 괴짜들이 뭔가 튀는 답을 내놓게 하는 것을 상상하는데, 제 생각에는 오히려 치밀한 각본으로 정돈된 분위기를 조성해야 창의적인 답도 나오는 것 같아요.

저　자: 교사 입장에서는 창의성 교육을 강조하는 것이 달갑지 않을 수도 있겠네요.

최 교사: 저는 개인적으로 그렇게 생각하지는 않아요. 정해진 답을 찾는 것은 학교에서나 하는 일이지, 살아가면서는 한 번도 그럴 수 없잖아요. 수학자들이 수학을 할 때는 답이 정해지지 않았을뿐더러 문제조차 정해지지 않은 경우가 많은데, 학교에서는 정해진 경로만 거치도록 한다는 것이 옳지 않다고 생각해요. 교과서는 아무래도 모범적인 것을 중심으로 이루어져 있으니까 교사가 적당히 변화와 생동감을 주어야 수업이 창의적으로 진행될 것 같아요.

저　자: 지금 두 분 말씀은 무척 감동적입니다. 수학적 창의성 교육에 대한 연구를 진행하면서 교사에게 너무 큰 부담을 주는 것이 내심 걸렸거든요.

김 교사: 교사들도 이 방향이 옳다고는 생각해요. 문제는 참고자료와 평가시스템이 갖추어져 있지 않은데 교사에게만 큰 책임과 역할을 부여하는 것이지요. 학생들이 달라지고 사회가 달라지는데 언제까지나 과거의 것을 반복할 수는 없지요. 하다못해 연극이나 뮤지컬에서도 관객의 참여를 유도하기 위해 다양한 전략을 개발하는데, 학생들이 우두커니 구경하는 수학수업을 할 수는 없지요.

저　자: 감사합니다. 계속 감사한 마음으로 교사의 역할에 대한 다른 의견을 여쭐게요.

최 교사: 이 보고서에서는 교사가 창의적인 의사소통을 할 수 있다고 했는데요.

의사소통이 창의적일 수 있나요? 가능하니까 이렇게 썼겠지만 말이에요. 교사가 창의적인 의사소통을 하는 것이 중요한 것 같은데 그 의미가 알쏭달쏭합니다.

저 자: 그러고 보니 저도 기존에 사용하던 용어 앞에 '창의적인'이라고 붙이면 그냥 의미가 통할 것이라고 생각했었네요. 창의적인 문제해결, 창의적인 추론, 창의적인 표현처럼 말이에요. 지금 저희가 하고 있는 의사소통은 창의적이라고 할 수 있을 것 같기는 합니다. 제가 두 분으로 하여금 끊임없이 어떤 생각을 창조하게 하고 있으니까요. (웃음)

최 교사: 제 말은 의사소통을 중시하면 창의적인 수학수업을 할 수 있을 것 같다는 뜻이에요. 굳이 의사소통 중에서 어떤 것은 창의적이고 어떤 것은 창의적이지 않은 것이라고 구분할 필요가 없을 것 같아요.

김 교사: '창의적인'이라는 수식어를 남발하는 것은 교사들 연구보고서의 특징이지요. 요즘 돌아다녀보면 거의 모든 수학수업에서 '창의적인'이라는 수식어를 여기저기서 사용해요. 예전에는 문제해결력, 사고력, 개념 이런 것들을 사용했었지요. 그냥 유행인 것 같기도 해요.

저 자: 그럼 '창의적인'이라는 수식어 없이도 의사소통을 기반으로 수학을 지도하는 것이 수학적 창의성 교육에서 중요한 교사의 역할이라고 정리하겠습니다. 또 다른 역할이 있나요?

김 교사: 발산적 사고 또는 수렴적 사고를 촉진하는 것, 실수를 통해서 수학을 배우도록 하는 것, 협력하여 수학을 배우게 하는 것 등 많지요. 그동안 나온 좋은 수학수업 전략들을 잘 구사하는 것은 모두 수학적 창의성 교육에 필요하다고 생각합니다.

최 교사: 보고서에 나온 것처럼 발문을 잘 하는 것이 정말 중요한 것 같아요. 학생들을 존중하는 것도 필요합니다. 말하다 보니 저도 그동안 수학교육 연구에서 좋다고 말한 것들을 이야기하고 있네요. 수학적 창의성 교육을 위해서는 교사가 기존에 좋다고 했던 수업전략을 자유자재로 사용할 수 있어야 할 것 같아요.

저　자: 그렇군요. 수학적 창의성 교육이 학생들의 참여를 권장한다고 해서 교사의 역할이 줄어드는 것은 아니네요. 어찌 보면 이전보다 더 많아진 것으로 볼 수도 있겠습니다. 수업만 보면 비중이 낮아진 것 같지만 사전 준비는 훨씬 더 많이 해야 하는 군요. 좋은 말씀 감사합니다. 깊이 새겨서 수학적 창의성 교육에 대한 연구를 할 때 반영하겠습니다.

나. 닭과 토끼 문제를 지도하는 수업의 설계

이 책의 6장에서 수학적 창의성의 동양적 의미를 논의할 때 닭과 토끼 문제를 살펴보았다. 이 문제를 연립방정식 해결 방법을 지도하는 수업에서 다룰 수 있다. 이 수업을 설계하면서 하게 되는 생각들을 제시한다.

1) 수학적 창의성 교육과의 관련성

6장에서 살펴본 바와 같이, 이 문제는 조선 후기 황윤석이 저술한 《산학입문》에 제시된 것이었다. 문제를 다시 한 번 제시한다.

> 닭과 토끼가 100마리 있다. 다리의 총 수는 272개이다. 닭과 토끼는 각각 몇 마리인가?

닭의 수를 x, 토끼의 수를 y라 놓으면 다음과 같이 연립방정식을 세워 해결할 수 있다.

$$\begin{cases} x + y = 100 \\ 2x + 4y = 272 \end{cases}$$

이미 살펴본 바와 같이, 연립방정식을 세우지 않고도 '이율분신'과 '차분화합'에 의하여 문제를 해결할 수 있다. 연립방정식을 세워 해를 구하는 방법을 배우지 않은 학생이 이 두 가지 방법을 생각해냈다면 물론 수학적 창의성이 있는 것으로 볼 수 있다. 배운 것을 기억하여 적용하는 것이 아니라 스스로 방법을 찾아낸 것이라면, 그 수준과 내용에 상관없이 우선 수학적 창의성을 인정해야 한다.

폴리야[254]는 이 문제를 시행착오, 기발한 착상 그리고 대수적 방법으로 해결할 수 있다고 보았다. 먼저 시행착오는 다음과 같이 닭과 토끼의 수를 추측하면서 각 경우마다 다리의 수를 계산해보는 방법이다. 여러 번의 시행 끝에 주어진 조건과 일치하는 경우를 찾으면 된다. 폴리야는 이 방법이 마치 사전에서 단어를 찾을 때 그러하듯이, 점차 찾고자 하는 단어에 가깝게 간격을 좁혀가는 것이라고 설명하였다. 마치 어둠 속에서 손으로 사물을 더듬어보며 원하는 물건을 찾는 것처럼, 오류를 범하더라도 점차 간격을 좁히면서 문제를 해결할 수 있다. 수학의 여러 영역에서 이와 같은 사고기법을 사용하기 때문에, 단지 초보적이거나 원시적인 방법으로 치부하지 말아야 한다. 복잡한 현상을 다룰 때는 고차적인 수준에서도 여전히 유사한 기법으로 문제를 해결하기 때문이다. 그러나 시행착오에 의한 계산을 독창적이라고 보지는 않는다. 엄연한 수학이고 많은 경우에 효과적인 사고기법일 뿐이다.

기발한 착상에 의한 해결은 6장에서 소개한 '이율분신'에 의한 것을 가리킨다. 폴리야는 농부가 이상한 행동을 해서 동물들을 놀라게 하면 닭은 한 다리로 서고, 토끼는 앞다리를 번쩍 들고 뒷다리로만 선다는 재미있는 설명을 덧붙였다. 그러면 다리 수의 절반인 136에서 100을 뺀 36은 토끼의 수가 되고, 닭은

표 11-1 ○ 시행착오에 의한 해결

닭	토끼	다리의 수
100	0	200
0	100	400
50	50	300
60	40	280
64	36	272

254 Polya(2005)에서는 닭과 토끼가 50마리, 다리는 140개인 문제로 제시하고 논의하였다. 이를 100마리, 272개라는 조건에 맞게 수정하여 소개한다.

64마리임을 알 수 있다. 폴리야는 이렇게 생각하여 계산하는 것이 매우 독창적이고 기발하다고 보았다. 박만구의 연구에서도 한 학생이 매우 독창적인 해결 방법을 찾았다.[255] 위에 제시한 문제에 이 해결 방법을 적용하면 다음과 같다. 먼저 다리의 총 수인 272를 동물의 총 수인 100으로 나눈다. 그러면 2.72가 되는데, 이를 닭의 다리 수 2와 토끼의 다리 수 4를 양끝으로 하는 선분에 나타낸다. 곧, 72:128 = 9:16으로 내분하는 점으로 볼 수 있다. 이는 닭과 토끼가 16:9의 비율로 있다는 뜻이므로, 닭은 64마리, 토끼는 36마리가 된다. 기발한 착상에 의한 해결의 다른 예는, 6장에서 소개한 '차분화합'에 의한 것을 들 수 있다. 지금까지 제시한 기발한 착상은 공통적으로 문제에 담긴 수학적인 구조를 통찰하여 얻어낸 것이다. 그러므로 어빙이 제시한 수학적 문제해결의 창의적 수준 중에서 가장 높은 것에 해당한다. 수학적 창의성을 함양하기 위하여 수업을 설계할 때, 학생들이 기발한 착상을 시도할 수 있는 문제를 찾아내는 것이 매우 중요하다. 수학적 창의성 연구에서 말하는 대부분의 특징을 경험하도록 할 수 있다. 이를테면, 이미 알고 있는 지식을 이용하되 새로운 방식으로 재구성하거나 변형하고, 과감한 시도를 하기 위하여 사고를 전환하며, 문제의 핵심을 파악하여 직접적으로 다루는 방법을 찾는 등 창의적인 사고기법을 유도한다.

연립방정식을 지도하기 전에 위의 문제를 해결하도록 하는 것이 중요하다. 연립방정식을 세울 줄 알게 되면 2장에서 살펴본 플럭커의 주장처럼 사고의 고착이 일어나서 창의적인 생각을 하기 어려울 것이다. 지식이 쌓이면 유연한 생각을 가로막는 면이 있다. 더욱이 강력하고 일반적인 해결 방법을 배워 알고 있는데 굳이 다른 방법으로 해결할 이유가 없기도 하다. 그러므로 연립방정식을 다 배운 후에 이 문제를 제시하고 연립방정식이 아닌 다른 방법으로 해결할 수 있다고 설명하는 것은 흥미로운 읽을거리이기는 하지만 수학적 탐구를 촉진하고 수학적 창의성을 기르는 데는 효과적이지 않다. 만약 연립방정식에 대하여 선행학습을 한 학생들이 수업에 참여하고 있다면, 어쩔 수 없이 '연립방정식을

255 박만구(2009), pp. 812–813 참고

사용하지 않고' 문제를 해결하도록 해야 한다. 이런 상황에서 종종 선행학습을 한 학생들이 오히려 사고의 고착 때문에 창의적으로 사고하지 못하는 것을 볼 수 있다. 3장에서 살펴본 바와 같이, 수학적 지식은 수학적 창의성의 원동력이지만 수학적 창의성을 고려하는 가운데 학습한 수학적 지식만이 그러하기 때문이다. 요컨대, 연립방정식을 배우기 전에 위의 문제를 충분히 그리고 자유롭게 탐구하고 다양하게 해결해보는 경험은, 자신의 수학적 창의성을 일깨우고 이를 기반으로 수학을 학습하는 능력과 습관을 기르는 데 도움이 될 것이다.

2) 연립방정식 지도로의 연결

수학적 창의성 교육이라고 하면 무조건 다양하고 자유로운 생각을 하게 하는 것에만 초점을 맞추는 경향이 있다. 그러나 자유롭게 펼쳤던 생각들을 적절히 수렴하여 수학적으로 조직하지 않으면 의미가 없을 것이다. 교사들과의 대화에서 저자가 '자유로운 상상의 나래를 펼치고 즐겁게 공부하는 것은 좋은데, 그러다보면 수학이 어디론가 가고 없거든요.'라고 말했던 이유가 바로 이 때문이다. 더욱이 가르쳐야 할 학교수학을 소홀히 하면서 다른 내용을 이용하여 수학적 창의성을 함양하는 것은 바람직하지 않다. 해당 학년에서 그리고 해당 단원에서 반드시 다루어야 하는 내용과 수준, 범위를 지키는 가운데 수학적 창의성을 추구하는 방안을 마련해야 한다.

닭과 토끼 문제의 경우, 일주일 정도 개별적으로 자유롭게 탐구하도록 한 후, 한 차시 정도 함께 다양한 해결 방법을 확인하는 방식으로 진행할 수 있다. 이를 바탕으로 연립방정식 지도를 시작하면 수학적 창의성 교육과 학교수학에 대한 건전한 접근을 동시에 추구할 수 있다. 기발한 착상에 따른 창의적인 문제해결에 대하여 성찰하게 하면서 자연스럽게 연립방정식으로 연결할 수 있기 때문이다. 이와 관련하여 폴리야가 제시한 조언을 참고할 수 있다. 폴리야는 기발한 착상에 의하여 수학문제를 해결하는 것은 창의적이고 훌륭하지만, 원하는 순간에 원하는 착상이 떠오르는 경우는 매우 드물다는 점을 지적해야 한다고 하였다. 그러므로 '일반적으로 적용할 수 있는 방법'이 있는지를 생각할 필요가 있다는 것을 분명히 하고 연립방정식을 지도하는 단계로 넘어가면 된다.

창의적이고 흥미로운 문제해결 경험으로부터 연립방정식의 지도로 연결할 때, 다음과 같이 일상 언어로 표현된 문제 상황을 대수적 언어로 바꾸는 과정부터 다루어야 한다. 이 과정에서는 발산적 사고보다 수학적으로 표현하는 규칙을 모방하고 필요에 따라 그 규칙을 암기하거나 연습함으로 학습하도록 해야 한다. 수학적 창의성의 동양적 의미에 대하여 논의할 때 지적한 바와 같이, 암기와 연습을 무조건 배척할 것이 아니라 필요한 순간에는 오히려 장려해야 할 수도 있다. 이렇게 수학적인 언어와 표현 방법을 익히고 나면, 창의적인 탐구도 촉진할 수 있다.

표 11-2 ○ 일상 언어와 수학적 언어의 비교

일상 언어	수학적 언어
몇 마리의 닭과	x
몇 마리의 토끼가 있다.	y
두 가축의 총 수는 100이고	$x+y=100$
다리의 수는 272이다.	$2x+4y=272$

이어서 가감법 등 연립방정식의 해결 방법을 지도하면 된다. 해결 방법을 모두 지도한 후, 기발한 착상에 의한 여러 해결 과정을 수학적 언어로 바꾸어 표현하도록 한다면, 다른 의미에서의 수학적 창의성을 함양할 수 있다. 예를 들어, 이율분신에 의한 해결 과정을 다음과 같이 수학적 언어로 나타낼 수 있다.

(1) $2x+4y=272$의 양변을 2로 나눈다.

(2) $x+2y=136$에서 $x+y=100$을 뺀다.

(3) $y=36$을 얻는다.

(4) $x=64$를 얻는다.

이렇게 표현을 바꾸면, 기발한 착상이 어떤 점에서 기발하고 의미가 있는지 그리고 수학적 언어가 얼마나 효율적이고 엄밀한지에 대하여 학생 스스로 느끼고 깨닫는 기회가 된다. 폴리야는 여기서 한 발 더 나아가 일반화를 시도하도록 할 수도 있다고 보았다. 아래와 같이, 두 가축의 총 수가 m, 다리의 총 수가 n이라고 하면, 이율분신 전략의 일반화가 가능하다.

표 11-3 ○ 일상 언어와 수학적 언어의 비교

일상 언어	수학적 언어
몇 마리의 닭과	x
몇 마리의 토끼가 있다.	y
두 가축의 총 수는 m이고	$x+y=m$
다리의 수는 n이다.	$2x+4y=n$

(1) $2x+4y=n$의 양변을 2로 나눈다.

(2) $x+2y=\frac{n}{2}$에서 $x+y=m$을 뺀다.

(3) $y=\frac{n}{2}-m$을 얻는다.

(4) $x=2m-\frac{n}{2}$을 얻는다.

결국, 이율분신에 의한 해결 전략을 일반화하여 다음과 같이 나타낼 수 있다.

닭과 토끼의 수와 두 가축의 다리의 수를 알 때, 닭의 수는 '두 가축의 수를 2배한 수에서 다리 총 수의 절반을 뺀 수' 그리고 토끼의 수는 '다리 총 수 절반에서 두 가축의 총 수를 뺀 수'이다.

이로부터, 우리나라를 비롯한 동양의 수학자들이 그랬듯이 학생들도, 위 문제의 일반적인 해법을 찾을 수 있다. 또, 수학적인 언어가 추상적인 생각을 담고 다루는 데 있어서 매우 효율적이고 체계적인 도구라는 점도 확인할 수 있다. 이 사례는 수학적 창의성 교육을 표방하면서 학교수학을 소홀히 하고 학생들의 흥미와 자유만 고려하는 것이 아니라, 오히려 학교수학을 더 수학답게 심층적으로 지도할 수 있다는 것을 보여준다.

memo

참고 문헌

김도한·황혜정·김창일·정영옥·박만구·고호경·김선희·한혜숙·한세호·김현아·장미라·정은선(2010). 창의 중심의 수학수업 내실화 및 평가 방안 연구. 서울: 한국과학창의재단.

김미숙·최상덕·김경은(2013). 안티카페 문제해결 전략을 통해 본 초등학생의 창의적 사고 과정과 산출물 분석, 사고개발, 9(2), 99-117.

김부윤·이지성(2007). 수학적 창의성에 대한 관점 연구. 수학교육, 46(3), 283-302.

김선희(2005). 수학사에 근거한 수학영재의 창의적 산출물 평가 준거 개발, 한국수학사학회지, 18(2), 75-94.

김진호(2003). 학교수준에서의 수학적 창의성에 대한 논의-새로운 수학적 지식의 생성이란 관점에서. 교육과학연구, 34(2), 149-162.

남승인·박만구·신준식(2010). 수학 창의성 어떻게 기를 것인가. 서울: 교학사.

류성림(2008). 개방형 학습활동이 수학적 창의력 및 수학적 성향에 미치는 효과. 수학교육, 47(2), 135-154.

박경미(2006). 수학콘서트. 서울: 동아시아.

박만구(2009). 수학교육에서 창의성의 개념 및 신장 방안. 수학교육 논문집, 23(3), 803-822.

박병기(1998). 창의성 교육의 기반. 서울: 교육과학사.

박성익·유경훈(2010). 초등학생의 성취목표 동기유형과 창의적 사고력, 창의적 인성 간의 관계분석. 교육심리연구, 24(1), 139-160.

박인성(1998). 헤겔에 있어서 개인의식과 시대정신. 범한철학, 17, 179-199.

송상헌(2006). 수학 영재의 판별과 선발. 서울: 한국학술정보(주).

신현용·김원경·신인선·한인기(2000). 창의성 신장을 위한 수학 영재교육 개선 방안에 관한 연구. 수학교육 논문집, 10, 325-342.

신희영·고은성·이경화 (2007). 수학영재교육에서의 관찰평가와 창의력평가. 학교수학, 9(2), 241-257.

유충현(2008). 칸트의 선험철학과 수학교육. 서울대학교 박사학위 논문.

이대현(2014). 다양한 해결법이 있는 문제를 활용한 수학적 창의성 측정 방안 탐색. 학교수학. 16(1). 1-17.

이동원(2009). 창의성 교육의 실천적 접근. 서울: 교육과학사.

이영찬(2011). 유교의 지식론. 동양사회사상, 23, 5-37

이외수(1997). 황금비늘. 서울: 동문선.

이종희·김기연(2007). 창의적 생산력 신장의 교육목표 이해를 위한 수학영재의 수학적 창의성 개념 탐색. 수학교육, 46(4), 445-464.

장혜원(2010). 조선 최고의 수학자들이 빚어낸 수의 세계: 수학박물관, 파주: BM성안당.

정지은(2012). 푸어(poor) 공화국, 대한민국. 창작과비평, 40(3), 211-230.

최영기·도종훈(2004). 수학영재학생들의 인지적·정의적·창의적 특성 분석. 학교수학, 6(4), 361-372.

최은아(2013). 조선산학의 교수학적 분석. 서울대학교 박사학위 논문.

한국과학단체총연합회(1996). 세계적 수학 권위자, 이임학. 과학과 기술, 331, 80-82.

한기순·박유진. (2013). 영재들은 왜 사교육을 받을까? 영재교육연구, 23(4), 505-521.

홍정하(2006). 구일집. 강신원·장혜원(역). 서울: 교우사

홍주연·한인기(2014). 수학 영역에서 창의적 산출물 의미 척도. 수학교육, 53(2), 291-312.

홍진곤(1999). 반영적 추상화와 조작적 수학학습-지도. 서울대학교 박사학위 논문.

황우형·최계현·김경미·이명희 (2006). 수학교육과 수학적 창의성. 수학교육논문집, 20(4), 561-574.

황윤석(2006). 산학입문. 강신원·장혜원(역). 서울: 교우사.

황혜정·김홍원·박경미·김수환·김신영·채선희(1997). 창의력 신장을 돕는 중학교 수학과 학습 평가 방법 연구. 한국교육개발원 연수보고서.

Aczel, A. D. (1996). *Fermat's last theorem: Unlocking the secret of an ancient mathematical Problem*. New York: Basic Books.

Aiken, L. R. (1973). Ability and creativity in mathematics. *Review of Educational*

Research, 43(4), 405–432.

Albert, R. S. (1998). Mathematical giftedness and mathematical genius: A comparison of G. H. Hardy and Srinivasa Ramanujan. In M., Csikszentmihalyi & A. Steptoe, *Genius and Mind: Studies of Creativity and Temperament* (pp. 111–138). Oxford: Oxford University Press.

Amabile, T. M. (1993). Motivational synergy: Toward new conceptualizations of intrinsic and extrinsic motivation in the workplace. *Human resource management review, 3*(3), 185–201.

Baer, J. (1998). The case for domain specificity of creativity. *Creativity Research Journal, 11*(2), 173–177.

Balka, D. S. (1974). Creative ability in mathematics. *Arithmetic Teacher, 21*, 633–636.

Berndt, B. C. & Rankin, R. A. (1995). *Ramanujan: Letters and commentary.* Washington, DC: American Mathematical Society.

Besemer, S. P. (1998). Creative product analysis matrix: Testing the model structure and a comparison among products−−three novel chairs. *Creativity Research Journal, 11*(4), 333–346.

Besemer, S. P., & Treffinger, D. J. (1981). Analysis of Creative Products: Review and Synthesis. *The Journal of Creative Behavior, 15*(3), 158–178.

Borges, J. L. (1994). 픽션들. 황병하(역). 서울: 민음사. (스페인어 원작은 1944년 출판)

Bowers, K. S., Regehr, G., Balthazard, C., & Parker, K. (1990). Intuition in the context of discovery. *Cognitive psychology, 22*(1), 72–110.

Boyer, C. B., & Merzbach, U. C. (1968). *A history of mathematics.* New York: John Wiley & Sons.

Bringmann, W. G., & Balk, M. M. (1983). Wilhelm Wundt's publication record: a re−examination. *Storia e critica della psicologia, 4*(1), 87–113.

Carson, D. K., & Runco, M. A. (1999). Creative problem solving and problem finding in young adults: Interconnections with stress, hassles, and coping abilities. *The journal of creative behavior, 33*(3), 167–188.

Chambers, J. A. (1964). Relating personality and biographical factors to scientific creativity. *Psychological monographs: general and applied, 78*(7), 1–20.

Chapman, L. R. (Ed.). (1972). *The process of learning mathematics*. Oxford: Pergamon.

Cole, S. (1979). Age and scientific performance. *American journal of sociology, 84*, 958–977.

Cropley, A. J. (1997). Creativity: A bundle of paradoxes. *Gifted and Talented International, 12*(1), 8–14.

Cropley, A. J. (1999). Definitions of creativity. *Encyclopedia of creativity, 1*, 511–524.

Cropley, A. J. (2001). *Creativity in education & learning: A guide for teachers and educators*. Psychology Press.

Cropley, A. (2006). In praise of convergent thinking. *Creativity research journal, 18*(3), 391–404.

Csikszentmihalyi, M. (1988). Society, culture, and person: A systems view of creativity. Cambridge UK: Cambridge University Press.

Csikszentmihalyi, M. (1996). *Creativity: The work and lives of 91 eminent people*. New York: HarperCollins Publishers.

Csikszentmihalyi, M. (2000). Implications of a systems perspective for the study of creativity. In R. J. Sternberg(Ed.), *Handbook of creativity* (pp. 313–338). Cambridge, UK: Cambridge University Press.

De Morgan, A. (1866). Sir W.R. Hamilton. *Gentleman's magazine and historical review, 1*, 128–134.

Dunham, W. (1990). *Journey through genius*. New York: Wiley.

Dunham, W. (1994). *The mathematical universe: An alphabetical journey through the great proofs, problems, and personalities*. New York: Wiley.

Dunham, W. (1999). *Euler: The Master of Us All*. Washington, DC: American Mathematical Society.

Dunham, W. (Ed.). (2007). The genius of Euler: reflections on his life and work. Washington, DC: Mathematical Association of America.

Engeln, K. Euler, M., & Maass, K. (2013). Inquiry–based learning in mathematics and science: a comparative baseline study of teachers' beliefs and practices across 12 European countries. *ZDM-Mathematics education, 45*, 823–836.

Epstein, R. (1991). Skinner, creativity, and the problem of spontaneous behavior. *Psychological Science, 2*(6), 362–370.

Ervynck, G. (1991). Mathematical creativity. In D. Tall (Ed.), *Advanced mathematical thinking* (pp. 42–53). Dodrecht: Kluwer Academic Publishers.

Feist, G. J. (1993). A structural model of scientific eminence. *Psychological Science, 4*(6), 366–371.

Filipowicz, A. (2006). From positive affect to creativity: The surprising role of surprise. *Creativity Research Journal, 18*(2), 141–152.

Freudenthal, H. (1991). *Revisiting Mathematics Education: China Lectures*, Dordrecht: Kluwer Academic Publishers.

Garber, D. (2002). Descartes, mechanics, and the mechanical philosophy, *Midwest studies in philosophy, 26*(1), 185–204.

Gardner, H. (1993). *Multiple intelligences: The theory in practice*. New York: Basic books.

Gardner, H. (2011). *Creating minds: An anatomy of creativity seen through the lives of Freud, Einstein, Picasso, Stravinsky, Eliot, Graham, and Gandhi*. New York: Basic Books.

Gavin, M. K., Casa, T. M., Adelson, J. L., Carroll, S. R., Sheffield, L. J., & Spinelli, A. M. (2007). Project M3: Mentoring mathematical minds—A research–based curriculum for talented elementary students. *Journal of Advanced Academics, 18*(4), 566–585.

Geary, D. C., Bow–Thomas, C. C., Fan, L., & Siegler, R. S. (1993). Even before formal instruction, Chinese children outperform American children in mental addition. *Cognitive Development, 8*(4), 517–529.

Gigerenzer, G. (1993). The bounded rationality of probabilistic mental models. In K. I. Manktelow & D. E. Over (Eds.), *Rationality: Psychological and philosophical perspectives* (pp. 284–313). London: Routledge.

Gigerenzer, G. (2008). 생각이 직관에 묻다. 안의정(역). 서울: 추수밭. (영어 원작은

2007년 출판)

Gladwell, M. (2008). *Outliers: The story of success*. Harmondsworth, UK: Penguin Books.

Goldberg, S. R. (2013). The great mathematician project. *Mathematics teaching in the middle school, 19*(5), 272–279.

Goldin, G. A. (2009). The affective domain and students' mathematical inventiveness. In R. Leikin, A. Berman, & B. Koichu(Eds.), *Creativity in mathematics and the education of gifted students* (pp. 181–194). Rotterdam, The Netherlands: Sense Publishers.

Gruber, H. E., & Wallace, D. B. (1999). The case study method and evolving systems approach for understanding unique creative people at work. In R. J. Sternberg (Ed.). *Handbook of creativity* (pp. 93–115). New York: Cambridge University Press.

Guilford, J. P. (1950). Creativity. *American Psychologist, 5*, 444–454.

Guilford, J. P. (1966). Measurement and creativity. *Theory into practice, 5*(4), 185–189.

Guilford, J. P. (1967). Creativity: Yesterday, today and tomorrow. *The Journal of Creative Behavior, 1*(1), 3–14.

Hacking, I. (1980). Descartes and Leibniz: Proof and Eternal Truths. In S., Gaukroger (Ed.), *Descartes: Philosophy, Mathematics and Physics*. (pp. 169–179). New York: Barnes & Noble books.

Hadamard, J. (1945). *An essay on the psychology of invention in the mathematical field*. New York: Dover Publication.

Hardy, G. H. (1937). The Indian mathematician Ramanujan. *American Mathematical Monthly*, 137–155.

Hardy, G. H. (2008). 어느 수학자의 변명. 정회성(역). 서울: 세시. (영어 원작은 1940년 출판)

Harris, J. A. (2004). Measured intelligence, achievement, openness to experience, and creativity. *Personality and Individual Differences, 36*(4), 913–929.

Hayes, J. R. (1978). *Cognitive psychology: Thinking and creating*. Homewood, IL:

Dorsey Press.

Hayes, J. R. (1989). *The complete problem solver*. Hillsdale, NJ: Erlbaum.

Haylock, D. W. (1978). An Investigation Into the Relationship Between Divergent Thinking in Non–Mathematical and Mathematical Situations. *Mathematics in School*, 7, 2–25.

Heeffer, A. (2014). How algebra spoiled recreational problems: A case study in the cross–cultural dissemination of mathematics. *Historia mathematica, 41*, 400–437

Helson, R. (1996). In search of the creative personality. *Creativity Research Journal, 9*(4), 295–306.

Helson, R., & Crutchfield, R. S. (1970). Mathematicians: The creative researcher and the average PhD. *Journal of consulting and clinical psychology, 34*(2), 250–257.

Hiebert, J., Carpenter, TP, Fennema, E., Fuson, K., Wearne, D., Murray, H., Olivier, A., & Human, P. (1997). *Making sense: Teaching and learning mathematics with understanding*. Portsmouth, NH: Heinemann.

Hoffman, P. (1998). *The Man Who Loved Only Numbers: The Story of Paul Erdős and the Search for Mathematical Truth*. New York: Hepiron.

Hull, D. L., Tessner, P. D., & Diamond, A. M. (1978). Planck's principle. *Science, 202*, 717–723.

Jonassen, D. H. (1997). Instructional design models for well–structured and Ill–structured problem–solving learning outcomes. *Educational Technology Research and Development, 45*(1), 65–94.

Kim, K. H. (2009). Cultural influence on creativity: The relationship between Asian culture (Confucianism) and creativity among Korean educators. *The Journal of Creative Behavior, 43*(2), 73–93.

Koestler, A. (1964). *The act of creation*. London: Arkana.

Krutetskii, V. A. (1976). *The psychology of mathematical abilities in school children*. (J. Kilpatrick & I. Wirszup, Eds.; J. Teller, Trans.). Chicago: University of Chicago Press. (Original work published 1968)

Leikin, R. (2009). Exploring mathematical creativity using multiple solution tasks. In R. Leikin, A. Berman, & B. Koichu (Eds.), *Creativity in mathematics and the education of gifted students* (pp. 129–145). Rotterdam, The Netherlands: Sense Publishers.

Leikin, R., Koichu, B., & Berman, A. (2009). Mathematical giftedness as a quality of problem–solving acts. In R. Leikin, A. Berman, & B. Koichu (Eds.), *Creativity in mathematics and the education of gifted students* (pp. 115–127). Rotterdam, The Netherlands: Sense Publishers.

Leikin, R., & Lev, M. (2013). Mathematical creativity in generally gifted and mathematically excelling adolescents: what makes the difference?. *ZDM, 45*(2), 183–197.

Leung, F. K. (2001). In search of an East Asian identity in mathematics education. *Educational Studies in Mathematics, 47*(1), 35–51.

Lubart, T. I. (1990). Creativity and Cross–Cultural Variation, *International Journal of Psychology, 25*(1), 39–59

Lubart, T. I. (2001). Models of the creative process: Past, present and future. *Creativity research journal, 13*, 295–308.

MacKinnon, D. W. (1961). Creativity in architects. In D. W. MacKinnon (Ed.), *The creative person* (pp. 291–320). Berkeley: Institute of Personality Assessment and Research, University of California.

MacKinnon, D. W. (1962). The nature and nurture of creative talent. *American psychologist, 17*(7), 484.

MacKinnon, D. W. (1967). Educating for creativity: A modern myth? In P. Heist (Ed.), *Education for creativity* (pp. 1–20). Berkeley, CA: Center for research and development in higher education.

MacKinnon, D. W. (1992). The highly effective individual. *Genius and eminence, 2*, 179–193.

Mann, E. L. (2006). Creativity: The essence of mathematics. *Journal for the Education of the Gifted, 30*(2), 236–260.

Marton, F., & Booth, S. (1997). *Learning and awareness*. Mahwah, N.J.: Lawrence Erlbaum.

Maaß, K. (2013). Proceeding of international conference on Promoting Inquiry–based learning in mathematics and science education across Europe(www.primas–project.eu에서 2014년 다운로드).

Maaß, K., & Artigue, M. (2013). Implementation of inquiry–based learning in day–to–day teaching: a synthesis. *ZDM, 45*(6), 779–795.

McClelland, D. C. (1973). Testing for competence rather than for intelligence. *American psychologist, 28*(1), 1–14.

Needham, J. (2000). 중국의 과학과 문명: 수학, 하늘과 땅의 과학, 물리학. 이면우(역). 서울: 까치글방. (영어 원작은 1959년 출판)

Newell, A., & Simon, H. A. (1972). *Human problem solving*. Englewood Cliffs, NJ: Prentice–Hall.

Nunes, T., Schliemann, A. D., & Carraher, D. W. (1993). *Street Mathematics and School Mathematics*. New York: Cambridge University Press.

OECD(2003). *Definition and selection of competencies: Theoretical and conceptual foundation*(DeSeCo). OECD Press.

Osborn, A. F. (1963). Applied Imagination; Principles and Procedures of Creative Problem–solving: Principles and Procedures of Creative Problem–solving. New York: Scribner's.

O'Quin, K., & Besemer, S. P. (1989). The development, reliability, and validity of the revised creative product semantic scale. *Creativity Research Journal, 2*(4), 267–278.

Park, H., Byun, S. Y., & Kim, K. K. (2011). Parental involvement and students' cognitive outcomes in Korea focusing on private tutoring. *Sociology of Education, 84*(1), 3–22.

Park, K. M. (2004). Factors contributing to Korean Students' high achievement in mathematics, Paper presented in Korea National Presentation at ICME10, Copenhagen, Denmark.

Piaget, J. (1952). *The Origins of Intelligence in Children*. New York: Norton.

Plucker, J. A. (1998). Beware of simple conclusions: The case for content generality of creativity. *Creativity Research Journal, 11*(2), 179–182.

Plucker, J. A. (1999). Reanalyses of student responses to creativity checklists: Evidence of content generality. *The Journal of Creative Behavior, 33*(2), 126–137.

Poincaré, H. (1914). *Science and Method*. Maitland, F. (Trans.). London: Thomas Nelson. (불어 원작은 1908년 출판)

Poincaré, H. (1921). *Foundations of Science*. Halsted, G. B. (Trans.). New York: Science Press. (불어 원작은 1904년 출판, 영어 번역본 초판은 1913년 출판)

Polya, G. (1954). *Mathematics and plausible reasoning: Volume I*, Princeton, NJ: Princeton University Press.

Polya, G. (2005). 수학적 발견. 우정호·정영옥·박경미·이경화·나귀수·임재훈 (역). 서울: 교우사. (영어 원작은 1962년 출판)

Polya, G.(1986). 어떻게 문제를 풀 것인가. 우정호(역). 서울: 천재교육. (영어 원작은 1957년 출판)

Roe, A. (1951a). A psychological study of eminent biologists. *Psychological Monographs: general and applied, 65*(14), i–68.

Roe, A. (1951b). A psychological study of physical scientists. *Genetic Psychological Monographs, 43*, 121–235.

Roe, A. (1961). The psychology of the scientist. *Science, 18*, 456–459.

Runco, M. A., & Albert, R. S. (2010). Creativity research: A historical view. In James C., Kaufman, & Robert J., Sternberg. The Cambridge handbook of creativity (pp. 3–19). UK Cambridge: Cambridge University Press.

Rychen, D. S. E., & Salganik, L. H. E. (2001). *Defining and selecting key competencies*. Ashland, OH, US: Hogrefe & Huber publishers.

Saunders, S. T. (1929). Nature of mathematical reasoning. *Mathematics News Letter, Vol. 3*, No. 6, 1–3.

Schoenfeld, A. H. (1985). *Mathematical problem solving*. Fl, Orlando: Academic Press.

Schoenfeld, A. H. (1987). Polya, Problem solving, and education, *Mathematical magazine, vol 60*. no. 3, 283–291.

Schoenfeld, A. H. (2013). 수학수업, 설명을 만나다. 이경화(역). 서울: 경문사. (영어 원작은 2010년 출판)

Seifert, M. C., Meyer, D. E., Davidson, N., Patalano, A. L., & Yaniv, I. (1995). Demystification of cognitive insight: Opportunistic assimilation and the prepared–mind perspective. In R. J. Sternberg & J. E. Davidson(Eds.), *The nature of insight* (pp. 65–124). Cambridge, MA: MIT Press.

Sfard, A. (2008). Thinking as communicating. UK Cambridge: Cambridge University Press.

Sheffield, L. J. (1994). *The Development of Gifted and Talented Mathematics Students and the National Council of Teachers of Mathematics Standards*. Reston, VA: National Council of Teachers of Mathematics.

Sheffield, L. J. (2006). Developing mathematical promise and creativity. *In Proceedings of the 11th International Seminar on Education of Gifted Students in Mathematics*. 1–7.

Sheffield, L. J. (2009). Developing mathematical creativity–Questions may be the answer. *Creativity in mathematics and the education of gifted students*, 87–100.

Sheffield, L. J., Bennett, J., Berriozabal, M., DeArmond, M., & Wertheimer, R. (1995). *Report of the task force on the mathematically promising*. Reston, VA: National Council of Teachers of Mathematics.

Simon, H. A. (1977). *Models of Discovery and Other Topics in the Methods of Science*. Dordrecht: Reidel Publishing Inc.

Simonton, D. K. (1999). Origins of genius: Darwinian perspectives on creativity. UK Oxford: Oxford University Press.

Simonton, D. K. (2000). Creativity: Cognitive, personal, developmental, and social aspects. American Psychologist, Vol 55(1), Jan 2000, 151–158.

Simonton, D. K. (2003). Francis Galton's Hereditary Genius: Its place in the history and psychology of Science. In R. J. Sternberg (Ed.), *The anatomy of impact: What makes the great works of psychology great* (pp. 3–18). Washington:

American Psychological Association.

Simonton, D. K. (2011). 과학 창의성: 우연, 논리성, 천재성 그리고 시대정신. 이정규 · 김왕동(역). 서울: 학지사. (영어 원작은 2004년 출판)

Singh, B. (1987). The development of tests to measure mathematical creativity. *International Journal of Mathematical Education in Science and Technology, 18*(2), 181–186.

Singh, S. (1997). *Fermat's last theorem*. Fourth Estate.

Sio, U. N., & Ormerod, T. C. (2009). Does incubation enhance problem solving? A meta-analytic review. *Psychological Bulletin, 135*, 94–120.

Smith, S. M. (1995). Fixation, incubation, and insight in memorey and creative thinking. In S. M. Smith, T. B. Ward, & R. A. Finke(Eds), *The creative cognition approach* (pp. 135–146). Cambridge, MA: MIT Press.

Sriraman, B. (2004). The characteristics of mathematical creativity. *Mathematics Educator, 14*(1), 19–34.

Stacey, K., & MacGregor, M. (1997). Ideas about symbolism that students bring to algebra. *The mathematics teacher, 90*(2), 110–113.

Sternberg, R. J. (1997). A triarchic view of giftedness: Theory and practice. In N. Colangelo & G. A. Davis (Eds.), *Handbook of gifted education* (2nd ed., pp. 43–53). Boston: Allyn and Bacon.

Sternberg, R. J. (2010). Teach creativity, not memorization. *The Chronicle of Higher Education, 57*(8), A29.

Sternberg, R. J., & Lubart, T. I. (1996). Investing in creativity. *American Psychologist, 51*, 677–688.

Sternberg, R. J., & Lubart, T. I. (1999). The concept of creativity: Prospects and paradigms. Handbook of creativity. In R. J. Sternberg (Ed.). *Handbook of creativity* (pp. 3–15). New York: Cambridge University Press.

Sulloway, F. J. (1996). *Born to rebel: Birth order, family dynamics, and creative lives*. New York: Pantheon Books.

Tall, D. (2013). *How humans learn to think mathematically: exploring the three worlds of mathematics*. Cambridge, UK: Cambridge University Press.

Tate, J. (1928). 'Imitation' in Plato's Republic. *The Classical Quarterly, 22*, 16–23.

Thom, R. (1971). "Modern" Mathematics: An Educational and Philosophic Error? *American Scientist, 59*, 695–699.

Torrance, E. P. (1962). *Guiding creative talent*. Engle–Wood Cliffs, NJ: Prentice–Hall.

Torrance, E. P. (1979). An instructional model for enhancing incubation. *Journal of creative behavior, 13*(1), 23–35.

Torrance, E. P. (1995). Why fly? New York: Greenwood Publishing Group.

Torrance, E. P. (2005). 토랜스의 창의성과 교육. 이종연(역). 서울: 학지사. (영어 원작은 1995년 출판)

Torrance, E. P., & Safter, H. T. (1990). *The incubation model of teaching*. Buffalo, NY: Bearly Limited.

Ullman, D. (2006). Movie Review: Proof. *NOTICES OF THE AMS, 53*(3). 340–342.

Urban, K. K. (1995). Creativity–A componential approach. In Post conference China meeting of the 11th world conference on gifted and talented children. Beijing, China (pp. 5–8).

Varadarajan, V. S. (2007). Euler and his work on infinite series. Bulletin of the *American Mathematical Society, 44*(4), 515–540.

Wallace, D. B. & Gruber, H. E. (1992). Creative People at Work: Twelve Cognitive Case Studies. Oxford: Oxford University Press.

Wallas, G. (1926). *The art of thought*. New York: Harcourt, Brace & Jovanovich.

Watson, A. & Mason, J. (2015). 색다른 학교수학. 이경화(역), 서울: 경문사. (영어 원작은 2005년 출판)

Wells, D. (1990). Are these the most beautiful? *The Mathematical Intelligencer, 12*(3), 37–41.

Wiles, A. (2002). *I don't believe Fermat had a proof.* (http://www.pbs.org/wgbh/proof/wiles.html, retrieved 2011)

Woodward, J. (2004). Mathematics Education in the United States Past to Present. *Journal of Learning Disabilities, 37*(1), 16–31.

Zhang, D. Z., Li, S., & Tang, R. (2004). The "two basics": Mathematics teaching and learning in Mainland China. In, L., Fan, N. Y., Wong, J., Cai (Eds.). *How Chinese Learn Mathematics: Perspectives from Insiders* (pp. 189–207). Singapore: World Scientific.

• 참고한 웹사이트

http://www.ncic.re.kr

http://www.imdb.com/title/tt0377107/quotes

http://projectm3.org

www.primas-project.eu

www.jinfo.org/Nobel_Prizes.html

http://simonsingh.net/books/fermats-last-theorem/fermats-last-theorem-the-tv-documentary

http://euler.free.fr/taxicab.htm

http://newslibrary.naver.com

수학적 창의성

지은이 이경화
펴낸이 조경희
펴낸곳 경문사
펴낸날 2015년 9월 30일 1판 1쇄
2020년 9월 10일 1판 2쇄
등 록 1979년 11월 9일 제1979-000023호
주 소 121-818, 서울특별시 마포구 와우산로 174
전 화 (02)332-2004 팩스 (02)336-5193
이메일 kyungmoon@kyungmoon.com

값 16,000원

ISBN 978-89-6105-945-9

이 저서는 2011년 정부(교육부)의 재원으로 한국연구재단의 지원을 받아 수행된 연구임(NRF-2011-812-B00087).